Flash CS6 应用项目制作教程

主编　张彩霞　张卫苓　袁立敏

参编　赵亚伟　张立山　李　欣　王　诺

中国科学技术大学出版社

内 容 简 介

本书根据目前 Flash 软件主要的应用领域选取内容，设置了贺卡制作、网络广告设计、动画片头设计、Flash MV 制作、交互演示动画制作、多媒体光盘制作、组件的应用共 7 个综合项目，从易到难。在每个 Flash 项目的开发过程中，都详细讲解了制作方法和技巧，同时，将每个项目分解为不同的学习任务，结合知识点详解和拓展案例，切实提高读者的理论知识和操作技能。书中辅以大量的截图来阐释制作步骤，图文结合，易学易懂，使读者快速上手、轻松掌握。

本书可作为大专院校传媒艺术类专业学生的课程教材，还可作为 Flash 自学爱好者的参考资料。

图书在版编目(CIP)数据

Flash CS6 应用项目制作教程/张彩霞等主编. —合肥：中国科学技术大学出版社，2013. 8
ISBN 978-7-312-03269-1

Ⅰ. F… Ⅱ. 张… Ⅲ. 动画制作软件—教材 Ⅳ. TP391. 41

中国版本图书馆 CIP 数据核字(2013)第 176007 号

出版 中国科学技术大学出版社
安徽省合肥市金寨路 96 号，230026
http://press. ustc. edu. cn
印刷 合肥市宏基印刷有限公司
发行 中国科学技术大学出版社
经销 全国新华书店
开本 787 mm×1092 mm 1/16
印张 18. 25
字数 467 千
版次 2013 年 8 月第 1 版
印次 2013 年 8 月第 1 次印刷
定价 48. 00 元

前　言

Flash 动画在我们的生活中随处可见，它也已经成为网络动画的主流。我们可以把 Flash 技术划分成两个应用方向：一是侧重动漫设计与制作，例如网络广告、动画片、电子杂志等；二是侧重交互开发，主要是运用 ActionScript 进行程序设计，例如游戏、网络应用程序、嵌入式应用开发、全 Flash 网站建设等。在 Flash 设计制作中，美工和程序员都能找到自己的位置。本书侧重于 Flash 的设计与制作。

本书是在总结编者多年教学经验的基础上，根据"Flash 二维动画制作"市级精品课程的研究成果编写而成的。想要制作出精美的 Flash 作品，不仅需要丰富的想象力，了解一定的制作技巧，掌握不同项目的制作流程和方法，而且还要进行大量的案例制作与练习。为此，本书共分为 7 个项目：项目 1"贺卡制作"，包括 Flash 动画基础知识和绘图工具的使用；项目 2"网络广告设计"，讲授 Flash 基本动画，包括逐帧动画和补间动画；项目 3"动画片头设计"，教您制作一些特殊的 Flash 动画，包括引导动画和遮罩动画，以及元件的概念；项目 4"Flash MV 制作"，重点讲授 MV 的设计制作流程和步骤，使您学会音乐在 Flash 中的运用；项目 5"交互演示动画制作"，重点教授 ActionScript 2.0 的基础知识；项目 6"多媒体光盘制作"，通过整个项目的制作，您将学会 Flash 多媒体课件的制作方法，同时提高对交互动画的认识；项目 7"组件的应用"，结合案例介绍了常用组件的使用方法和技巧，同时教会您 Flash 动画的优化与发布方法。7 个项目的内容循序渐进，由易至难，通过实战操练，可让您逐步成为一名优秀的闪客。

本书有以下几个突出的特点：

一是选取典型项目组织教学内容，以培养 Flash 二维动画设计与制作能力为核心，设计了 7 大项目。学生在 7 个学习情境当中，逐步完成由易至难、渐进复杂的典型工作项目。

二是布置任务完成项目分解，就是将每个项目分解成若干任务和子任务，一个一个任务使得项目制作过程变得非常清晰，同时也降低了制作难度，最终完成项目。

三是相关理论知识以"适度够用"为标准进行介绍，项目涉及的相关知识点本书在相应"知识点详解"中进行讲解，满足多媒体作品制作员、Flash 设计师、网页美工等职业岗位的需要。

四是拓展案例提升操作能力，每个典型项目之后设置了若干个对应的拓展案例，对项目中的核心技能起到巩固和加深作用，让学生在短期内完成案例，掌握难度较高的核心技能，并获得成就感，从而激发学生的学习兴趣，营造愉快的学习氛围。

本书在编写过程中，得到了许多同事的支持、帮助和指点，同时参考了相关书籍，采用了一些朋友的优秀作品，在此一并表示衷心的感谢，如有任何问题请联系我们。由于时间仓促，加之编者学识水平有限，书中难免存在不足甚至谬误之处，恳请读者就本书中的有关内容提出批评和建议。

编　者

2013 年 4 月

目　　录

网络会员账户注册

账户
昵称
性别
地区
兴趣爱好
备注

贺 卡 制 作

贺卡源于人类社交的实际需要，它可以沟通人与人之间的情感。在贺卡中，一般使用短语表达心意，言简意赅。久而久之，祝贺的语言逐步程式化，更注重使用喜庆的语言，大家互送吉语，传递出人们对生活的期望与憧憬。

20 世纪初，普遍以圣诞卡的形式向亲友祝福和恭贺新年，逐步形成了东方特色的“贺年卡”。传统纸质贺卡的材料多为高档木浆纸，而一些制作精美、工艺考究的镂花烫金卡需要选用 10 年以上的原生树木制成，极大地浪费了现有的木材资源。为了保护环境，在提倡低碳环保的今天，大力提倡采用环保的电子“贺卡”来发送新年祝福。现在，传统的贺卡已逐步被借助于现代网络技术的电子贺卡(E-card)所替代。电子贺卡以其快速、便捷、节约、环保的特点，迅速成为一种时尚。

随着网络的发展，使用电子贺卡，已经成为非常普遍的事情，尤其是一些个性化定制贺卡网站的出现，更是打破了传统的被动选择贺卡的模式。用户可以按照自己的想法设计制作出独一无二的贺卡发送给亲朋好友，更突显制作者细腻而温柔的心意。

1.1 项目描述

在一年一度的新春佳节到来之际，你是否也想给亲朋好友们送上一些别致的祝福呢？我们是否应该采取更环保的方式，来表示我们的祝福，传达我们的心意呢？快来行动吧！Flash 动画贺卡就是我们的最优选择。Flash 作为通俗易懂、易学易用的矢量动画软件，设计手法丰富多彩，表现形式更加声情并茂，使用 Flash 设计出的作品交互性强、文件量小，并且软件容易学习。电子贺卡是大家在节庆期间最喜闻乐见的动画形式，它亲切有趣的表达形式更易吸引浏览者，易为浏览者接受。

图 1.1 是新年贺卡效果图。

图 1.1　新年贺卡效果图

1.2 教学目标

能力目标

1. 能结合实际需求，设置文档大小和背景图像并保存为合适的文件格式；
2. 熟练掌握 Flash 各种绘图工具的使用方法；
3. 掌握 Flash 中图形编辑的技巧；
4. 能够根据实际项目搭建合适的场景；
5. 会使用文字工具，为文字添加动画效果；
6. 能够制作简单逐帧动画。

知识目标

1. 会使用各种 Flash 工具；
2. 理解元件的概念；
3. 熟练使用各种面板进行快捷编辑。

情感目标

1. 引发学生对 Flash 动画制作的兴趣；
2. 通过制作新年贺卡项目，激发学生不断创新的热情；
3. 培养学生独立思考、自主学习的习惯；
4. 加强团队协作意识，增强集体荣誉感。

1.3 设计理念

新年贺卡设计要求主题鲜明、形式新颖。在表现主题时，要突出中国传统春节的节日气氛，选择元素应以具有中国特色的图形和图案为主，突出当地民族和民俗文化特点。一般采用庆祝节日时常见的宫灯、鞭炮、对联、剪纸、传统的吉祥图案和锣鼓等喜庆事物。

一般采用暖色系列，呼应喜庆的节日气氛。红色色感温暖，代表热情、活泼、热闹、幸福和吉祥，是中国传统的喜庆色彩。红色是刺激性较强的颜色，极易引起人们的注意，使人兴奋和激动。同时，在作品中也可以采用其他色系的色彩作为辅助色彩，如采用蓝白色彩表现瑞雪兆丰年的主题。

祝福语的选择可以有“恭贺新禧”“新年快乐”“合家幸福”等常用的传统祝福用语。文字的字体可以选用传统书法字体，如楷体、隶书、草书等。

背景音乐可以选用有喜庆气氛的欢快节日乐曲，还可以根据情节需要添加鞭炮音效和锣鼓音效，从而增强贺卡的视听效果。

1.4 制作任务

【任务1】 项目分析

子任务1:了解动画制作的流程

当拿到一个项目时,首先要确定该项目使用的目标人群,根据目标人群的特点,构思形象,设定角色,绘制分镜头脚本,在Flash中进行动画制作、添加适合的音效,最后进行后期合成。

子任务2:确定背景的主色调

由于本项目是制作新年贺卡,根据我国新年时应有的喜庆气氛,确定项目的主色调是红色,为了使贺卡的背景富有变化性,建议采用红色到橘红色的渐变色调。

子任务3:确定需要制作的元件

花朵、鞭炮是贺卡中体现春节的元素,确定花朵和鞭炮为制作元件。

子任务4:添加文字动画

文字是春节贺卡中不可缺少的元素。我们可以对常用的祝福语添加逐帧动画。

【任务2】 创建文档,添加渐变背景

子任务1:创建文档

制作要求:

1. 了解Flash CS6的工作环境。

2. 创建500×400像素的Flash文档。

3. 保存文件。

操作步骤:

1. 启动Flash CS6,了解Flash CS6的工作环境。

运行Flash CS6软件,会进入"开始页","开始页"将常用的任务都集中放在一个页面中,包括"从模板创建""打开最近的项目""新建""扩展""学习"等的快速访问,如图1.2所示。点击"新建"区域中的"Flash文件(ActionScript 3.0)"按钮就会创建一个名为"未命名-1"的空白Flash文档。

在空白文档中可以看到Flash CS6的工作窗口是由① 菜单栏、② 基本功能、③ 搜索框、④"文档窗口"选项卡、⑤ 编辑栏、⑥ 舞台、⑦ 时间轴面板、⑧ 浮动面板以及⑨工具箱组成的,如图1.3所示。

(1) 菜单栏

在菜单栏中分类提供了Flash CS6中所有的操作命令,自左至右分别是"文件""编辑""视图""插入""修改""文本""命令""控制""调试""窗口""帮助"等菜单,在其下拉菜单中提供了几乎所有的Flash CS6命令项,几乎所有的可执行命令都可在这里直接或间接地找到相应的操作选项。

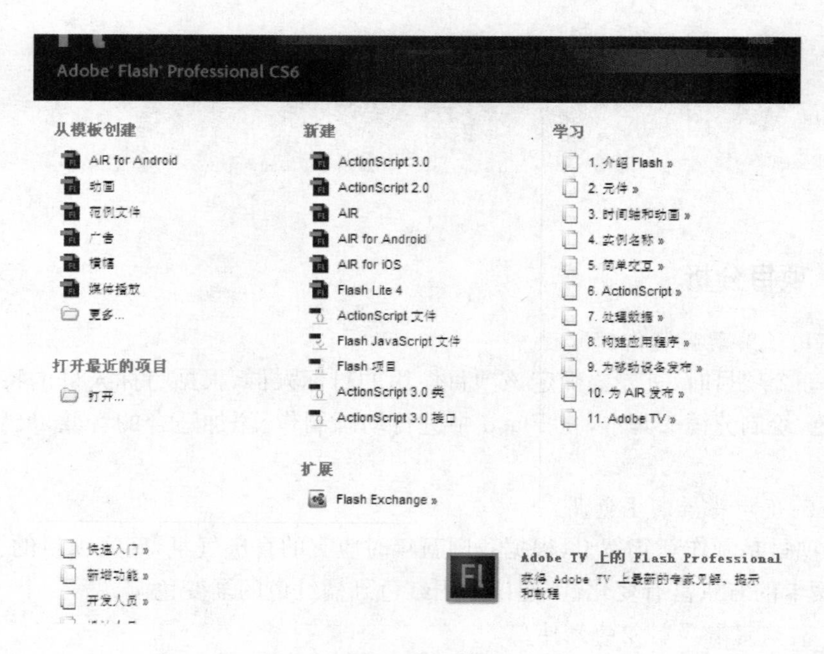

图 1.2　Flash CS6 的“开始页”

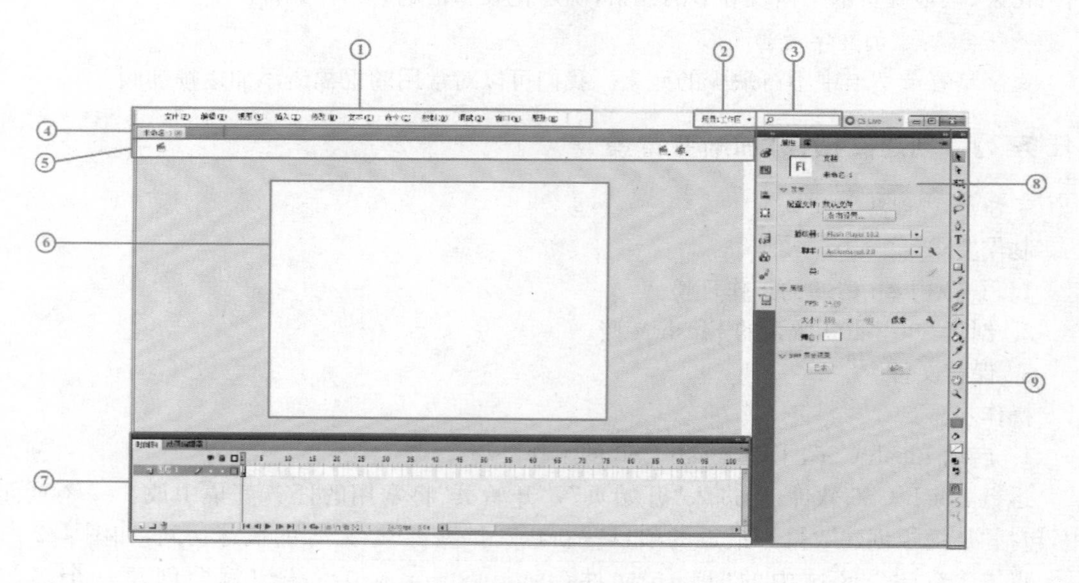

图 1.3　Flash CS6 的工作窗口

(2) 基本功能

Flash CS6 提供了多种软件工作区预设，在该选项的下拉列表中可以选择相应的工作区预设，选择不同的选项，即可将 Flash CS6 的工作区更改为所选择的工作区预设。在列表的最后提供了“重置基本功能”“新建工作区”“管理工作区”3 种功能，“重置基本功能”用于恢复工作区的默认状态，“新建工作区”用于创建个人喜好的工作区配置，如图 1.4 所示。“管理工作区”用于管理个人创建的工作区配置，并可执行重命名或删除操作，如图 1.5 所示。

(3) 搜索框

该选项提供了对 Flash 中功能选项的搜索功能，在该文本框中输入需要搜索的内容，再按【Enter】键即可。

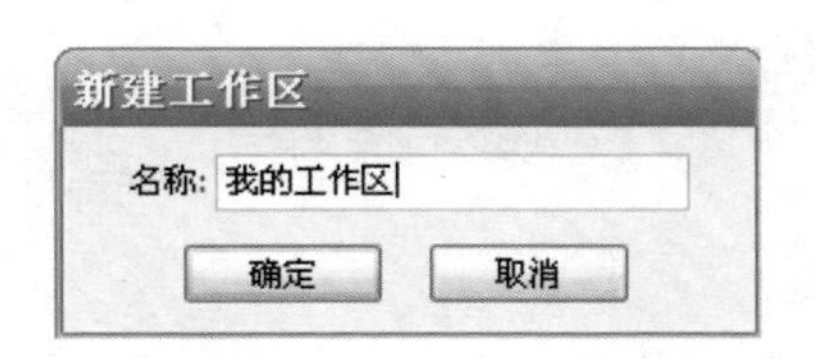

图 1.4 “新建工作区”对话框

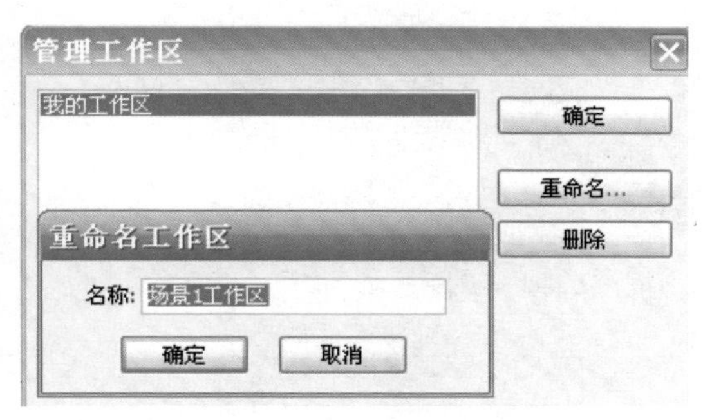

图 1.5 “管理工作区”对话框

(4) 文档窗口

在“文档窗口”选项卡中可显示文档名称，当用户对文档进行修改而未保存时，会显示“ * ”号作为标记。如果在 Flash CS6 软件中同时打开了多个 Flash 文档，可以单击相应的文档窗口选项卡，进行切换。

(5) 编辑栏

左侧显示当前“场景”或“元件”，右侧为“编辑场景”按钮、“编辑元件”按钮、“显示比例”下拉列表。单击“编辑场景”按钮，在弹出的菜单中可以选择要编辑的场景。单击旁边的“编辑元件”按钮，在弹出的菜单中可以选择要切换编辑的元件。在“显示比例”下拉列表中可以选择合适的比例设置。

如果希望在 Flash 工作界面中设置“显示/隐藏”该栏，则可以执行“窗口”/“工具栏”/“编辑栏”命令。

(6) 舞台

舞台是动画显示的区域，在其中可以编辑和修改动画。

(7) 时间轴面板

时间轴面板也是 Flash CS6 工作界面中的浮动面板之一，是 Flash 制作中操作最为频繁的面板之一，几乎所有的动画都需要在时间轴面板中进行制作。

(8) 浮动面板

用于配合场景、元件的编辑和 Flash 的功能设置，在“窗口”菜单中执行相应的命令，可以在 Flash CS6 的工作界面中显示或隐藏相应的面板。

(9) 工具箱

该软件在工具箱中提供了 Flash 中所有的操作工具，如笔触颜色和填充颜色，以及工具的相应设置选项，通过这些工具可以在 Flash 中进行绘图、调整等相应的操作。

2. 创建尺寸大小为 500×400 像素的 Flash 文档。

在右侧的“属性”面板中，设置属性区域中“大小”，右侧的“舞台宽度”和“舞台高度”的尺寸为 500 像素(宽)×400 像素(高)，按回车键确定即可，如图 1.6 所示。

也可以点击右侧的“编辑文档属性”按钮，如图 1.7 所示，打开“文档设置”对话框，在其中设置文档的尺寸为 500 像素(宽度)和 400 像素(高度)，如图 1.8 所示。

3. 保存文件。

点选“文件”/“保存”(快捷键:【Ctrl+S】)菜单命令,将文件保存为“新年贺卡.fla”。

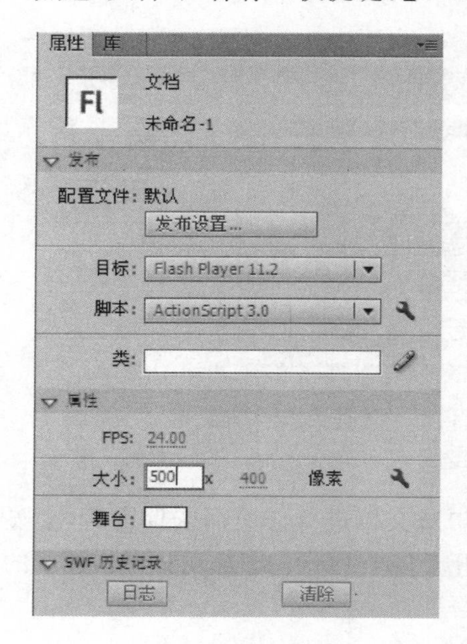

图 1.6 文档属性设置

图 1.7 “编辑文档属性”按钮

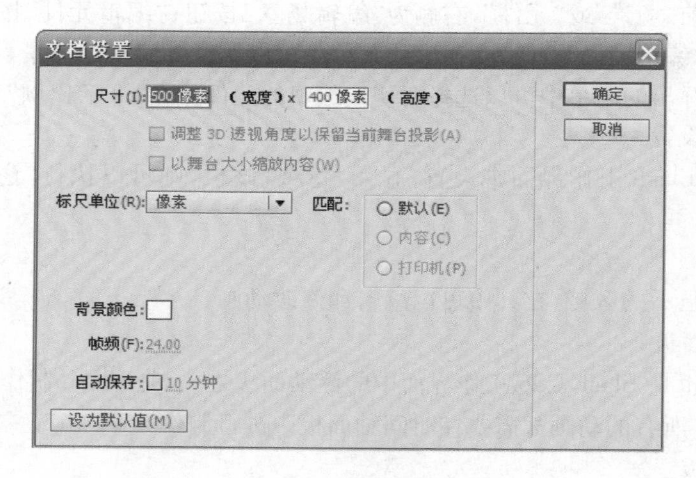

图 1.8 “文档设置”对话框

子任务 2:添加渐变背景

制作要求:

1. 创建红色到橘红色的渐变背景。

2. 调整渐变背景的方向。

操作步骤:

1. 双击时间轴中图层 1 的名称,将它重命名为“渐变背景”,如图 1.9 所示。

2. 单击工具箱中“矩形工具”按钮,此时光标会变为“十”字形状,在属性面板中设置笔触颜色为无,填充颜色为线性渐变,如图 1.10 所示。

3. 选择“窗口”/“颜色”命令,打开颜色面板。也可单击“颜色”按钮,打开颜色面板,设

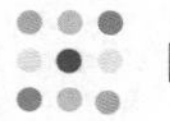

置左侧颜色滑块为大红色(＃FF0000,见图 1.11)、右侧颜色滑块为橘红色(＃FFCC66,见图 1.12)。

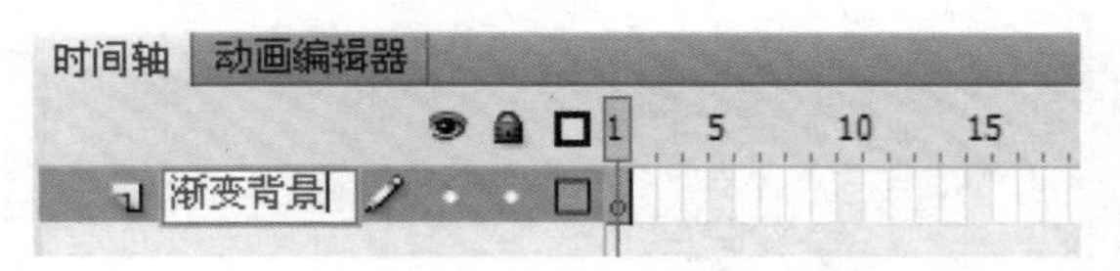

图 1.9　修改图层 1 的名称为渐变背景

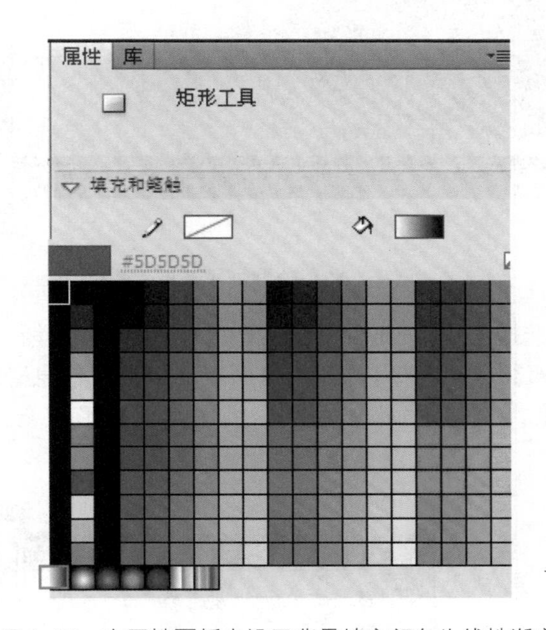

图 1.10　在属性面板中设置背景填充颜色为线性渐变

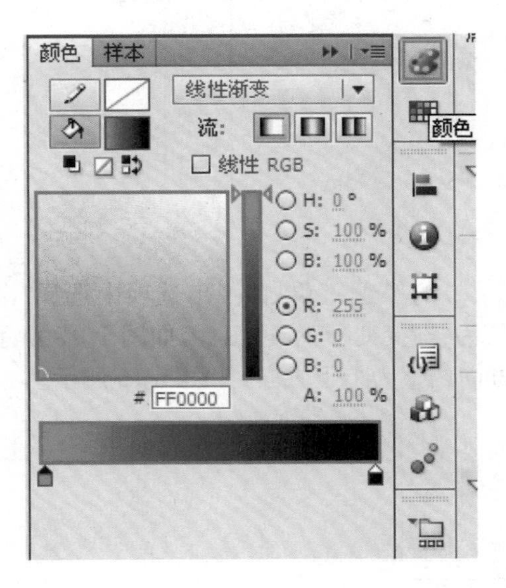

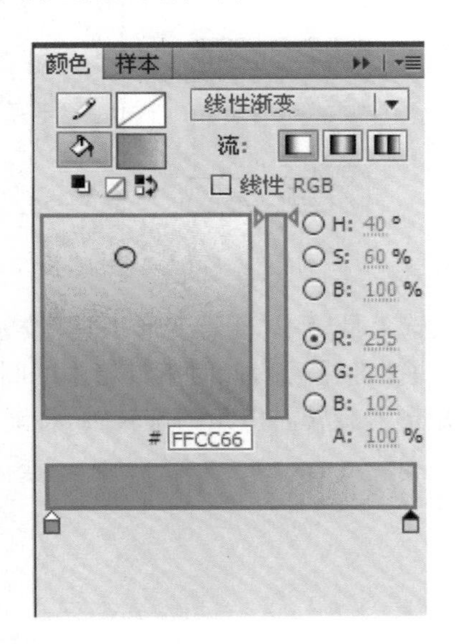

图 1.11　在颜色面板中设置左侧颜色　　图 1.12　在颜色面板中设置右侧颜色

4. 按住鼠标左键,在舞台中由左上至右下拖动出一个与舞台等大的红色到橘红色线性渐变矩形,如图 1.13 所示。

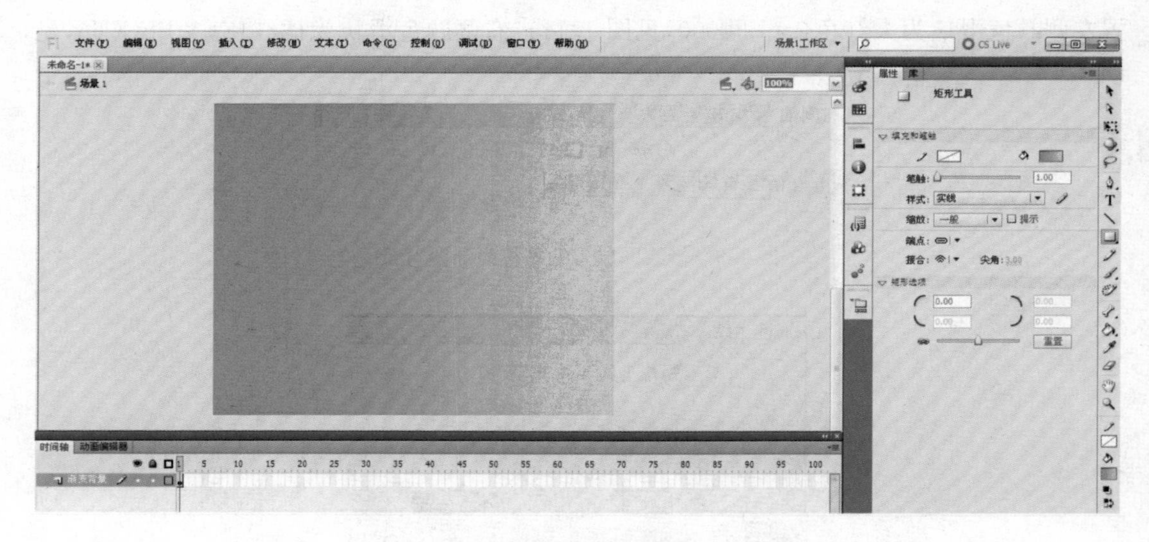

图 1.13　绘制渐变矩形

5. 点选工具箱中“选择工具”按钮(快捷键:【V】),双击选中“渐变矩形”。选择“窗口”/“信息”(快捷键:【Ctrl+I】)菜单命令,打开信息面板,或单击“信息”按钮,打开信息面板,修改宽、高分别为500像素、400像素,x、y值为0,此时渐变矩形完全覆盖住舞台,如图1.14所示。

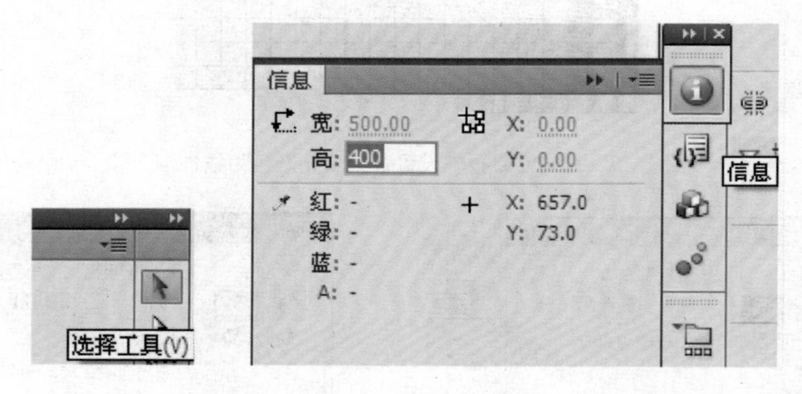

图 1.14　信息面板

6. 点选工具箱中“任意变形工具”按钮右下方的黑色三角,在弹出选项中选择“渐变变形工具”(快捷键:【F】),此时工具箱中的图标变为“渐变变形工具”图标,如图1.15所示。点击“渐变矩形”,旋转右上角的旋转轴,将渐变方向调整为上下方向,如图1.16所示。

图 1.15　渐变变形工具

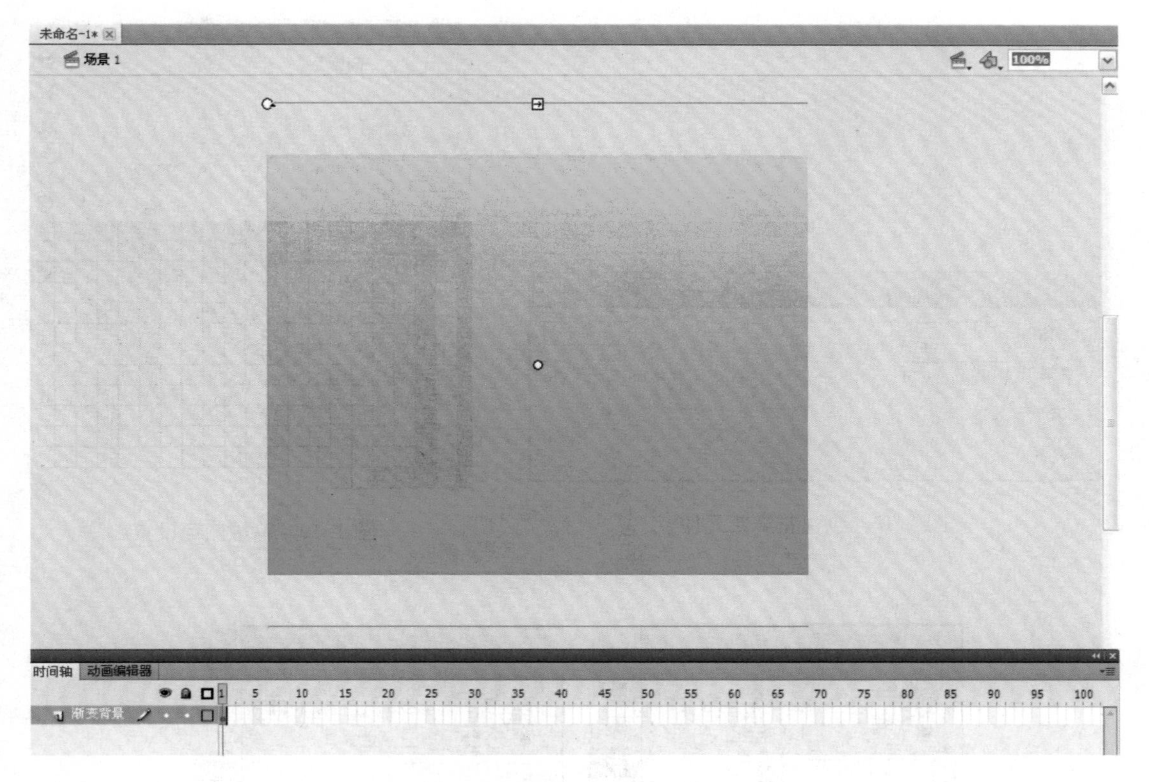

图 1.16　渐变方向调整为上下方向

7. 在时间轴面板中，单击渐变背景图层上的“锁定”图标，即可将渐变背景图层锁定。

图 1.17　锁定渐变背景图层

【任务 3】　制作场景中花朵元件

子任务 1：制作单片花瓣，填充颜色

制作要求：

1. 使用“椭圆工具”制作单片花瓣。

2. 使用颜色面板填充颜色。

操作步骤：

1. 创建花瓣图形元件。选择“插入”/“新建元件”（快捷键：【Ctrl＋F8】）菜单命令创建新元件，在名称输入框中输入“花瓣”，在类型的下拉选项中选择“图形”，单击“确定”按钮，即可创建花瓣图形元件，如图 1.18 所示。

2. 设置椭圆的笔触颜色为橘色（＃FF9900），如图 1.19 所示，填充颜色为橘红（＃FF5B2C）到浅黄（＃FFFF99）的线性渐变，如图 1.20 所示。

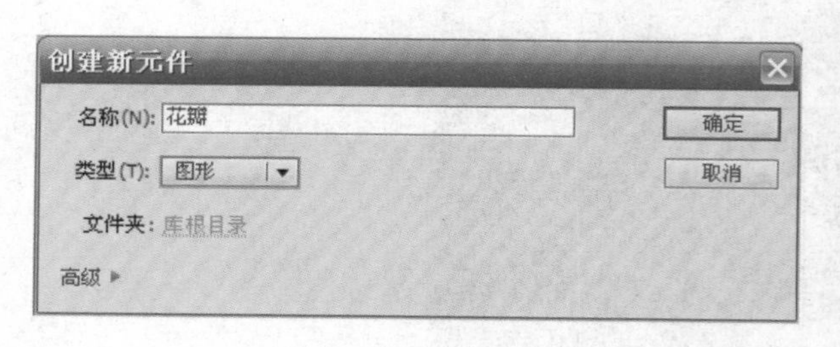

图 1.18　创建花瓣新元件

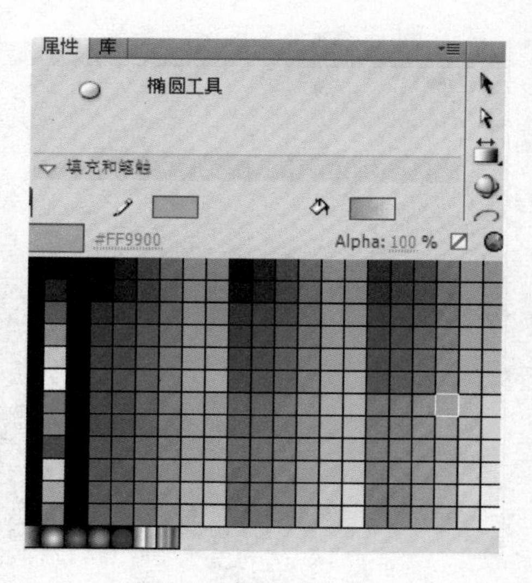

图 1.19　笔触颜色设置

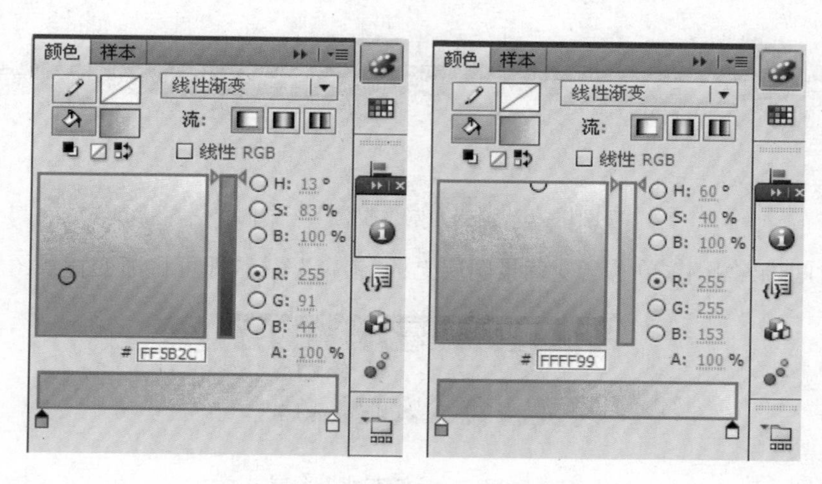

图 1.20　填充的渐变颜色设置

3. 在花瓣元件的编辑窗口中，按住鼠标左键绘制椭圆，利用“渐变变型工具”调整线性渐变的方向，如图 1.21 和图 1.22 所示。

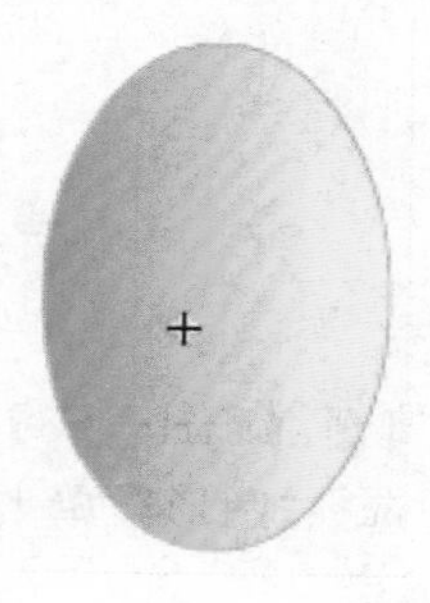

图 1.21　绘制椭圆

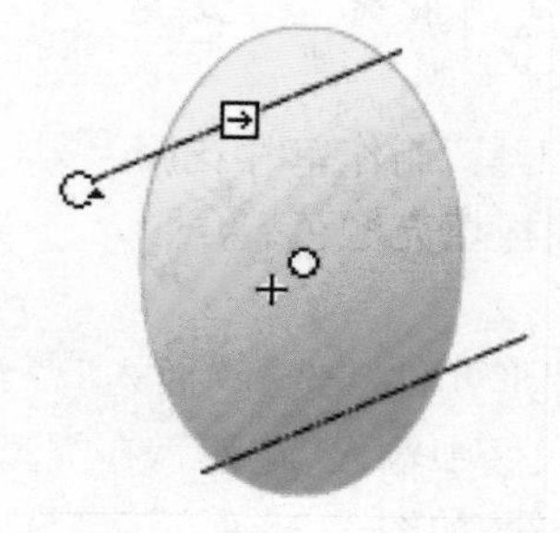

图 1.22　调整线性渐变的方向

4. 点选工具箱中的“选择工具”(快捷键:【V】)，将鼠标指针指向椭圆的最上端，按住

【Alt】键后，按住鼠标左键向下拖动成花瓣的轮廓效果后，放开【Alt】键。使用选择工具继续调整花瓣顶端的曲线效果，如图 1.23 所示。

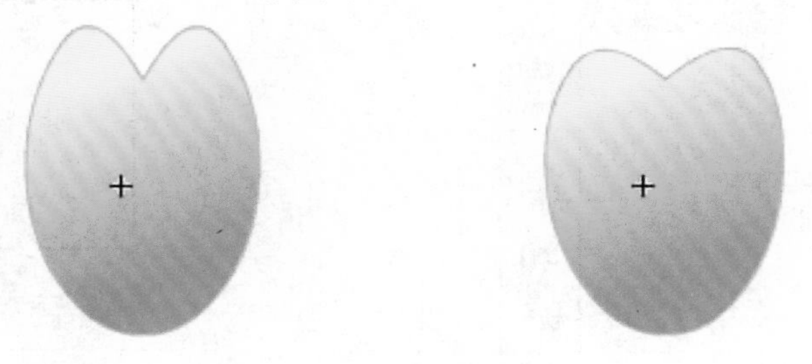

图 1.23　调整椭圆形状

子任务 2：制作花朵元件

制作要求：

1. 使用变形面板制作花朵元件。
2. 制作花蕊。

操作步骤：

1. 创建整朵花图形元件。选择“插入”/“新建元件”菜单命令创建新元件，在名称输入框中输入“整朵花”，元件类型选择“图形”，单击“确定”按钮，如图 1.24 所示。

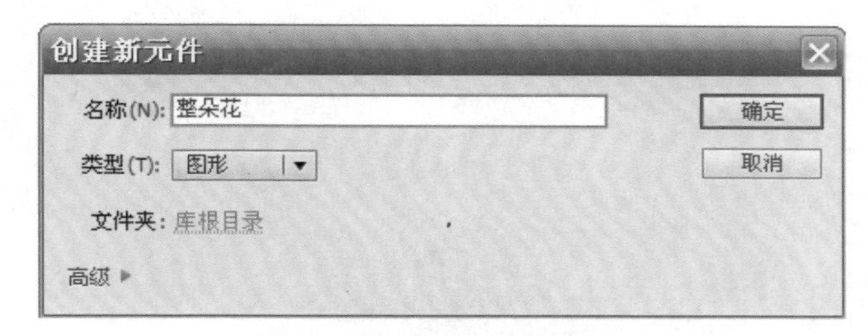

图 1.24　创建整朵花元件

2. 将库中花瓣元件拖放至整朵花元件的编辑窗口中，如图 1.25 所示。点选工具箱中“任意变形工具”(快捷键:【Q】)，将变形中心点移至花瓣底部，如图 1.26 所示。

图 1.25　选择库中花瓣元件

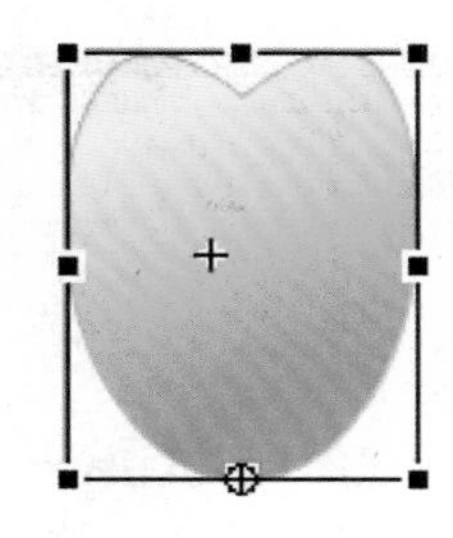

图 1.26　移动变形中心点至底部

3. 使用快捷键【Ctrl+T】，打开变形面板，设置旋转角度为 72°，如图 1.27 所示。单击

“复制并应用变形”按钮，复制出另外 4 片花瓣，如图 1.28 所示。

图 1.27　变形面板

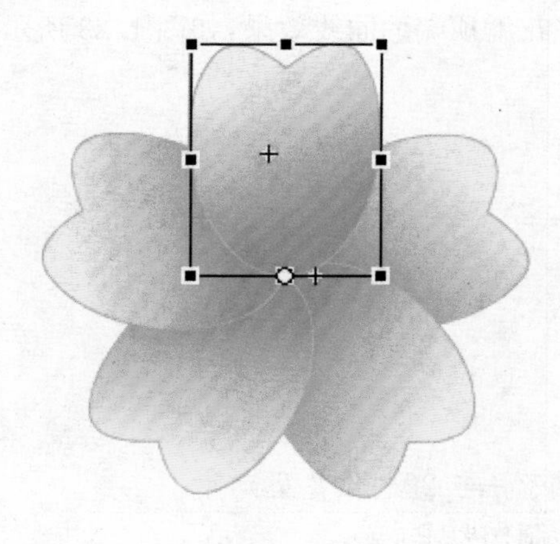

图 1.28　复制花瓣

双击“整朵花”元件中的图层 1，将其更名为“五片花瓣”，并锁定此图层，如图 1.29 所示。

图 1.29　命名“五片花瓣”图层并锁定

4. 点击“新建图层”按钮，插入图层 2，并将它重命名为“花蕊”，如图 1.30 所示。

5. 点击工具箱中的“缩放工具”按钮（快捷键：【Z】），将花朵的中部放大，如图 1.31 所示。

6. 点击“线条工具”按钮（快捷键：【N】），在花蕊层绘制黄色的花蕊线条，并在顶部使用“椭圆工具”绘制花蕊，如图 1.32 所示。

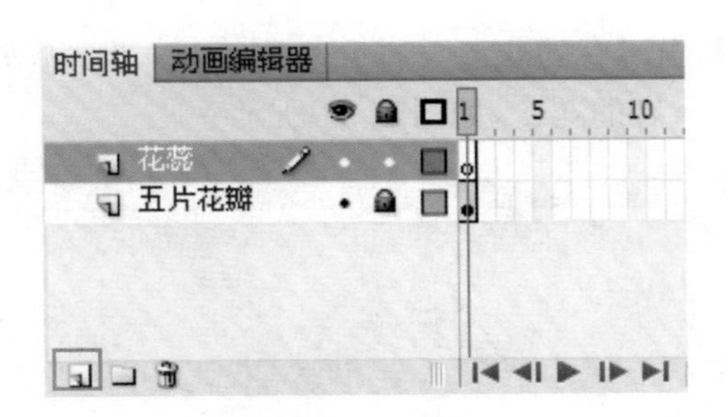

图 1.30　命名花蕊层

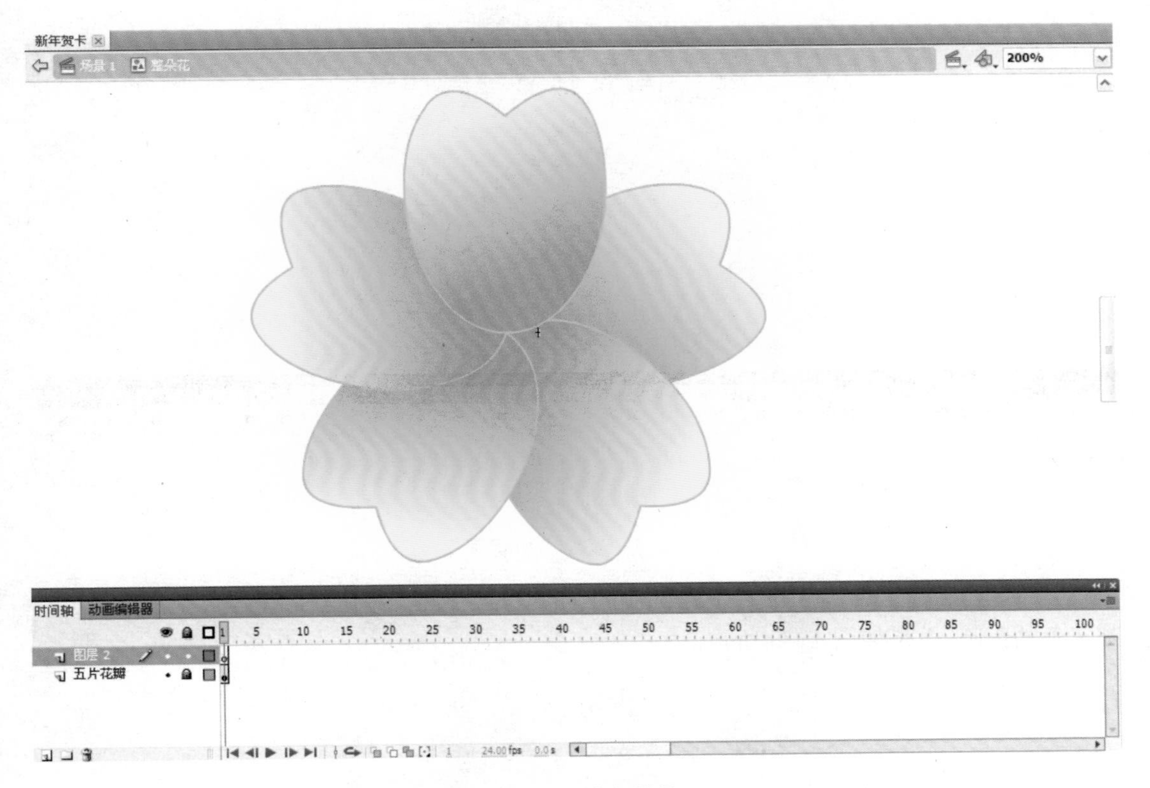

图 1.31　放大花朵

7. 全部选中刚制作的单个花蕊，使用"任意变形工具"，调整花蕊的变形中心点到整个花朵的中心位置，如图 1.33 所示。

图 1.32　制作单个花蕊

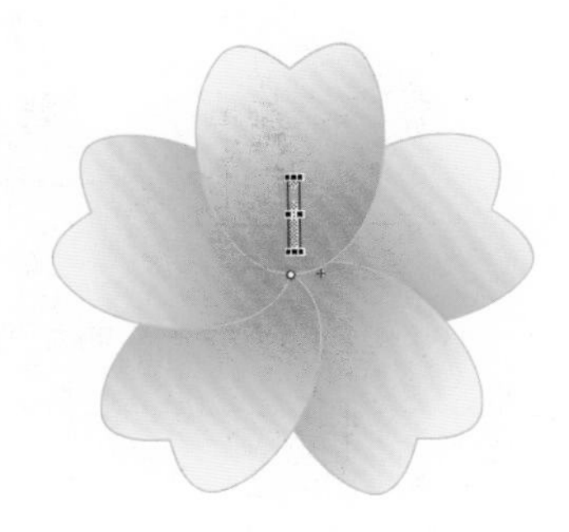

图 1.33　调整单个花蕊的变形中心点

8. 使用变形面板复制出所有的花蕊。打开变形面板，设置旋转角度为 30°，单击“复制并应用变形”按钮，复制出所有的花蕊，如图 1.34 所示。

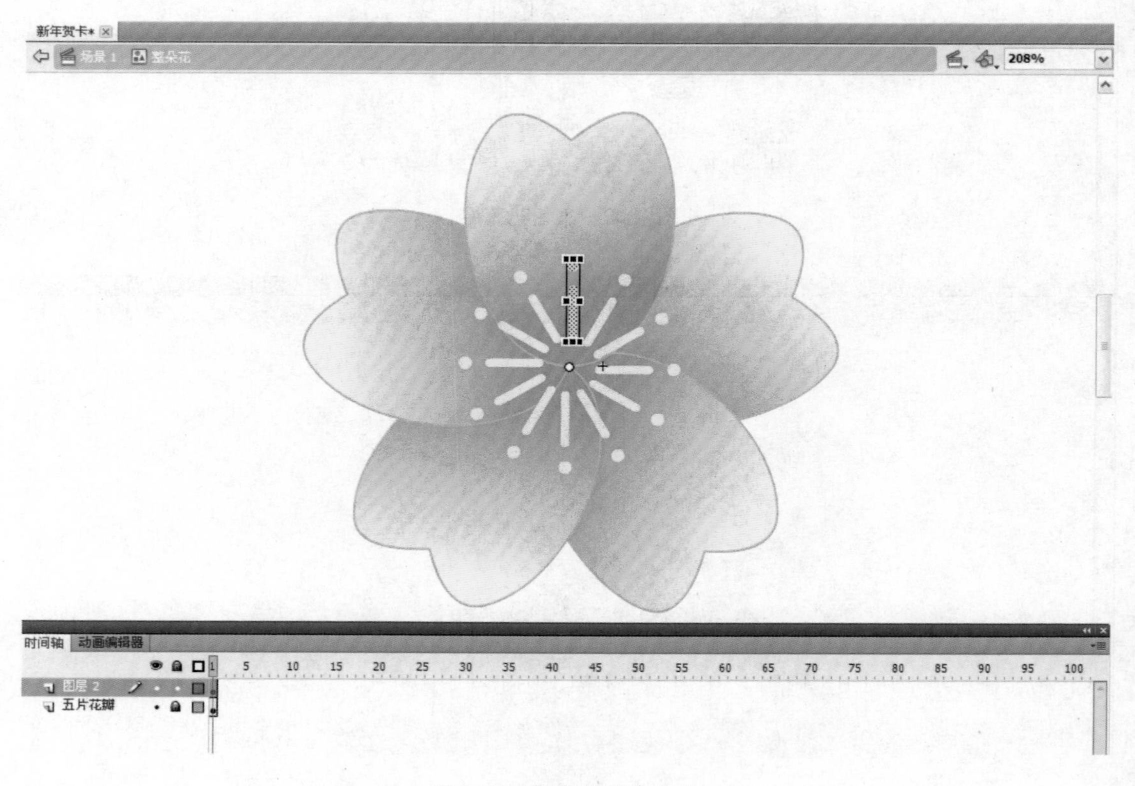

图 1.34　复制出所有花蕊

9. 使用“椭圆工具”，打开工具箱下部的“对象绘制”按钮，按住【Shift】键，在花朵中央绘制黄色的正圆，效果如图 1.35 所示。

图 1.35　绘制花心

子任务 3：在舞台中调整花朵

制作要求：

1. 使用对齐面板排布花朵。

2. 调整舞台中实例的色调、大小和透明度。

操作步骤：

1. 返回场景 1，在时间轴的渐变背景层上添加新图层，并将新图层重命名为“花朵”，如图 1.36 所示。

2. 将库中的整朵花元件拖放到舞台上 3 次，这样舞台上就有了整朵花元件的 3 个实例，如图 1.37 所示。

图 1.36　添加“花朵”层

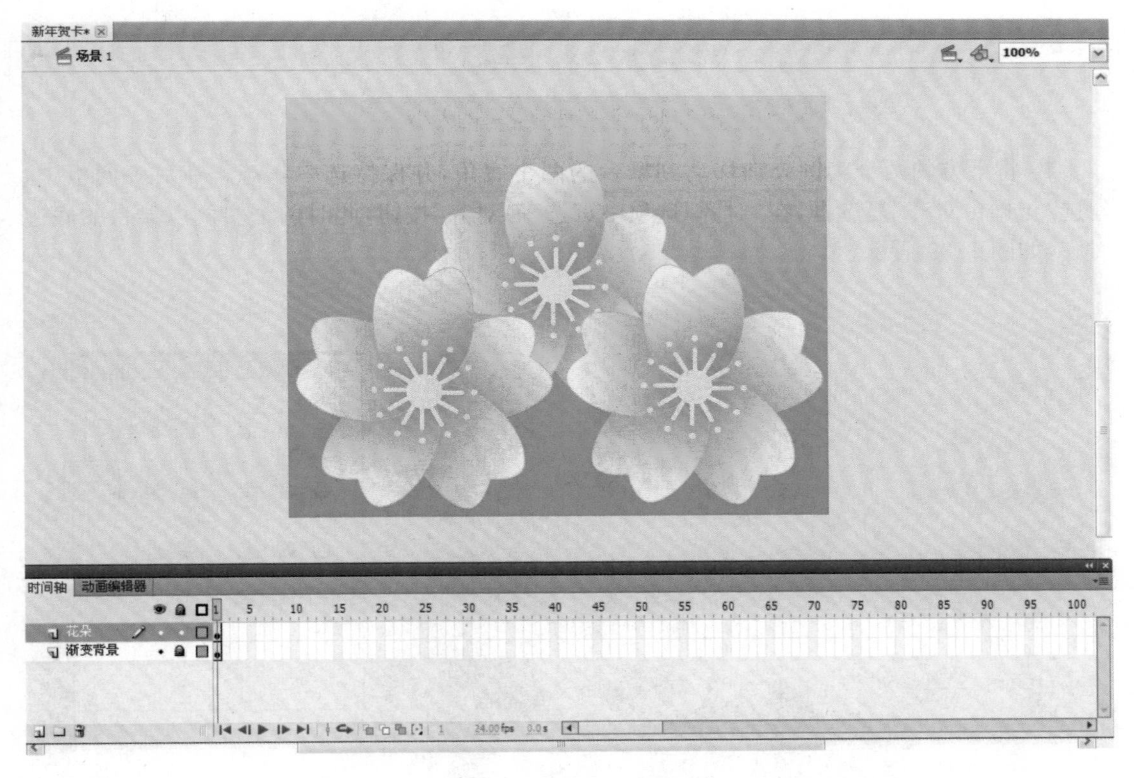

图 1.37　整朵花实例

3. 框选舞台下部的两朵花，选择“窗口”/“变形”(快捷键：【Ctrl＋T】)菜单命令，打开变形面板，点击“约束”按钮，约束宽和高同时变化，在宽度数值框内输入“50”，回车，就可以将实例缩小一半，效果如图 1.38 所示。

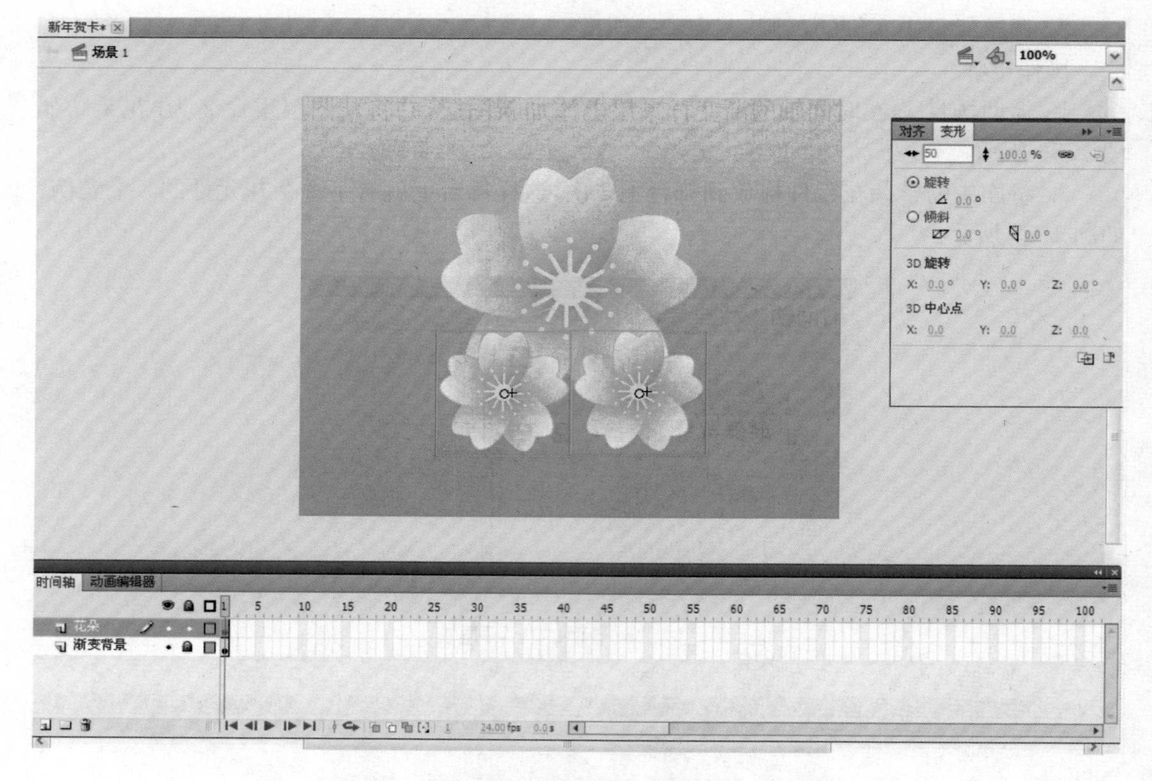

图 1.38　调整底部花朵的大小

4. 将下方的两个实例分别移动到舞台的两个底角，并保持选中状态。在对齐面板中，勾选“与舞台对齐”复选框，在“对齐”选项中点选“底对齐”按钮，此时两个实例以舞台的底边对齐，如图 1.39 所示。

图 1.39　在对齐面板中点选底对齐

在间隔选项中点选“水平平均间隔”按钮，此时两个实例以水平平均间隔方式排布，如图 1.40所示。

图 1.40　水平平均间隔排布花朵

5. 使用“选择工具”，选中舞台上方的整朵花实例，选择“窗口”/“对齐”(快捷键:【Ctrl+K】)菜单命令，打开对齐面板。勾选“与舞台对齐”复选框，在对齐选项中，点选“水平中齐”按钮，此时整朵花实例在水平方向上居中对齐，如图 1.41 所示；在分布选项中，点选“垂直居中分布”按钮，实例则居于舞台的垂直中心位置，如图 1.42 所示。

图 1.41　调整中心花朵的位置:水平中齐

图 1.42　调整中心花朵的位置:垂直居中分布

6. 调整中心实例的大小和透明度。选中中心实例,在属性面板中的色彩效果区域,在样式的下拉选项中选择“Alpha”,将 Alpha 的数值调至 30%,如图 1.43 所示。调整后的效果如图 1.44 所示。

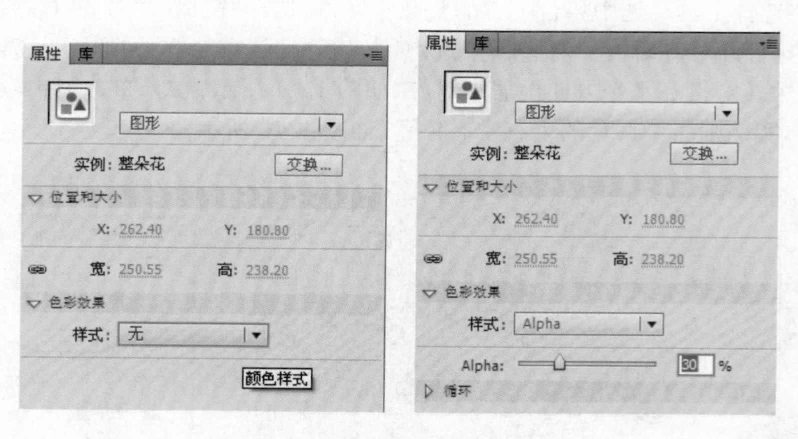

图 1.43　调整中心花朵的 Alpha 数值

图 1.44　调整中心花朵的透明效果

7. 调整左下方实例的色调。选中实例，在属性面板中的色彩效果区域，在样式的下拉选项中选择“色调”，拾取颜色(＃FF99FF)，并移动色调右面的滑块至50％处，调整后花朵颜色，如图1.45所示。调整后的效果如图1.46所示。

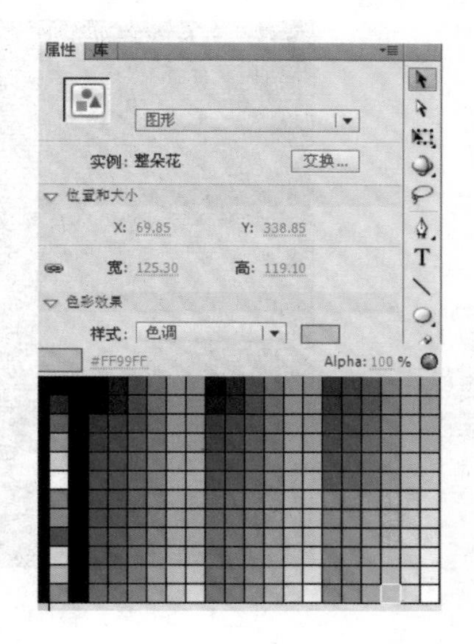

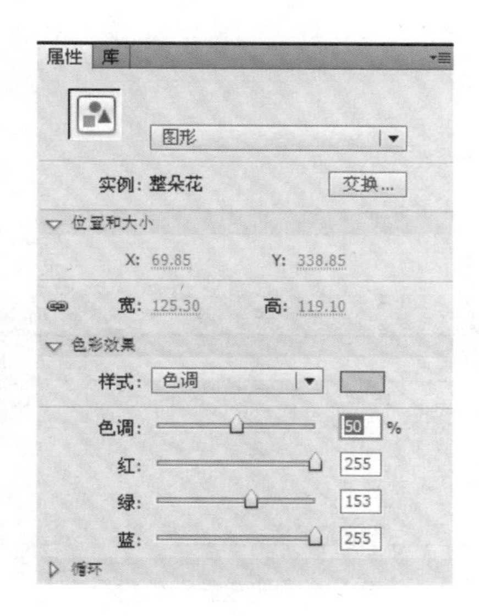

图1.45　调整左下方实例的色调和Alpha

图1.46　调整左下方实例的色调后的效果

【任务4】　制作鞭炮动画

子任务1：制作鞭炮元件

制作要求：

使用“魔棒工具”将已有的鞭炮图片制作成鞭炮元件。

操作步骤：

1. 创建“鞭炮”图形元件。选择“插入”/“新建元件”菜单命令创建新元件，在名称输入框中输入“鞭炮”文字，元件类型选择“图形”，单击“确定”按钮，如图1.47所示。

2. 导入已有的鞭炮图片。在鞭炮元件的编辑窗口中，选择“文件”/“导入”/“导入到舞台”(快捷键:【Ctrl+R】)菜单命令，打开导入对话框，选择已有的鞭炮图片，点击“打开”按钮即可将鞭炮图片导入到鞭炮元件的编辑窗口中。如图 1.48 所示。

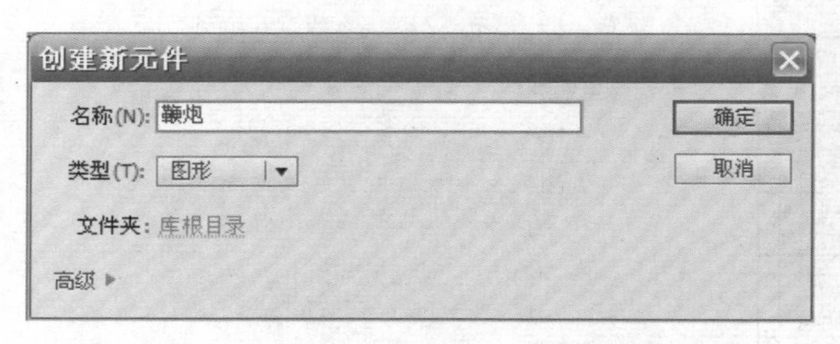

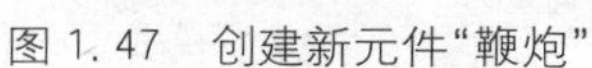
图 1.47 创建新元件“鞭炮”

图 1.48 导入鞭炮图片

3. 分离图片。选择鞭炮图片，右键在弹出的快捷菜单中选择“分离”命令(快捷键:【Ctrl+B】)，将图片进行分离，分离后的图片呈麻点状。单击舞台的任意处，取消对图片的选中状态。

4. 点选工具箱中“套索工具”(快捷键:【L】)，选择工具箱下方的“魔术棒”按钮(图 1.49)。点击图片中鞭炮外部的黑色，并按【Delete】键进行删除，删除黑色背景后的图片，如图 1.50 所示。此时发现图片还存在黑色边框，使用“选择工具”分别框选图片的 4 个边框，并进行删除，效果如图 1.51 所示。

魔术棒

图 1.49 选取“魔术棒工具”

图 1.50 删除黑色背景后

图 1.51 删除四面的边框

子任务2：制作鞭炮逐帧动画

制作要求：

制作鞭炮的逐帧动画。

操作步骤：

1. 创建“鞭炮动画”影片剪辑元件。选择“插入”/“新建元件”菜单命令创建新元件，在名称输入框中输入“鞭炮动画”，元件类型选择“影片剪辑”，单击“确定”按钮，如图1.52所示。

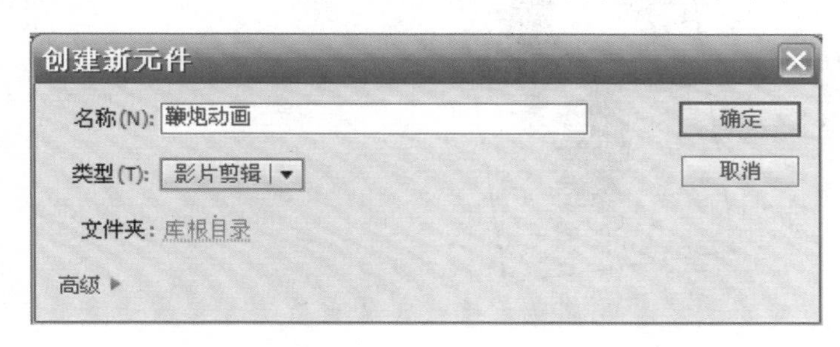

图1.52 创建新元件“鞭炮动画”

2. 在鞭炮动画元件的编辑窗口中，从库中将鞭炮图形元件拖入舞台，在时间轴图层1中，选中第3帧，右键插入关键帧，第1帧图片如图1.53所示。利用任意变形工具将第3帧中的鞭炮图形元件稍微旋转，如图1.54所示。

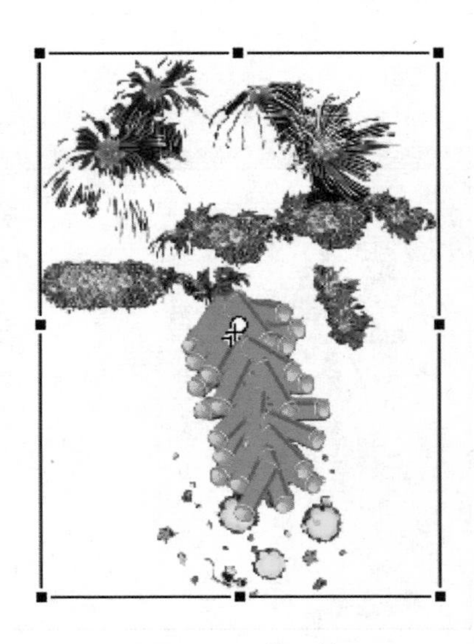

图1.53 第1帧

图1.54 第3帧

3. 选中第3帧，右键插入帧，使动画时间延续4帧，此时《鞭炮逐帧动画》影片剪辑元件制作完成，如图1.55所示。

子任务3：在舞台中摆放鞭炮逐帧动画

制作要求：

合理地摆放鞭炮动画影片剪辑。

操作步骤：

返回场景1，插入新图层，命名为“鞭炮动画”层。将库中《鞭炮动画》影片剪辑拖放到舞台中，调整舞台中《鞭炮动画》影片剪辑实例的大小至合适，效果如图 1.56 所示。

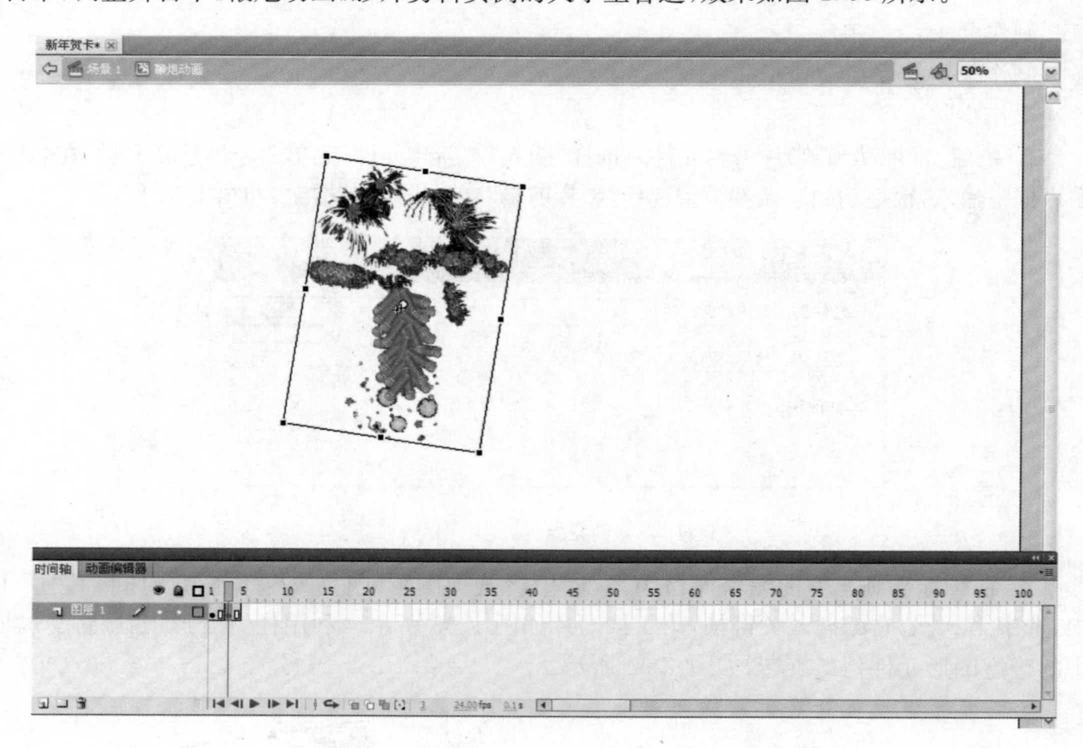

图 1.55　延续动画到第 4 帧

图 1.56　在场景 1 中摆放《鞭炮动画》影片剪辑

【任务 5】 制作场景中文字动画

子任务 1:制作文字逐帧动画

制作要求:

制作"春节祝福"文字的逐帧动画。

操作步骤:

1. 在场景 1 中,插入新图层,重命名为"文字动画"层。在第 1 帧中,利用工具箱中的文本工具在舞台中写"春节祝福"4 个字,并在属性面板中调整字体为楷体,大小 80 点,颜色为黄色(#FFFF00),如图 1.57 所示。

2. 选中文字,使用快捷键【Ctrl+B】将文字分离,如图 1.58 所示。

3. 制作文字逐帧动画。在时间轴的文字动画层中,在第 5、10、15 帧处右键插入关键帧。全部选中时间轴中 4 个图层的第 20 帧,右键插入帧,此时时间轴面板如图 1.59 所示。

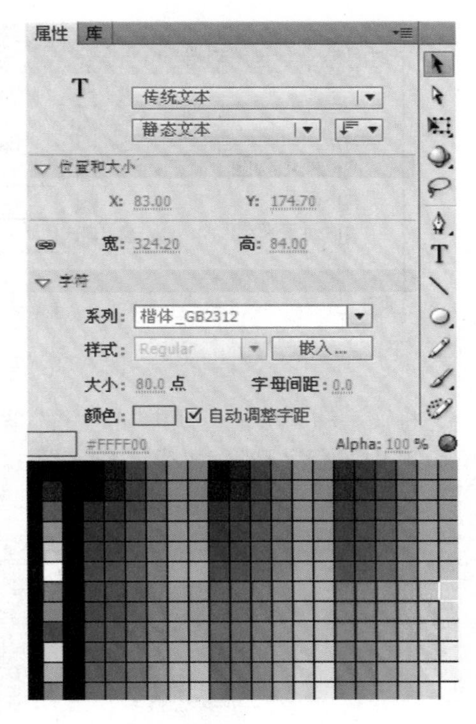

图 1.57 文字属性设置

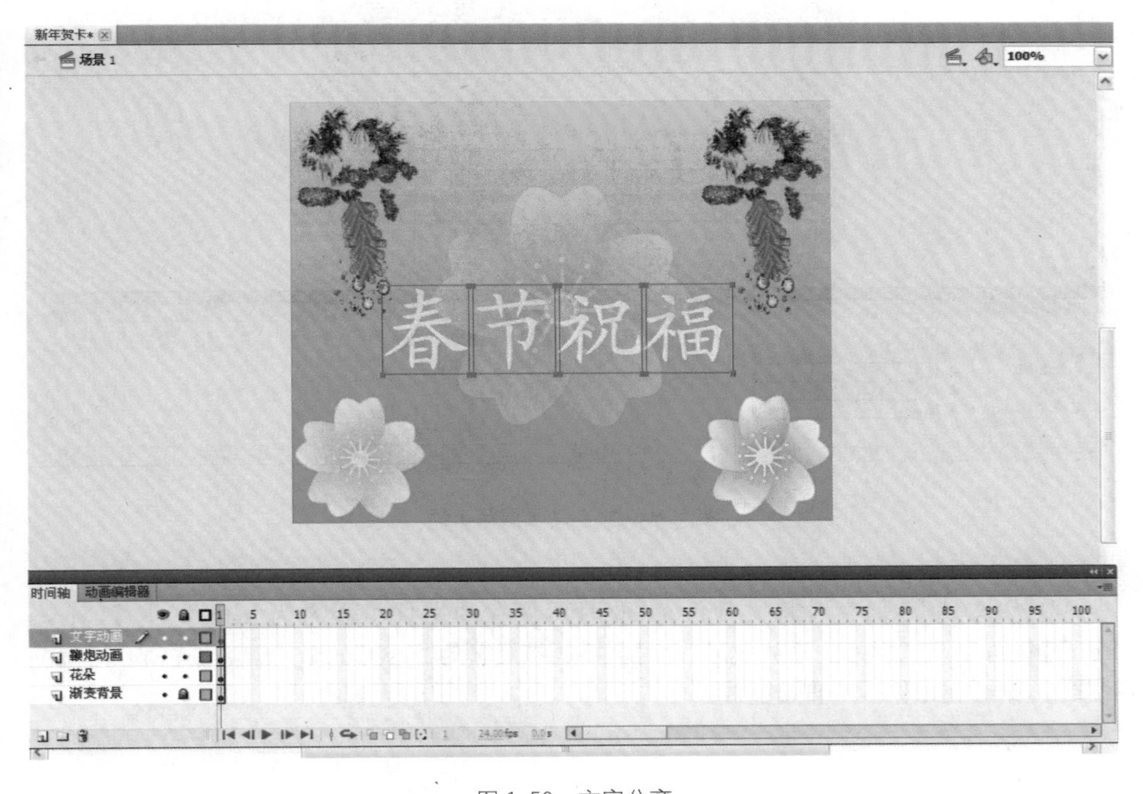

图 1.58 文字分离

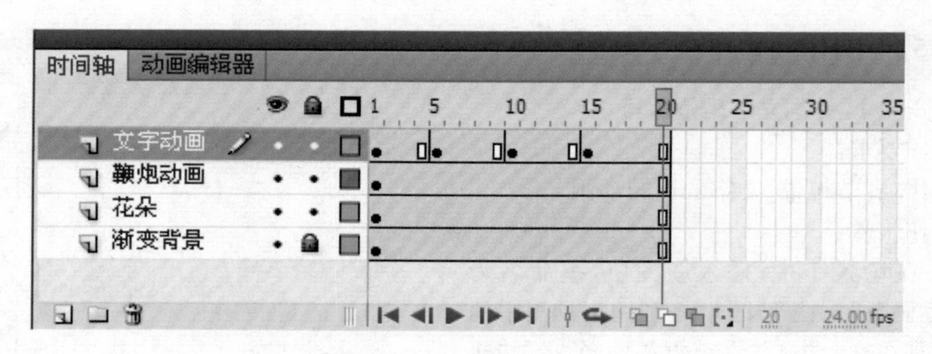

图 1.59　制作逐帧动画时间轴

4. 将文字动画层第 1 帧中“节”“祝”“福”3 个字删除，将第 5 帧中“祝”“福”两个字删除，将第 10 帧中“福”字删除，如图 1.60～图 1.63 所示。

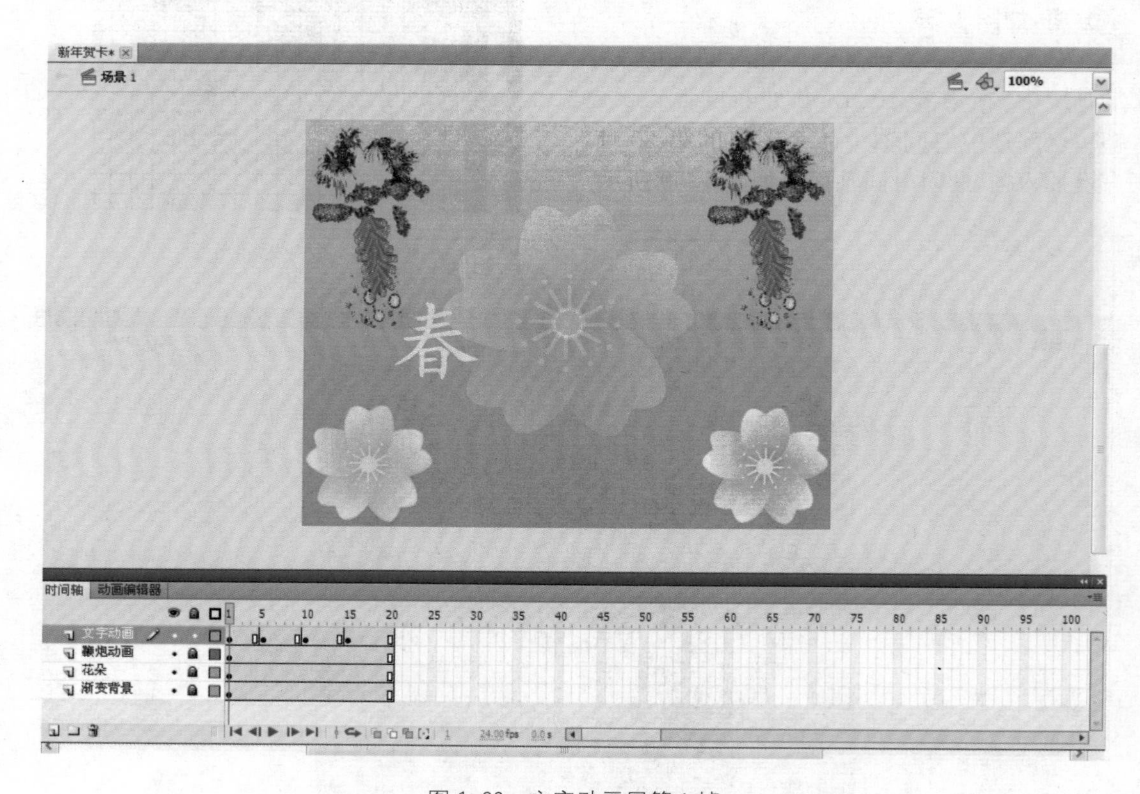

图 1.60　文字动画层第 1 帧

子任务 2：保存文件

选择“文件”/“保存”，将文件保存，此时所保存的文件扩展名为“. fla”。按【Ctrl＋Enter】键可以测试影片的播放效果，此时会播放扩展名为“. swf”的影片。如按【Enter】键测试影片，则会在工作区中直接播放。

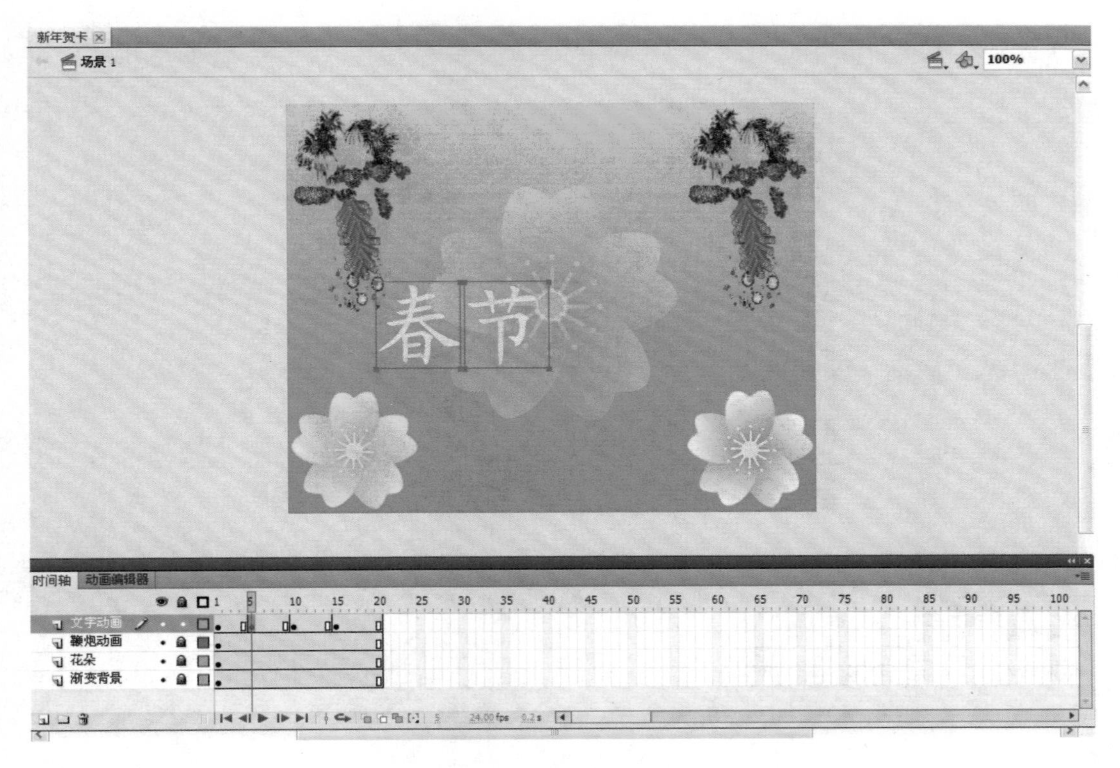

图 1.61　文字动画层第 5 帧

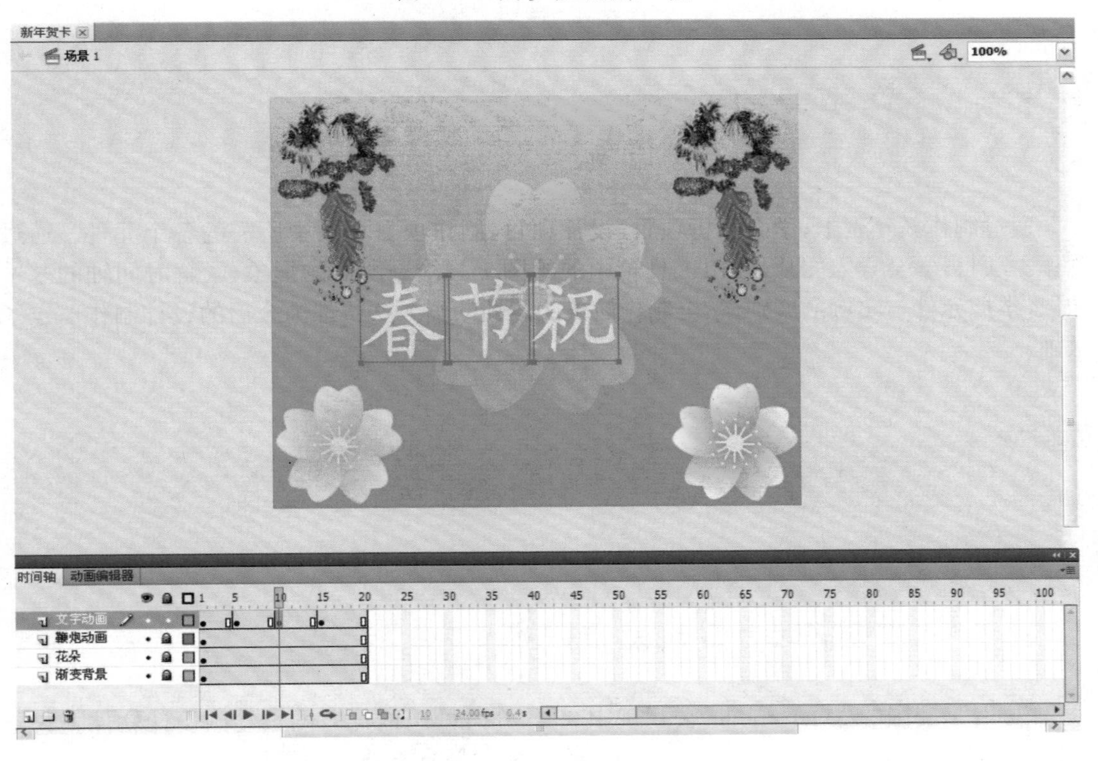

图 1.62　文字动画层第 10 帧

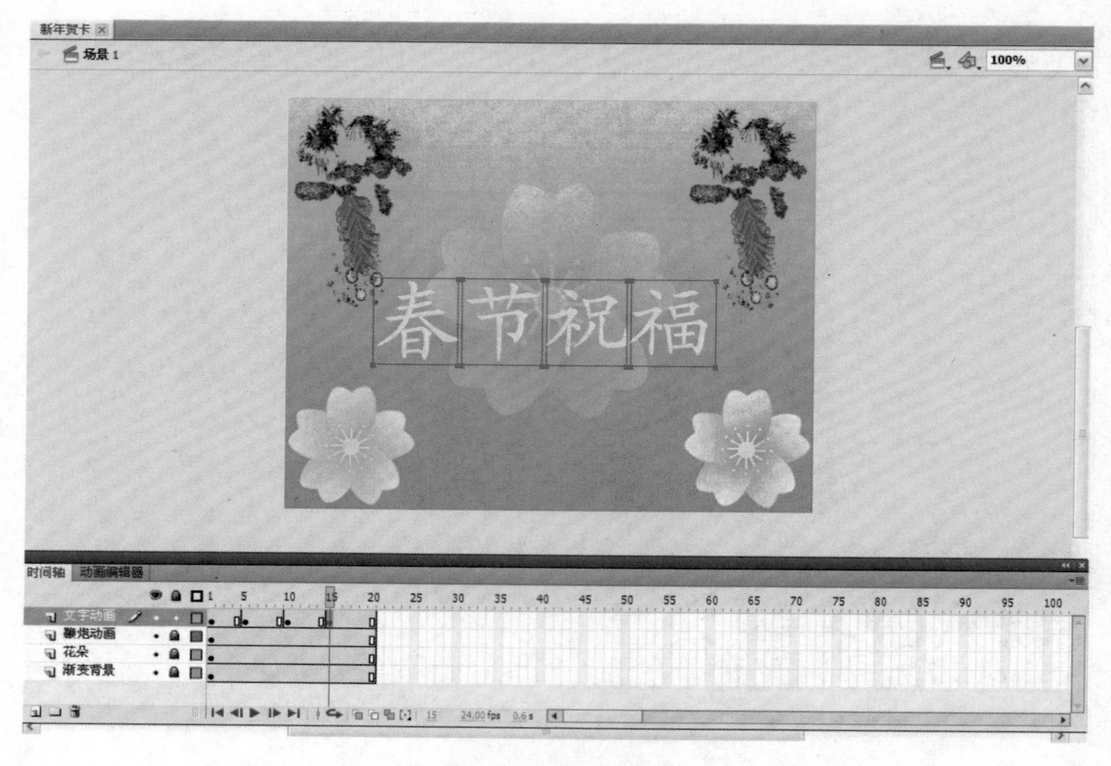

图 1.63　文字动画层第 15 帧

1.5　项目总结

通过制作新年贺卡，学会分析项目、设计项目，制作项目场景中所需的各个元件。通过制作本项目，学会导入图片，利用工具箱中的绘图工具绘制所需的形象，了解时间轴的基本知识，掌握元件与实例的区别，学会制作简单的逐帧动画。这些都为今后的设计制作奠定了基础。

1.6　知识点详解

1.6.1　中国 Flash 动画发展概述

Flash 是美国的 Macromedia 公司于 1999 年 6 月推出的优秀网页动画设计软件。它是一种交互式动画设计工具，它能将音乐、声效、动画以及富有新意的界面融合在一起，制作出高品质的网页动态效果。

Flash是一款技术门槛较低,开发成本也较低的优秀软件。1997年,Flash开始在中国出现。最初的Flash动画制作,完全处于一种自娱自乐的状态,后来逐渐出现一些比较优秀的Flash作品。

自1998年Macromedia公司推出Flash 3以来,Flash动画开始被业界所接受,并成为交互式矢量动画的标准。边城浪子、邹润等作为Flash的先行者,聚集在边城浪子的"回声资讯"网友论坛上讨论Flash的学习方法。随着Macromedia Flash 4的出现,边城浪子开通了Flashempire.com(闪客帝国)网站,在其上聚集了一群志同道合的Flash爱好者。

朱志强(小小)、齐朝晖(BBQI)、老蒋、孙雁(哎呀呀)是在闪客帝国网站Flash动画排行榜前列的闪客。"我闪,故我在",闪客们在Flash中寄托着自己的理想。很多闪客至今仍以追求个人风格、个人表现为最高准则。"这就是Flash,每个人都有一种心中的感觉,每个人都有自己的理解。"这可能正是Flash的魅力之一。

2001年的"中国首届奔腾4处理器电脑Flash动画创意大赛暨Flash动画电影节",参赛人数之多、作品水平之高,堪称中国之最。同时薄荷海飞丝首次举办Flash广告创意大赛,各大媒体都开始关注Flash,并争相报道。2001年9月9日,中央电视台第10频道的《选择》节目,在国内首次播出一期闪客特别节目,采访了一些"闪客"的代表人物,包括边城浪子、老蒋、小小、BBQI、Cink等,成为一次货真价实的闪客聚会。

Flash作品作为一种新时尚,深受都市青年的喜爱,2001年被称为Flash年。

1. 国内"闪客"列传

专业的设计师加入到"闪客"的行列中,利用他们的手绘特长制作出令人耳目一新的作品。代表人物老蒋虽然只懂得Flash的简单操作,但是他画出的逐帧动画,重点在于创意和视觉效果,令人耳目一新,代表作为《强盗的天堂》。老蒋的Flash MTV——《新长征路上的摇滚》更是掀起了网友对Flash狂热的高潮。2000年秋,Macromedia巡回展示Flash产品的时候,还把该作品用来演示Flash的应用。"闪客"小小把功夫片的效果应用到Flash中,用简单的线条人物,模拟了一场打斗。台湾地区的张荣贵也创办了"阿贵"网站,用Flash来制作动画短片,使"阿贵"这个卡通人物深入网民的心中。香港ShowGood公司也用Flash来打造《三国演义》,作品中的人物大唱特唱现代歌,它属于搞笑版的Flash作品。

2. 闪客帝国的四大"牛人"

孙雁,网名哎呀呀,生于1980年,2001年在TVB担任多媒体设计师。2002年全力打造国内知名艺人胡彦斌的电视MTV《和尚》。2003年打造王家卫的电影《地下铁》的网络版官方站及Flash版前传,被国内第一本介绍网页设计师的书——《中国网页设计前线》收录。

齐朝晖,1968年生于北京,1990年毕业于清华大学化学系化学师范专业。主要作品:《恋曲1980》《都市三重奏》《伊甸园》《线条魔术》《大耍》。其作品多在创意和构思上下工夫。齐朝晖创作《伊甸园》的初衷是表现男女差异,现在却被视为一个公益环保作品广受称赞。

小小,原名朱志强,吉林省吉林市人。2000年用Painter创作了第一个动画《独孤求败》,2000年末开始学习Flash并创作互动动画《过关斩将》,获得2000年度WACOM杯Flash大赛最佳游戏奖。在2001年中期完成动画《小小No. 3》。最经典Flash作品:《过关斩将》《小小3号》《小小特警》。这些网络动画作品的主题人物形象均为"火柴棍小人"形象。他擅长用简单明了的线条,善意或恶意地模仿各种武打片的经典镜头。

老蒋,1972年生于安徽,1991毕业于中央美术学院附中,1995毕业于中央美术学院版画系摄影专业，其漫画像如图 1.64 所示。代表作有：《五四运动》《淞沪抗战》《长征》《新长征路上的摇滚》(图 1.65)。在《新长征路上的摇滚》中，老蒋把反叛、反思与反讽结合在一起，当西服革履的青年正步前进时，老崔吼叫着“一、二、三……”，画面上出现用“@”为图案的“一筒、二筒、三筒……”的麻将牌，这种后现代气息不禁让人怦然心动，令人感觉痛快淋漓。

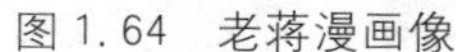

图 1.64　老蒋漫画像

图 1.65 《新长征路上的摇滚》截图

1.6.2　Flash 动画的发展前景

Flash 是跨媒体、跨行业的软件，其应用领域很广泛，在贺卡、MTV、动画短片、交互游戏、网站片头、网络广告、电子商务中都可以应用 Flash 技术。用它设计制作的迷你电影与网络电影、广告、音乐 MTV 已经走进手机、电视、电影、音乐唱片等领域。美工、程序员都能在 Flash 制作中找到自己的位置。

Flash 软件现阶段的应用领域主要有以下几个方面：娱乐短片、片头、广告、MTV、导航条、小游戏、产品展示、应用程序开发的界面、开发网络应用程序、网络动画、动态网页等。如今，Flash 应用最广的领域是网络广告。

Flash 软件在网络广告中的广泛应用，是商家推销产品的最直接的方式。知名的网站中都有熟悉产品的 Flash 广告。带有商业性质的 Flash 动画制作更加精致，画面设计、背景音乐更加考究，网络广告把 Flash 的技术与商业完美的结合，也给 Flash 的学习者指明了发展方向。

Flash 软件由于其独特的时间片段分割和重组(MC 嵌套)技术，结合 ActionScript 的对象和流程控制，被称为是“最为灵活的、最为小巧的前台”。

在应用程序开发上，由于其独特的跨平台物性和界面控制以及多媒体的功能使得使用 Flash 软件来制作的应用程序具有很强的生命力。在与用户的交流方面具有其他任何方式都无法比拟的优势。

在手机开发领域，Flash 软件具有更大更广泛的使用空间，但它要求手机具有精确(像素级)的界面设计和更高的 CPU 使用分布的操控能力。

在游戏开发方面，至今为止仍然停留在中、小型游戏的开发上。游戏开发的很大一部分都受限于它的CPU能力和大量代码的管理能力。基于Java类的结构奠定了游戏开发的基础。

在Web应用服务方面,随着网络的逐渐渗透,基于客户端-服务器的应用设计也开始逐渐受到欢迎,并且一度被誉为最具前景的方式。在这种方式下,你可能要花更多的时间在服务器的后台处理能力和架构上,并且将它们与前台(Flash端)保持同步。

在站点建设方面,用Flash建立全Flash站点的技术要求设计人员拥有更高的界面维护能力和整站的架构能力。全Flash站点可以拥有全面的控制、无缝的导向跳转、更丰富的媒体内容、更体贴用户的流畅交互,以及跨平台和小巧客户端的支持。

在多媒体娱乐方面,Flash本身就以多媒体和可交互性而广为推崇,它所带来亲切氛围使浏览过的每一位用户都喜欢。

在教学系统方面,应用Flash现有的技术极大地增强了学生的主动性和积极性,并提高了他们的创造能力。尤其在医学CAI课件中,使用设计合理的动画,不仅有助于学科知识的表达和传播,使学习者加深对所学知识的理解,激发学习兴趣,提高教学效率,同时也能为课件增加生动的艺术效果,特别是对于以抽象教学内容为主的课程更具有特殊的应用意义。

1.6.3 Flash CS6的新特性

Flash CS6的新特性表现在以下几个方面:

1. 欢迎界面,默认支持iOS项目开发,如图1.66所示。

图1.66 "新建文档"对话框

2. iOS项目支持iPad和iPhone高清app输出,如图1.67所示。

3. 舞台属性新增一个"以舞台大小缩放内容"功能,Flash中的元件可以跟随舞台尺寸修改自动调整来适应不同设备的分辨率,如图1.68所示。

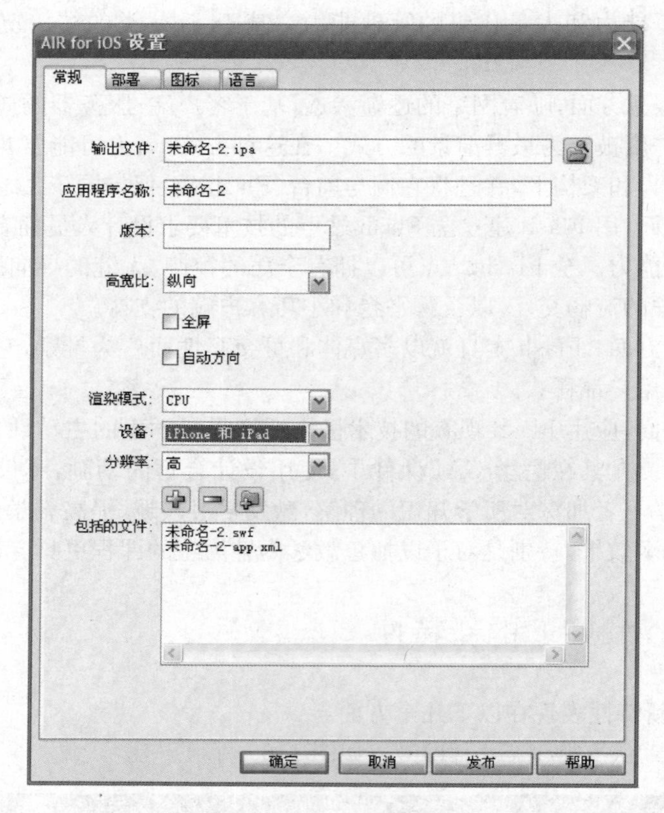

图 1.67 "AIR for iOS 设置"对话框

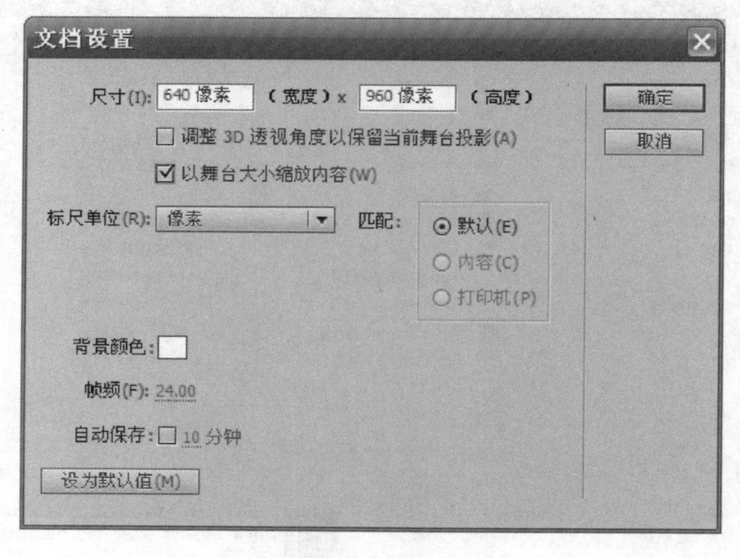

图 1.68 "文档设置"对话框

4. 可以将矢量元件设置成位图输出,来提升在移动设备上的运行效率,如图 1.69 所示。

5. 矢量图形可以直接转换成位图,如图 1.70 所示。

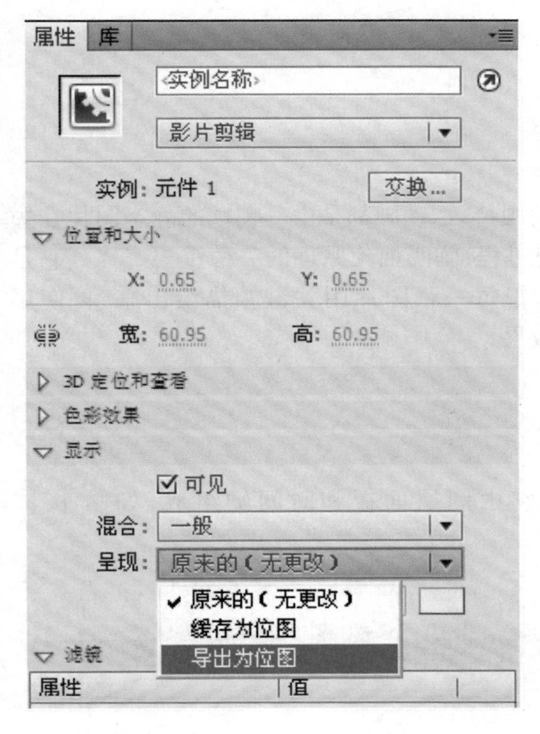

图 1.69 “影片剪辑”属性面板

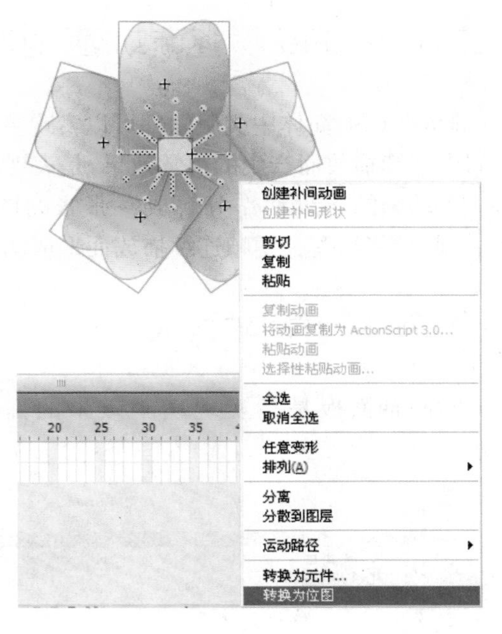

图 1.70 矢量图转换为位图

1.6.4 Flash 动画制作的过程

Flash 动画制作的过程可分作 6 步：策划动画、收集素材、制作动画、调试动画、测试动画、发布动画。具体如下：

1. 确定动画剧本及分镜头脚本；
2. 设计出动画人物的形象；
3. 绘制、编排出分镜头画面脚本；
4. 绘制原画和中间动画(图 1.71)；

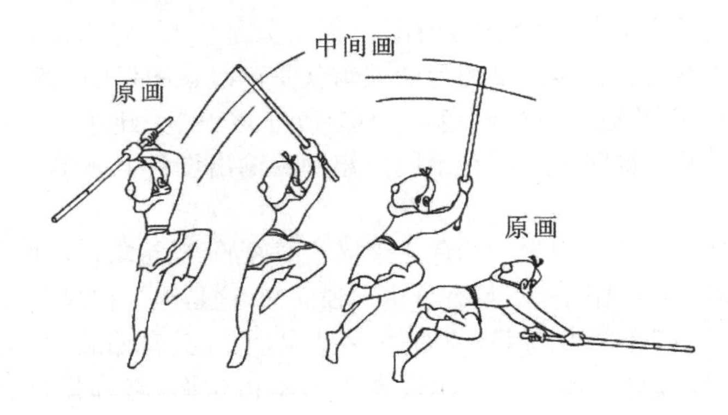

图 1.71 原画与中间动画

5. 导入到 Flash 软件中进行制作；

6. 剪辑配音。

1.6.5 Flash“逐帧动画”的原理

Flash CS6 简体中文版软件可以实现多种动画特效，动画都是由一帧帧的静态图片在短时间内连续播放而产生的视觉效果，是表现动态过程、阐明抽象原理的一种重要媒体。它是将一个动画的连续动作分解成一张张的图片，把每一张图片用关键帧描绘出来，再使用 Flash 软件将这些关键帧连续播放而形成动画效果。

1.6.6 时间轴面板

时间轴面板是指实现动画效果的面板，它由图层面板和时间轴组成，如图 1.72 所示。

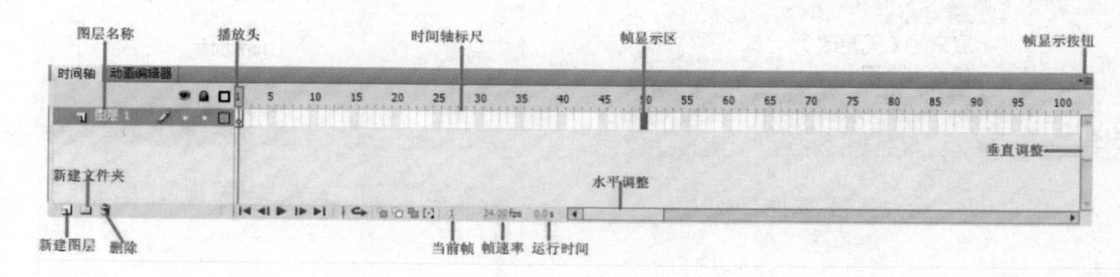

图 1.72 时间轴面板(1)

眼睛图标 ：单击此图标后，可以显示或隐藏所有图层中的内容。

锁状图标 ：单击此图标后，可以锁定或解除锁定所有图层。

线框图标 ：单击此图标后，可以将图层中的内容以轮廓显示。

1.6.7 Flash 软件中关键概念的介绍

1. 矢量图形

使用 Flash 工具箱中的工具绘制出的图形都是矢量图形，它只是记录图形的大概轮廓，可以无限放大而不失真。对矢量图形的编辑就是修改该图形的笔触颜色和填充颜色。移动、缩放矢量图形，以及更改它的颜色，都不会改变该矢量图形的品质。矢量图形具有分辨率独立性，就是说矢量图形可以在不同分辨率的输出设备上显示，且不会改变图像的品质。

通常见到的位图图像是以像素的彩色点来描绘图像的，当编辑位图图像时，修改的是像素，而不是直线或曲线。位图图像不具有分辨率独立性，这是因为构成图像的数据被固定在特定大小的栅格里。编辑位图图像将影响它的外观品质，尤其是缩放时，将使图像的边缘变得模糊。用低于图像自身清晰度的输出设备来显示该位图，将降低位图的外观品质，如图 1.73所示。

(a) 位图

(b) 矢量图

图 1.73　树叶的位图和矢量图放大对比

2. 几种类型帧的概念

Flash 动画是由一帧帧的画面组成的。帧是进行 Flash 动画制作的最基本的单位，每一个精彩的 Flash 动画都是由很多个精心雕琢的帧构成的，在时间轴上每一帧都可以包含需要显示的所有内容，包括图形、声音、各种素材和其他多种对象。

关键帧：就是有关键内容的帧，可用来定义动画变化、更改状态的帧，即编辑舞台上存在实例对象并可对其进行编辑的帧。

空白关键帧：是没有包含舞台上的实例内容的关键帧。

普通帧：是在时间轴上能显示实例对象，但不能对实例对象进行编辑操作的帧。

它们之间的区别如下：

① 关键帧在时间轴上显示为实心的圆点，空白关键帧在时间轴上显示为空心的圆点，普通帧在时间轴上显示为灰色填充的小方格。

② 同一层中，在前一个关键帧的后面任一帧处插入关键帧，是复制前一个关键帧上的内容，并可对其进行编辑操作；插入普通帧，是延续前一个关键帧的内容，不可对其进行编辑操作；插入空白关键帧，可清除该帧后面的延续内容，还可以在空白关键帧上添加新的实例对象。

③ 关键帧和空白关键帧上都可以添加帧动作脚本，普通帧上则不能。

制作中需注意的问题：

① 应尽可能地节约关键帧的使用，以减小动画文件的体积。

② 尽量避免在同一帧处过多地使用关键帧，以减小动画运行的负担，使画面播放流畅。Flash 影片的帧数最大为 16 000。

1.6.8　工具箱中的常用工具介绍

1. 选择工具

选择工具箱中的“选择工具”，工具箱下方出现“贴紧至对象”按钮、“平滑”按钮和“伸直”按钮 。选择工具用于选择和移动舞台中的各种对象，也可以改变对象的大小和形状。

“贴紧至对象”按钮：制作引导线动画时，自动将关键帧中的对象锁定到引导路径上。

“平滑”按钮：用于柔化选定的曲线。

“伸直”按钮：用于锐化选定的曲线。

(1) 选择对象

使用“选择工具”，单击选择图 1.74 中的黄色，选中时对象呈白色的点阵显示。如要加选其他对象，则按住【Shift】键点击对象即可加选。全选整个对象时，需双击整个对象，或点击舞台空白处后，拖出一个虚线的选择框即可全部选中，如图 1.74 所示。

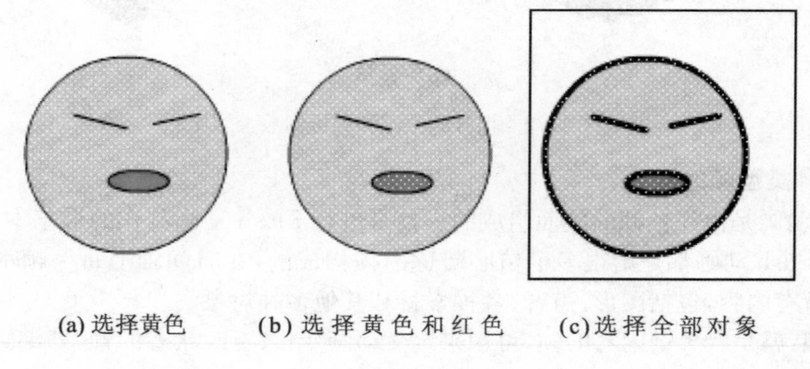

(a) 选择黄色　(b) 选择黄色和红色　(c) 选择全部对象

图 1.74　选择对象

(2) 移动和复制对象

选中对象后，按住鼠标不放，即可直接将选中对象拖拽到其他位置。

在空白处点住鼠标不放，会拉出一个虚线框，框选对象中右侧的脸型。选中后可以直接把这个部分拉开，形成对对象的剪切效果，如图 1.75 所示。

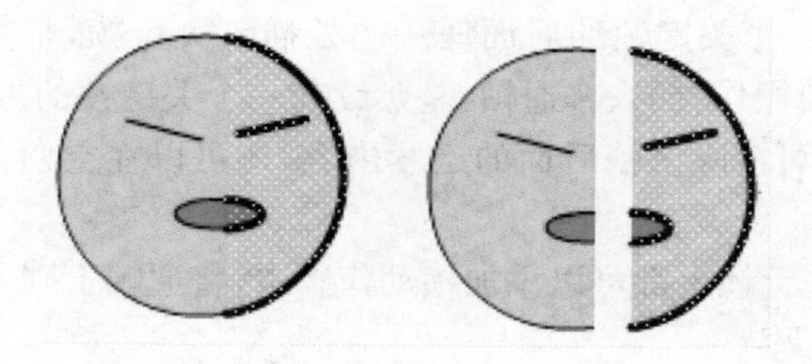

图 1.75　框选部分对象

选中对象后，按住【Alt】键或【Ctrl】键，同时按住鼠标左键拖拽选中的对象到其他位置，可以将选中的对象复制。

(3) 调整线条和色块

将鼠标靠近，当鼠标显示为 时，可以直接拖动线条和色块进行调整，调整后效果如图 1.76所示。

如果是线条，当鼠标在线条两端时，鼠标指针为直角状，拖动端点，可以拉长线条。

在使用“选择工具”时，在工具栏下面会出现“贴紧至对象”按钮。但是要有2个或2个以上的图形或者线条，此按钮才能发生作用。画条直线，拖动线的一端靠近椭圆，将会发现线的一端出现一个空心圆，而且拉动它的时候还有种吸力的感觉。此时松开鼠标，线条的端点就吸附到椭圆上，如图1.77所示。

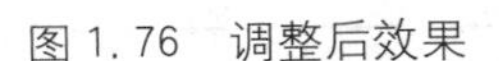

图1.76　调整后效果

图1.77　端点吸附到椭圆上

2. 部分选取工具

选择“部分选取工具”（快捷键:【A】)，用于对舞台中的各种对象的移动或变形。部分选取工具主要用于钢笔绘制的线段和图形的锚点调整。

【Alt】键:对于直角线段和直线的锚点，按下【Alt】键可以将直角线段和直线改变为曲线。在调整曲线时，可以使用“部分选取工具”选择控制点，点选后会出现两条控制杆，普通操作时，两条控制杆会同时改变位置，按下【Alt】键，可以对其中的一条控制杆进行调整，另外一条控制杆不受影响。如果不选锚点，而是选择线段，按【Alt】键拖动，可以复制线段。

【Ctrl】键:使用“部分选取工具”时，按下【Ctrl】键，可以临时切换为“任意变形工具”，这时可以对图形或线段进行调整，当松开【Ctrl】键后，又会变回“部分选取工具”。

【Shift】键:使用“部分选取工具”对多个图形进行修改操作，可以按下【Shift】键。

【Delete】键:使用“部分选取工具”选择锚点后，按下【Delete】键可以对锚点进行删除。

(1) 调整线段

使用“线条工具”在舞台中绘制一条直线，使用“部分选取工具”单击这条直线，线段的两端会出现两个控制点，即锚点(或称节点、控制点)。使用“部分选取工具”选择直线其中一个锚点，并移动，可以改变直线的位置。

(2) 将直线调整为曲线

直接使用“部分选取工具”选择直线锚点，按住鼠标移动可以改变直线锚点的位置，如果按下【Alt】键移动，会出现一条控制杆，可以将直线调整为曲线。

(3) 配合钢笔工具使用

使用“钢笔工具”绘制完线段后，线段上会有锚点和控制杆，这时接着使用“部分选取工具”可以对“钢笔工具”绘制的线段进行调整，按下【Alt】键调整控制杆，可以单独对所选控制杆进行调整。

(4) 对图形边线及图形填充的调整

使用“椭圆工具”绘制一个带有边线和内部填充色的椭圆，使用“部分选取工具”单击椭圆边线，在边线上会出现8个控制点(图1.78)，可以对控制点进行调整，内部填充色的形状也会随着改变，如图 1.79 所示。

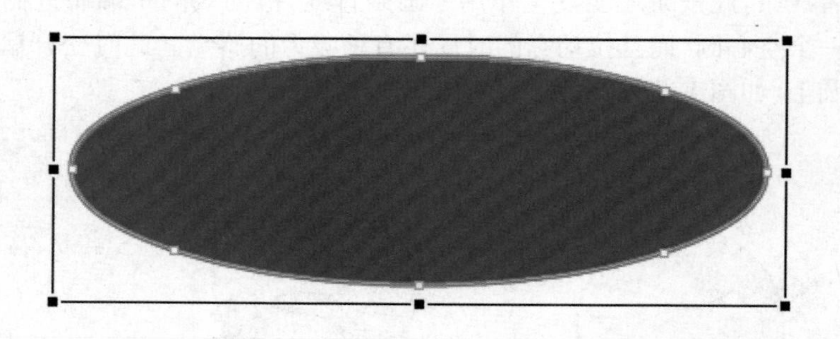

图 1.78 椭圆周围出现 8 个控制点

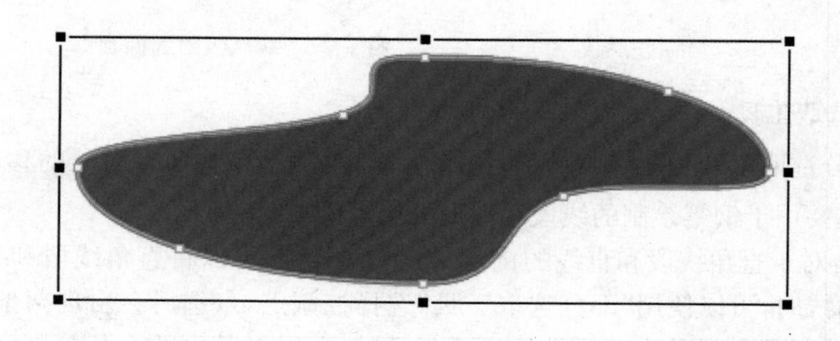

图 1.79 调整控制点后效果

使用“部分选取工具”框选椭圆，框选的部分会呈现控制点，选中部分控制点，使用键盘上的上下左右键可以对图形进行调整。

关闭“笔触颜色”，保留“填充色”，使用“椭圆工具”绘制一个只有内部填充色的椭圆，使用“部分选取工具”选择椭圆边缘，也会出现 8 个控制点，使用“部分选取工具”选择控制点可以对控制点进行调整。

使用“矩形工具”绘制矩形后，使用“部分选取工具”选择矩形边线，可以对矩形的 4 个控制点进行调整，按住【Alt】键可以将直角变为曲线；如果画面中有多个图形，可以在调整一个图形的同时，按下【Shift】键单击另外一个图形，可以选择多个图形并对图形进行编辑操作；如果使用“部分选取工具”进行框选，也可以选择多个图形并对图形进行操作。

3. 任意变形工具

选择“任意变形工具”(快捷键:【Q】)，用于对舞台中的各种对象进行上下或左右的变形操作。

图 1.80 选项区

在工具箱的下端选项区中，当选择了“任意变形工具”时，会有 4 个功能提供选择，分别是：旋转与倾斜、缩放、扭曲和封套功能，如图 1.80 所示。

在舞台中绘制一个椭圆图形，要改变椭圆的形状，可以直接选择“任意变形工具”对其进行改变，当选择了椭圆图形时，在周围会出现 8 个控制柄，使用鼠标拖动这些控制柄，可以对椭圆进行缩放、挤压和拉伸的操作，如

图 1.81所示。

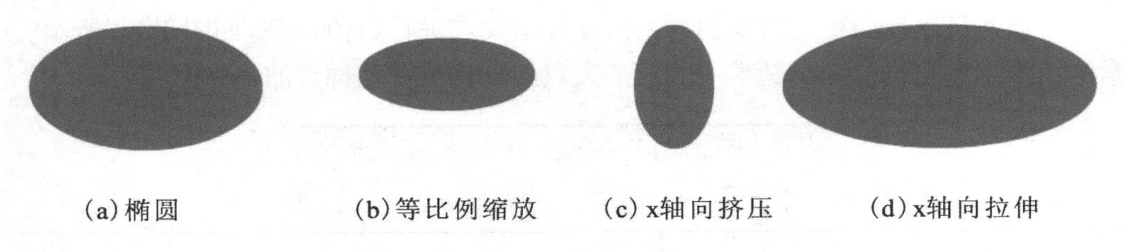

(a)椭圆　　(b)等比例缩放　　(c)x轴向挤压　　(d)x轴向拉伸

图 1.81　利用控制柄进行调整

在选项区中选择“旋转与倾斜”按钮，当鼠标移动到 8 个控制柄的 4 个角时，可以对图形进行旋转操作。当鼠标移动到 4 条边线的中央控制柄时，可以对图形进行倾斜操作。

选择“缩放”按钮，当鼠标移动到 8 个控制柄的 4 个角时，可以对图形进行等比例缩放操作，如果没有选缩放功能，要进行等比例缩放可以按住上【Shift】键进行缩放操作。当鼠标移动到 4 条边线的中央控制柄时，可以对图形进行挤压和拉伸及缩放操作。

选择“扭曲”按钮，当鼠标移动到 8 个控制柄时，鼠标会变为白色箭头，这个时候可以对图形进行扭曲操作。如果没有选择扭曲功能，可以在“任意变形工具”选择图形后，按住【Ctrl】键进行扭曲操作。

选择“封套”按钮，会在图形周围出现 24 个控制柄，可以通过拖动控制柄，对图形进行“任意改变形状”的操作。

4. 3D 旋转工具

“3D 旋转工具”(快捷键:【W】)，只能对影片剪辑发生作用。

导入一张图像，按下【F8】键将图像转换为影片剪辑元件。打开“3D 旋转工具”，此时在元件图像中央会出现一个类似瞄准镜的图形，“十”字的外围是两个圈，并且呈现出不同的颜色。当鼠标移动到红色的中心垂直线时，鼠标右下角会出现一个“X”，当鼠标移动到绿色水平线时，鼠标右下角会出现一个“Y”，当鼠标移动到蓝色圆圈时，鼠标右下角又出现一个“Z”。

当鼠标移动到橙色的圆圈时，可以对图像进行 X、Y、Z 轴进行综合调整，如图 1.82 所示。

图 1.82　使用 3D 旋转工具调整前后效果

通过属性面板的“3D 定位和查看”可以对图像进行 X、Y、Z 轴进行数值的调整。

还可以通过属性面板对图像的透视角度和消失点进行数值调整，如图 1.83 所示。一个场景的消失点和相机范围角是唯一的。消失点的默认位置是舞台的正中间。

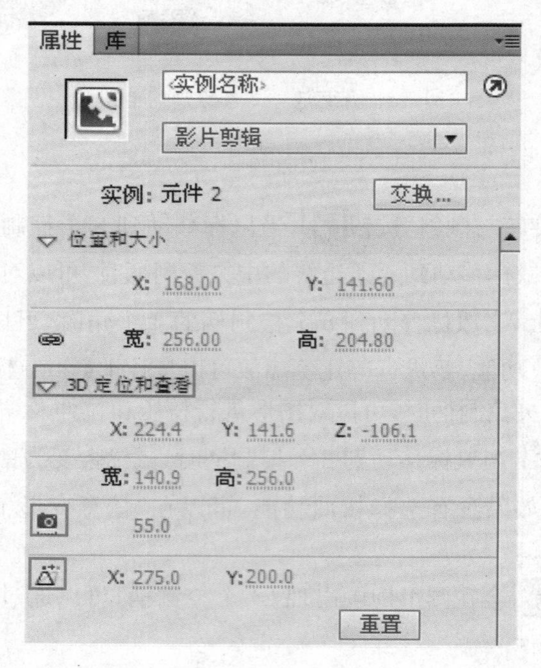

图 1.83 调整属性面板上的“3D 定位和查看”、“透视角度”和“消失点”

4. 套索工具

选择“套索工具”（快捷键:【L】)，用于选定舞台中不规则对象区域。“套索工具”可以对图形进行选择，可以对图形的任意选择区域进行编辑。

图 1.84 选项区

选择“套索工具”后，在选项区中会有 3 个按钮，分别是“魔术棒”“魔术棒设置”“多边形模式”，如图 1.84 所示。

直接选择“套索工具”，可以对用 Flash 软件绘制的图形进行不规则选择，也就是任意范围选择。

“魔术棒”：当使用“矩形工具”和“椭圆工具”绘制图形时，选择“魔术棒”并不能进行区域选择，“魔术棒”是针对图片的，可以是导入到舞台中的图片，按住【Ctrl+B】将图片打散后，就可以使用“魔术棒”对颜色相同的区域进行选择了。

“魔术棒设置”：可以输入 0～200 之间的整数，数值越大，选择范围越大，在平滑下拉菜单中提供了“像素”“粗略”“一般”“平滑”4 个选项。

“多边形模式”：可以通过鼠标单击移动区域，进行图形的选择。

5. 钢笔工具

(1) 绘制直线

使用鼠标选择“钢笔工具”（快捷键:【P】)，在舞台中单击鼠标，会出现一个小圆圈，选择其他位置，再次单击鼠标，从刚才小圆圈的位置到我们第 2 次单击鼠标的位置就会自动连接一条直线。

(2) 绘制曲线

使用鼠标选择“钢笔工具”,在舞台中单击鼠标,会出现一个小圆圈,在第 2 次单击舞台区域后,不要松开鼠标左键。一直按住鼠标左键,进行拖动,直线随着我们的拖动而变成了曲线。

(3) 操作快捷键

按住【Alt】键切换为“转换锚点工具”。在绘制过程中,临时按住【Alt】键,可以切换为“转换锚点工具”,选择线段上的锚点进行弯曲等调整(“转换锚点工具”只能对锚点进行调整,如果使用“转换锚点工具”选直线,是编辑不了直线的)。松开【Alt】键,自动转换回“钢笔工具”。

在绘制锚点的同时按住【Alt】键调整调节杆。在绘制锚点并拖动调节杆将直线变为曲线的同时,按住【Alt】键,可以调整其中控制杆的角度,方便我们绘制需要的线段。

两个【Alt】快捷键使用的区别:前者是在绘制完线段的基础上按下【Alt】键切换为“转换锚点工具”,然后再对已绘制完的锚点进行弯曲等编辑;后者是在绘制锚点的进程中按下【Alt】键可以调整其中一个控制柄的位置,为下一步曲线的锚点做准备。

在绘制完一段线段后,按住【Ctrl+Alt】键可以依次将功能切换为“添加锚点工具”“删除锚点工具”“转换锚点工具”。

切换为“添加锚点工具”:在绘制完一段线段后,使用“钢笔工具”移动到线段中央,按下键盘【Ctrl+Alt】键,“钢笔工具”会被临时切换为“添加锚点工具”,这时单击线段,即可为线段添加一个锚点。

切换为“转换锚点工具”和“删除锚点工具”:在绘制完一段线段后,首先按下【Ctrl+Alt】键会变为“添加锚点工具”,这时鼠标只要不变位置,不松开【Ctrl+Alt】键,在添加完锚点的基础上,鼠标会变为“转换锚点工具”,这时可以对线段进行曲线的编辑;继续按住【Ctrl+Alt】键,再次单击锚点,鼠标会变为“删除锚点工具”,可以对锚点进行删除。

6. 文本工具

选择“文本工具”(快捷键:【T】),属性面板自动切换为“文本工具”的属性面板,如图 1.85 所示。

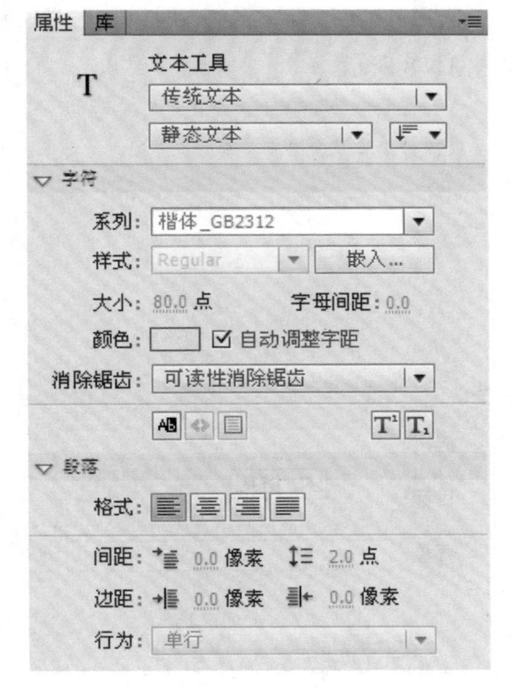

图 1.85 “文本工具”的属性面板

文本引擎下拉列表中,提供 TLF 文本和传统文本,默认为传统文本。在文本类型下拉列表中提供了 3 种文本类型,分别为:“静态文本”“动态文本”“输入文本”。“改变文本方向”按钮可以设置文本的方向,是水平、垂直还是垂直、从左向右。

在字符设置区中,可以设置文本的字体、样式、大小、字母间距和颜色。在“样式”的下拉选项中可以设置 6 种样式,如图 1.86 所示。

字体大小,可以通过输入数值或选择点值进行设置。

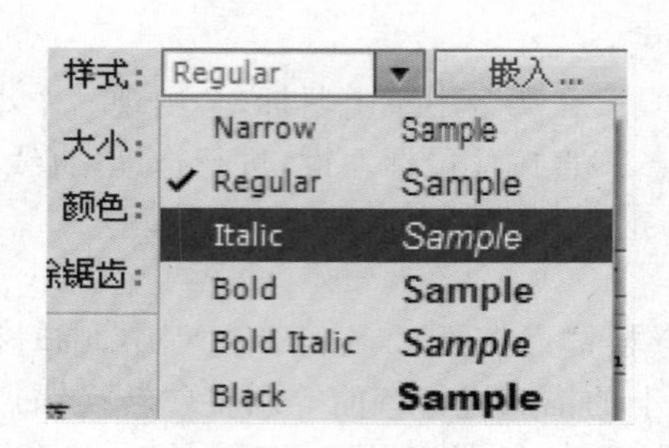

图 1.86 “样式”的下拉选项

可以对文本进行字母间距、字符位置、字体呈现方法的设置，还可以把文字设置为上标或下标。调整字母间距就是对文本进行水平方向的间距调整。

在文本类型选择“动态文本”和“输入文本”时，可以选择“边框”按钮 。选择“边框”按钮后，在文本周围会出现边框。

在段落设置区中，可以设置字体的对齐方式，有：左对齐、居中对齐、右对齐和两端对齐，并且可以对文本设置间距、边距等。

在选项区域中，可以设置链接的地址、目标和变量名称，如图 1.87 所示。

在 URL 链接输入框中，可以输入网址或链接地址，也可以为文本添加超链接。添加过超链接的文本下，会出现一条虚线。

7. 线条工具

选择“线条工具” （快捷键：【N】），属性面板会自动切换为“线条工具”的属性面板，如图 1.88 所示。

图 1.87 选项区域

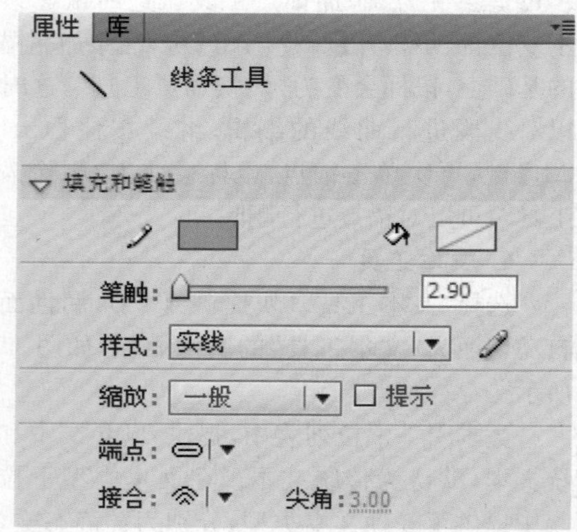

图 1.88 “线条工具”的属性面板

在“端点”下拉选项中可以选择“无”“圆角”“方形”3 个选项，如图 1.89 所示。

“接合”的下拉选项有 3 种，分别是“尖角”“圆角”“斜角”。

图1.89 “端点”的下拉选项

图 1.90 “接合”的下拉选项

在样式的下拉列表中，可以设置 7 种不同类型的笔触样式，如图 1.91 所示。图 1.92 是设置不同的笔触样式后绘制的线条。

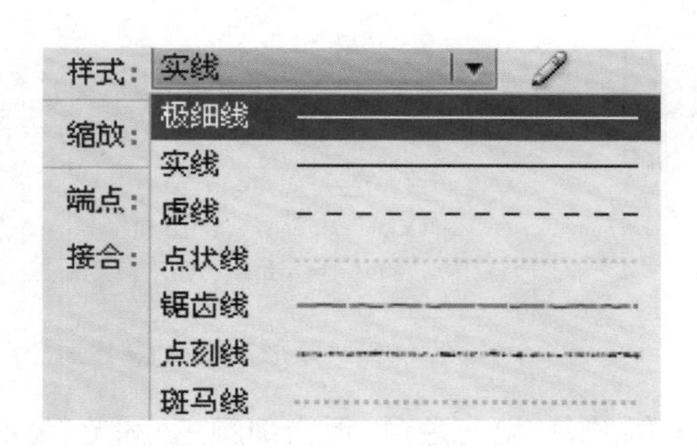

图 1.91 “笔触样式”的下拉选项

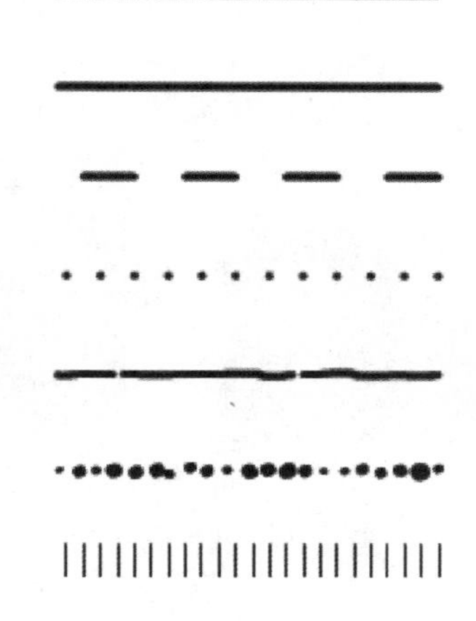

图 1.92 不同的笔触样式绘制出的线条

按住【Shift】键的同时绘制线条，则限制线条在 45°或 45°倍数的方向上绘制线条。

无法为线条工具设置填充属性。线条若想变为可填充，需选择“修改”/“形状”/“将线条转换为填充”(图 1.93)命令。

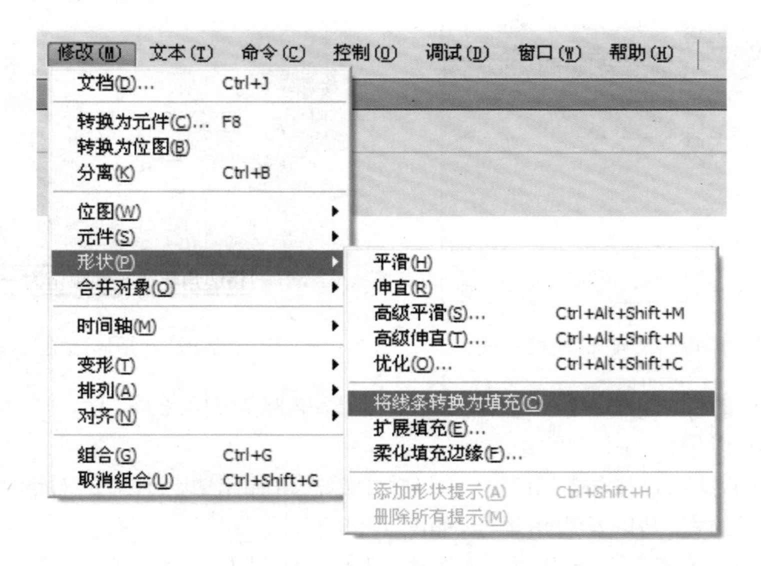

图 1.93 “将线条转换为填充”命令

8. 几何工具

(1) 矩形工具

选择“矩形工具”(快捷键:【R】),在舞台上单击鼠标左键,按住不放,向需要的位置拖动,就可以绘制出矩形图形。按住【Shift】键的同时绘制图形,则绘制出正方形,如图 1.94 所示。

“矩形工具”的属性面板如图 1.95 所示。

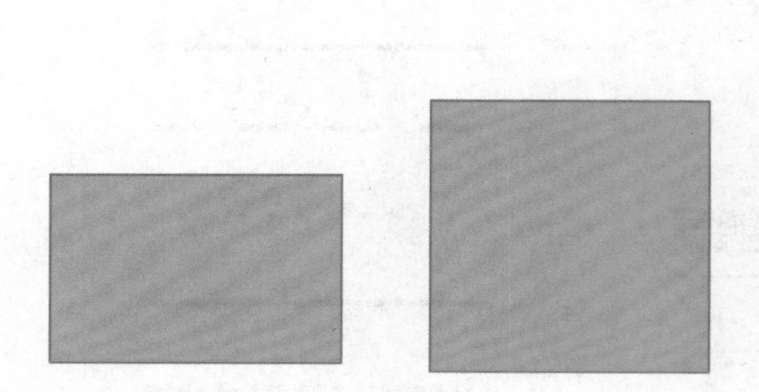

图 1.94 绘制矩形和正方形

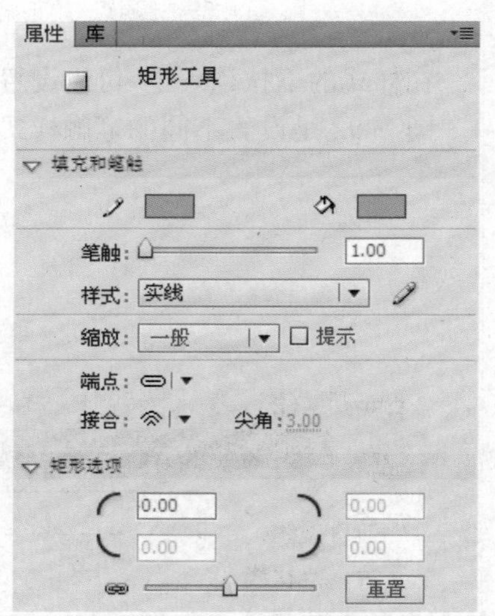

图 1.95 “矩形工具”的属性面板

在“矩形工具”的属性面板中设置矩形的笔触颜色、填充色(矩形内部颜色)和笔触大小(矩形边框粗细)。

在“样式”的下拉选项中,可以设置笔触的绘制样式,如图 1.96 所示。

下方的“矩形选项”区域,可设置矩形的圆角,也可以打开锁定,分别设置矩形四角的圆度值,如图 1.97 所示。值越大,矩形角度越圆。

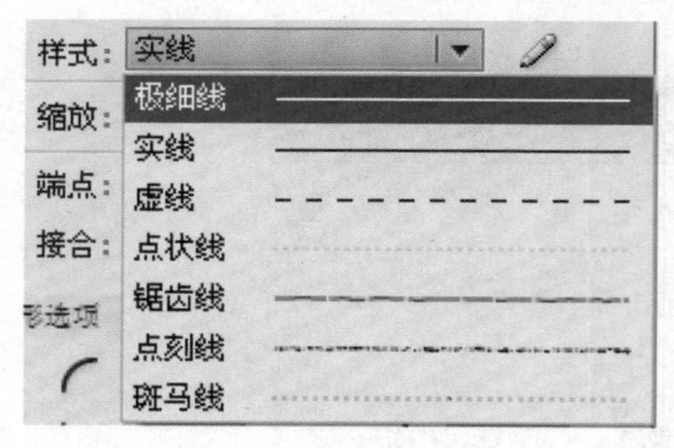

图 1.96 设置“矩形工具”的笔触样式

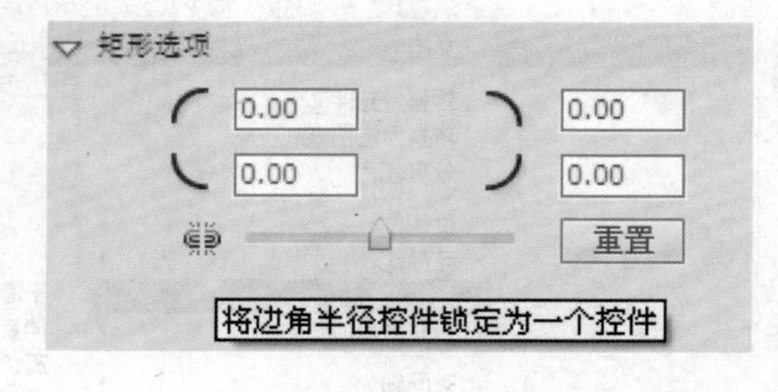

图 1.97 “矩形选项”区域

在绘制矩形的同时,按住【Alt】键,可以绘制以鼠标为中心的矩形。同时按住【Shift+Alt】键可以绘制以鼠标为中心的正方形。

单击“矩形工具”后,按住【Alt】键,在场景中单击可弹出“矩形设置”对话框,通过该对话框可以设置矩形的宽、高以及边角半径,如图 1.98 所示。

从属性面板设置好自己所需的样式属性,开始绘如图 1.99 所示的矩形。

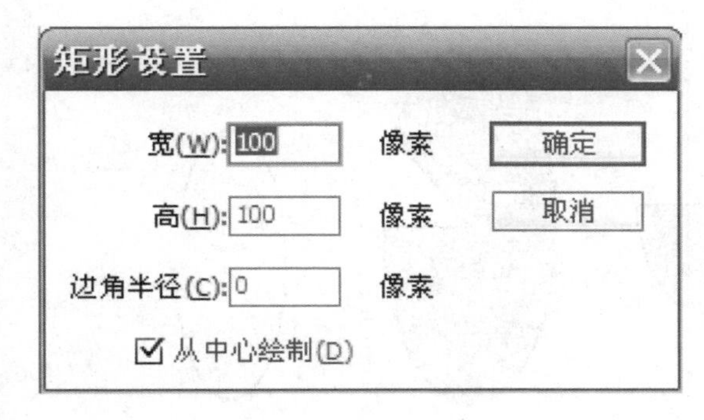

图 1.98 “矩形设置”对话框

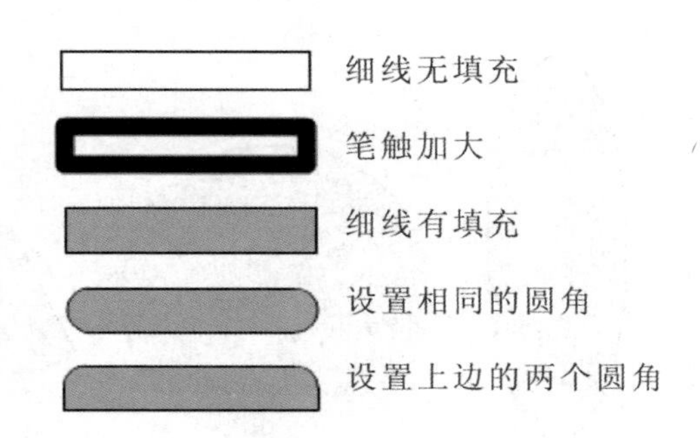

图 1.99 不同样式的矩形绘制效果

(2) 椭圆工具

选择“椭圆工具”(快捷键:【O】),其属性面板如图 1.100 所示。

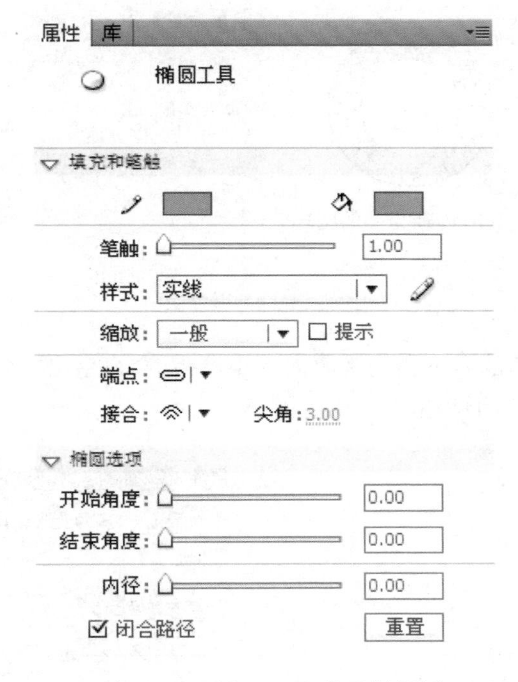

图 1.100 “椭圆工具”的属性面板

起始角度与结束角度用于制定椭圆的起始点和结束点的角度,可以绘制出扇形及其他有创意的形状,如图 1.101 所示。闭合路径复选框用于设定椭圆的路径是否闭合。默认情况下勾选的是闭合路径,如未勾选,则仅绘制笔触。

内径用于绘制圆环,允许输入的数值范围为 0～99,用来指定圆环内侧椭圆直径与外侧椭圆直径的比例,图 1.102(a)和(b)分别是内径为 30 与 60 的圆环。

按住【Shift】键的同时绘制图形,则绘制出正圆。按住【Alt】键,在场景中单击可弹出“椭圆设置”对话框,通过该对话框可以设置椭圆的宽、高(图 1.103)。

绘制椭圆的同时,按住【Alt】键,可以绘制以鼠标为中心的椭圆。同时按住【Shift+Alt】键可以绘制以鼠标为中心的正圆。

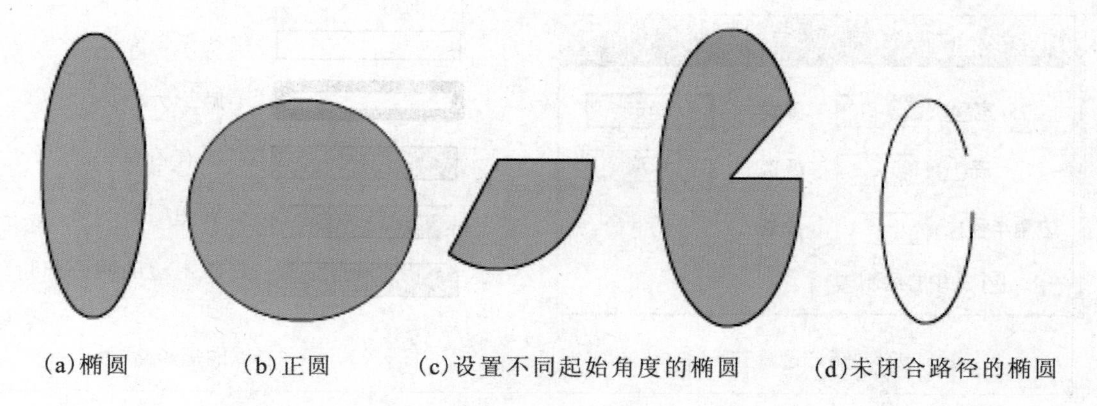

图 1.101　各种椭圆效果

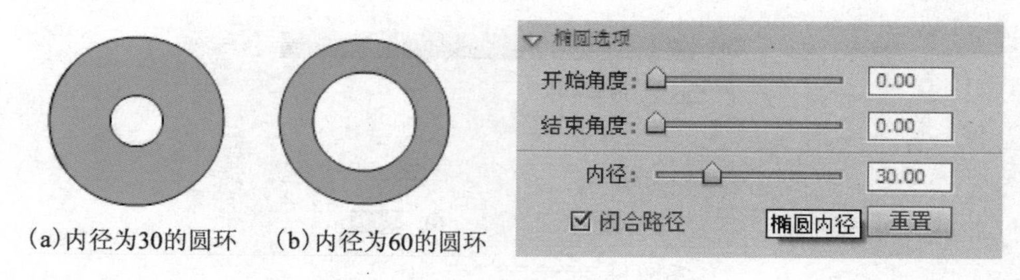

图 1.102　内径为 30 与 60 的圆环

（3）多角星形工具

单击“矩形工具”按钮的右下角的黑色向下小箭头，会显示出“多角星形工具”。使用“多角星形工具”可以绘制多边形和星形。

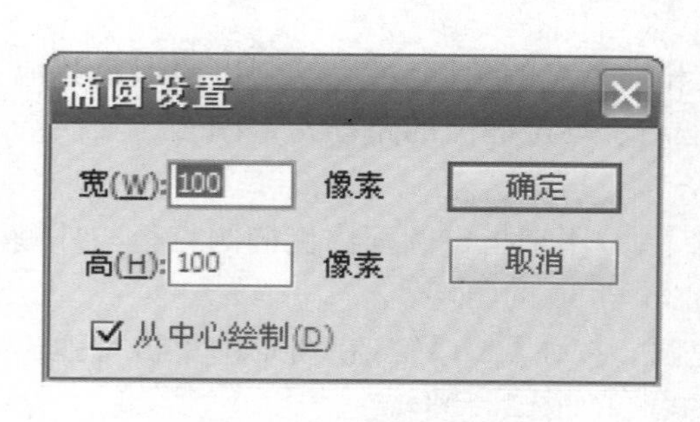

图 1.103　“椭圆设置”对话框

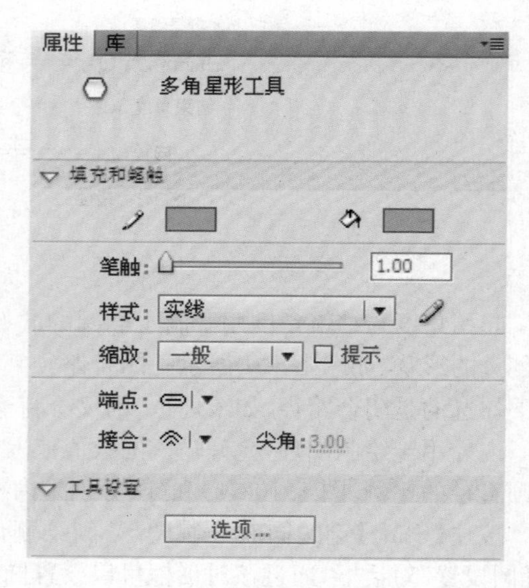

图 1.104　“多角星形工具”的属性面板

在“样式”的下拉选项中选择合适的笔触样式（如斑马线）后，单击右边的“编辑笔触样式”按钮，就可以打开“笔触样式”对话框，为斑马线设置参数，如图 1.105 和图 1.106 所示。

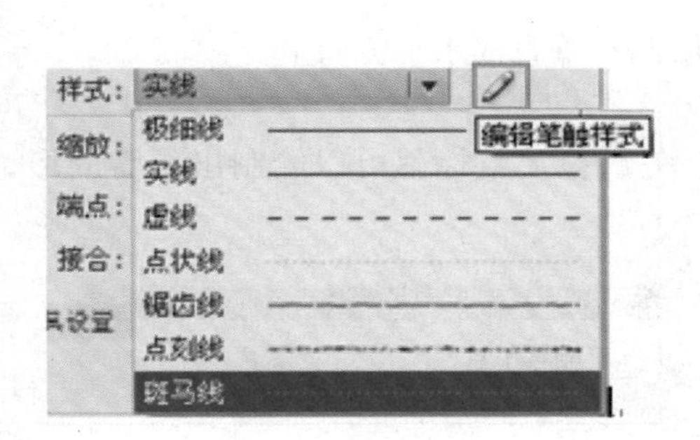

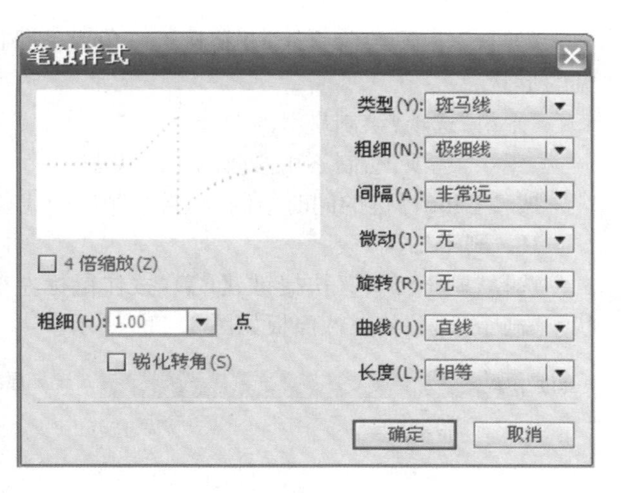

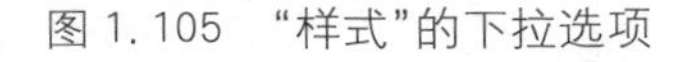

图 1.105 “样式”的下拉选项　　图 1.106 “笔触样式”对话框

单击“工具设置”区域中的“选项”按钮(图 1.107)，会弹出“工具设置”对话框，可以设置多边形的各种属性，如图 1.108 所示。

图 1.107 “工具设置”区域

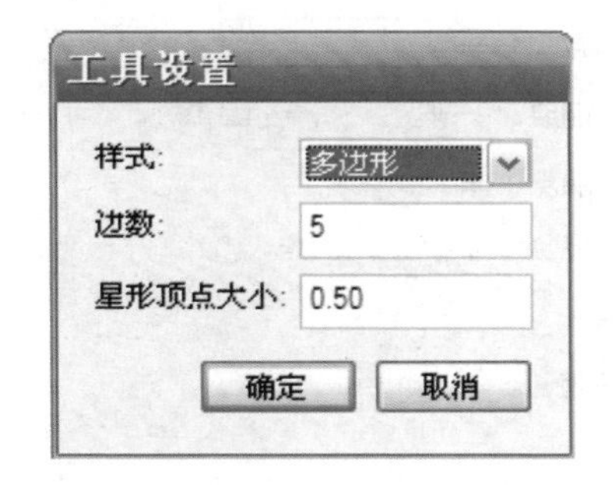

图 1.108 “工具设置”对话框

其中，星形顶点大小输入 0～1 之间的数字，用来指定星形顶点的深度，数字越接近 0，星形顶点就越深。此选项在多边形形状绘制时不起作用，图 1.109 是各种多边形和星形。

图 1.109 各种多边形和星形

9. 铅笔工具

“铅笔工具”可以绘制直线和曲线，选择“铅笔工具”(快捷键:【Y】)，按住鼠标左键，移动鼠标就可以绘制任意的直线和曲线，“铅笔工具”的属性面板如图 1.110 所示。

选中“铅笔工具”后，在工具箱的选项区域会出现“铅笔模式”按钮 ，单击其右下侧的黑色向下小箭头，可以选择“伸直”“平滑”“墨水”3 种铅笔模式。

“伸直”选项：绘制直线，并将接近三角形、椭圆、圆形、矩形、正方形的形状转换为这些常见的形状。

“平滑”选项：绘制平滑的曲线。

“墨水”选项：绘制不用修改的手绘线条。

按住【Shift】键的同时绘制，则将绘制出的线条限制在垂直或水平方向上。

10. 刷子工具

选择“刷子工具”（快捷键：【B】），按住鼠标左键不放，拖动鼠标就可以绘制出所需的形状。“刷子工具”的属性面板如图 1.111 所示。

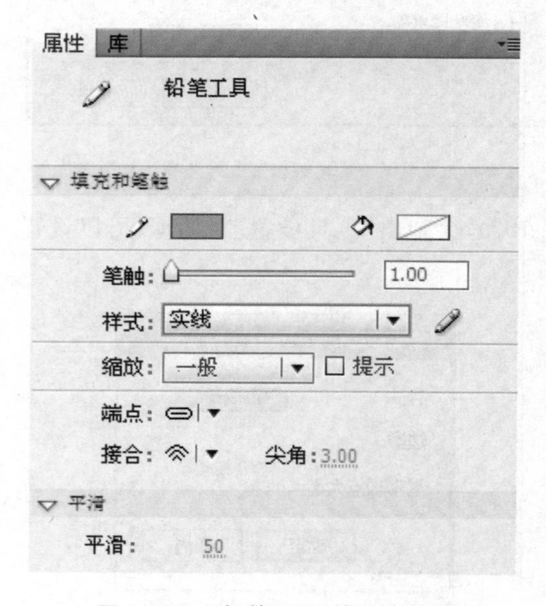

图 1.110 “铅笔工具”的属性面板

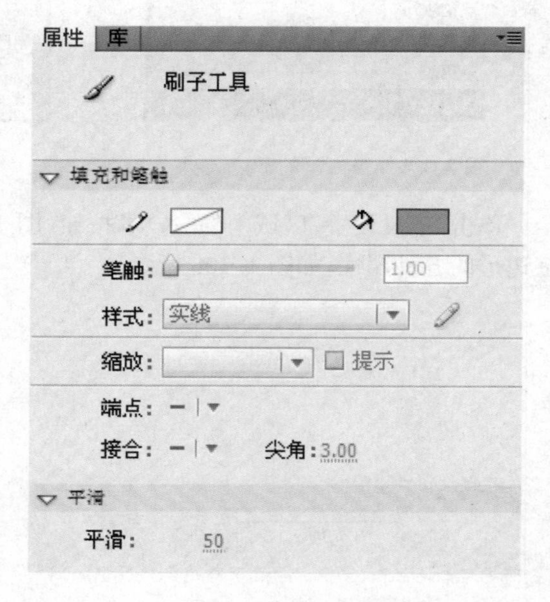

图 1.111 “刷子工具”的属性面板

在工具箱的选项区域会出现“刷子模式”“刷子大小”“刷子形状”等选项，如图 1.112 所示。

“刷子模式” 有 5 种选择：

“标准绘画”模式：会覆盖住同一层中的线条和填充，但不影响导入的图形和文本对象（图 1.113）。

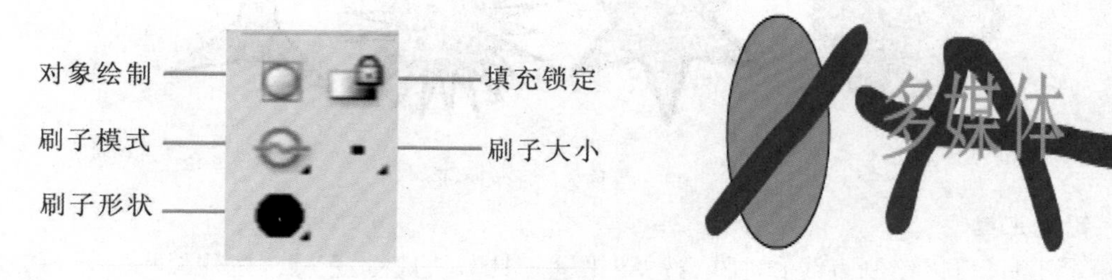

图 1.112 “刷子工具”选项

图 1.113 “标准绘画”模式

“颜料填充”模式：对填充区域和空白区域涂色，但不会对线条起作用。

“后面绘画”模式：只能在同一层的空白区域上进行绘画，但不影响原有的线条和填充。

“颜料选择”模式：在选定区域内进行绘画，使用选择工具或套索工具对色块进行选择后，在选择区域内绘画，未被选择的区域不能涂色。

“内部绘画”模式：笔刷只能在完全封闭的区域内进行绘画，但不影响线条。起点在空白区域，只能在空白区域进行绘画，该填充区域不会受到影响。

5 种“刷子模式”如图 1.114 所示。

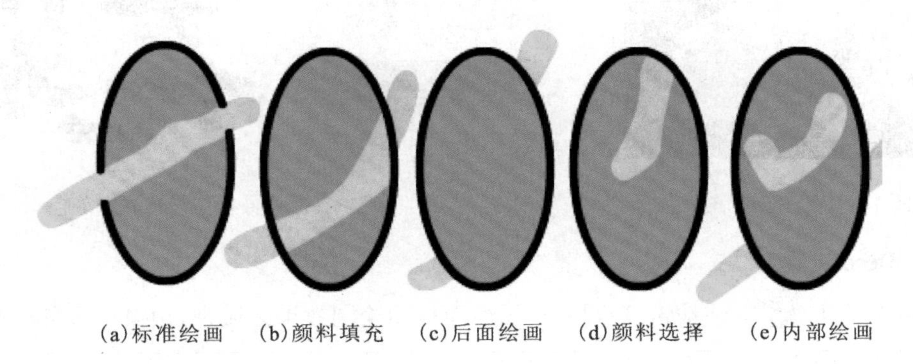

图 1.114 5 种“刷子模式”

“填充锁定”按钮：先为刷子选择预设的彩虹颜色，没有选择填充锁定时，用刷子绘制的图形都有自己完整的渐变色彩；当选择填充锁定时，所绘制的所有图形都以同一个渐变区域填充，如图 1.115 所示。

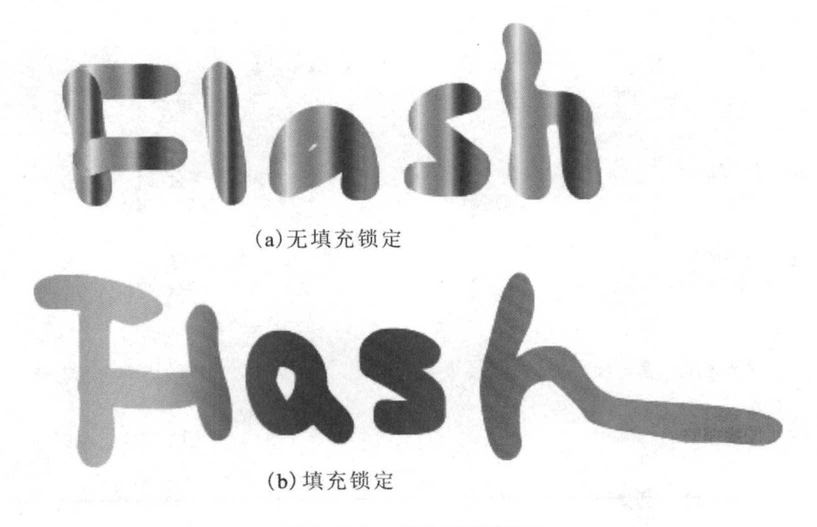

图 1.115 填充效果锁定

使用“刷子工具”涂色时，还可以用导入的位图作为填充。

导入如图 1.116 所示的花朵图片。选择“窗口”/“颜色”命令，打开颜色面板，在类型选项中选择“位图填充”，单击“导入”按钮，在打开的“导入到库”对话框中，选择“花朵”图片，此时填充颜色变为花朵图案，用“刷子工具”写“花朵”两字，则位图填充于所绘制的图形中，效果如图 1.117 所示。

图 1.116 “花朵”图片

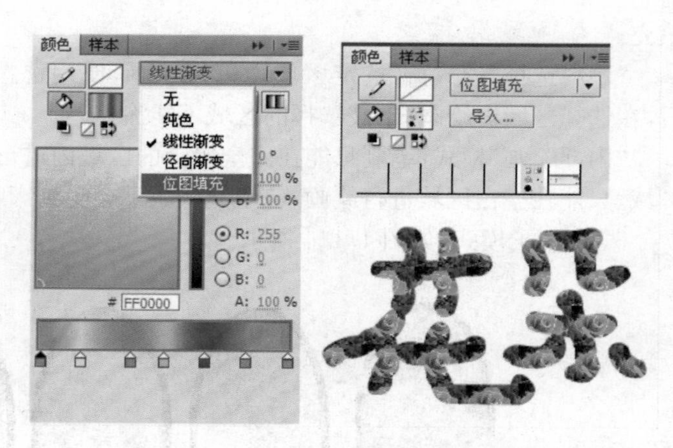

图 1.117 在颜色面板中设置右侧颜色

11. Deco 工具

“Deco 工具”（快捷键:【U】),其属性面板的绘制效果区域中,预设了多种填充方式,可以方便快速地绘制出各种效果,如图 1.118 所示。

在使用藤蔓式填充的绘制效果时,将树叶和花分别设置为库中已有的图形元件“整朵花”和“花瓣”,其他选项按默认效果,如图 1.119 所示。

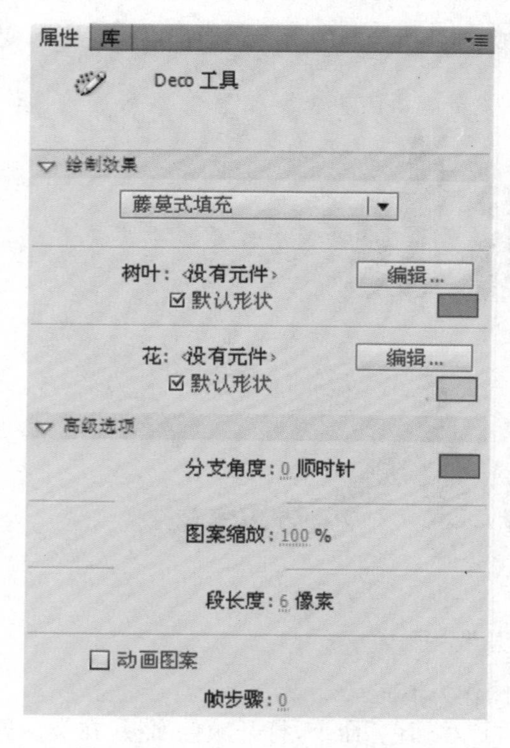

图 1.118 “Deco 工具”的属性面板

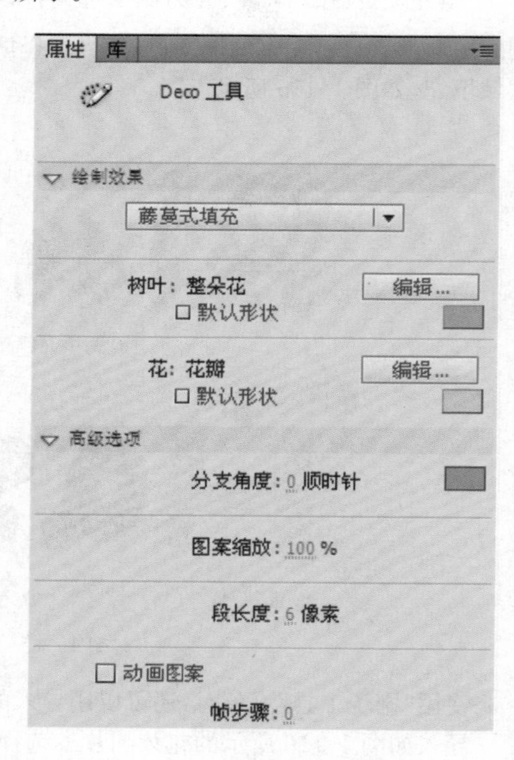

图 1.119 设置藤蔓式填充效果

此时在舞台中单击,则可以自动绘制出设定好的藤蔓式填充效果,如图 1.120 所示。

“Deco 工具”绘制的部分效果示例如图 1.121～图 1.126 所示。

图 1.120　自定义的藤蔓式填充效果

图 1.121　网格填充绘制效果

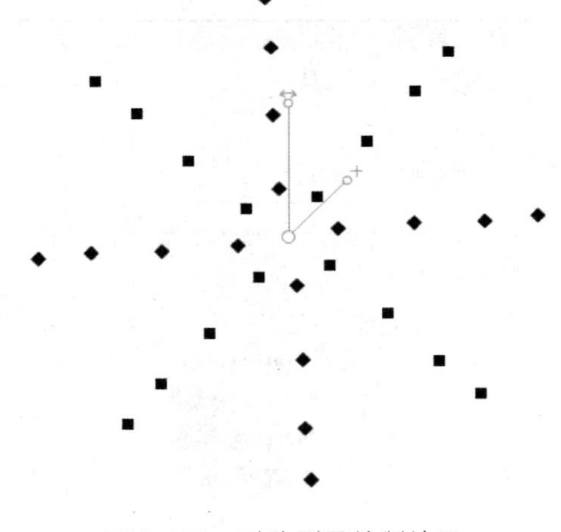

图 1.122　对称刷子绘制效果

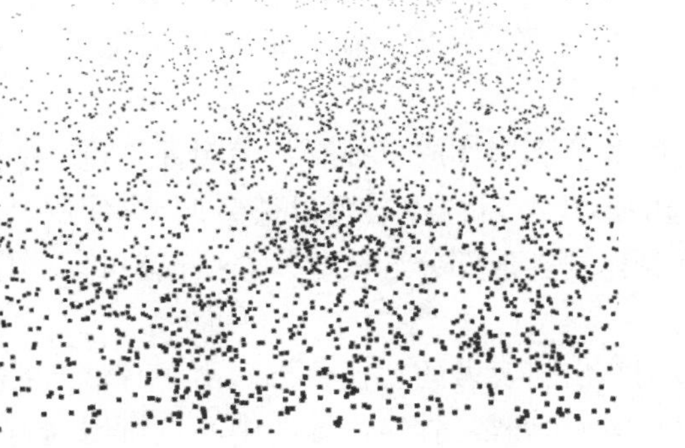

图 1.123　3D 刷子绘制效果

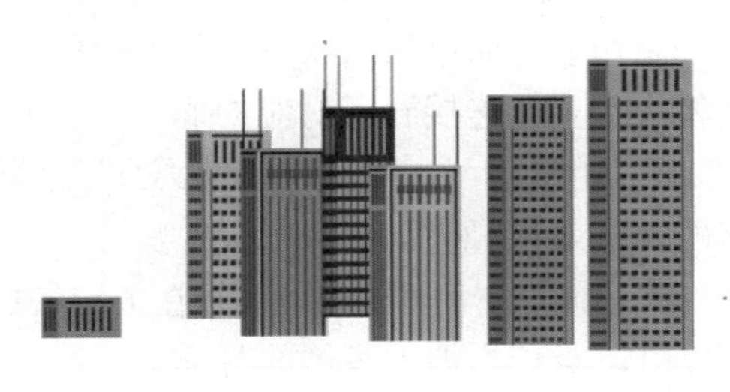

图 1.124　建筑物刷子绘制效果

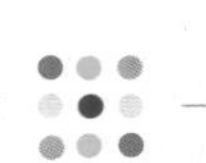

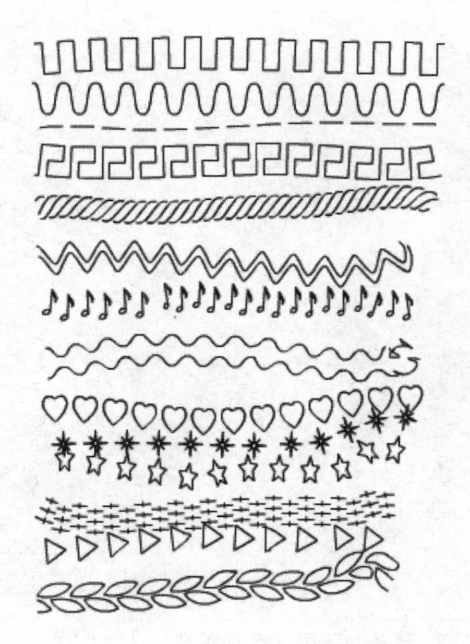

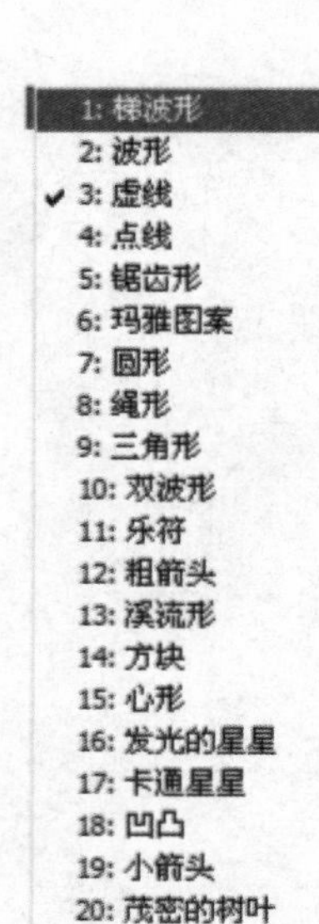

图 1.125 “装饰性刷子”绘制效果

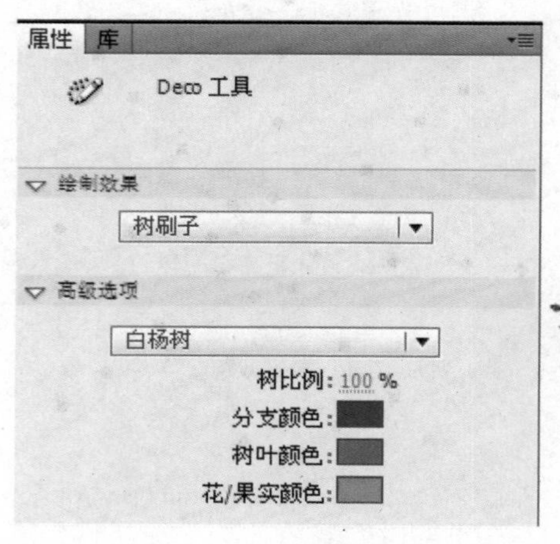

图 1.126 “树刷子”绘制效果

12. 骨骼工具

“骨骼工具”同 3ds max 一样,依据的是反向动力学原理。在 Flash 中,骨骼的绑定也要遵循这个原则,要将头、四肢绑定到人的躯干上。

制作一个简单的人物,将每个能够活动的关节都制作成单独影片剪辑元件,使用骨骼工具将头部直接连接到所对应的躯干上,所选的影片剪辑的重心可以任意调节,使用“任意变形工具”调整即可。按照反向动力学原理将身体的其他部分连接起来,这样就可以制作出骨骼的绑定效果,如图 1.127 所示。

在时间轴上创建关键帧,并在关键帧中调整出想要做的动作效果。由于骨骼已经绑定,所以可以直接拖拽人身体的各部分进行全身的动作调整,骨骼连接的中心点可以通过“任意变形工具”进行细节调整,最后得到这样的人物骨骼动画效果,如图 1.128 所示。

图 1.127　人物骨骼设置

图 1.128　人物骨骼调整后的效果

13. 颜料桶工具

选择"颜料桶工具"(快捷键:【K】),在其属性画板中,可以改变图形的内部填充颜色,通过对颜料桶的设置可以填充单色、渐变色和位图在封闭的区域内,如图 1.129 所示。

在工具箱的选项区域中，可以设置空隙大小和填充锁定，如图 1.130 所示。

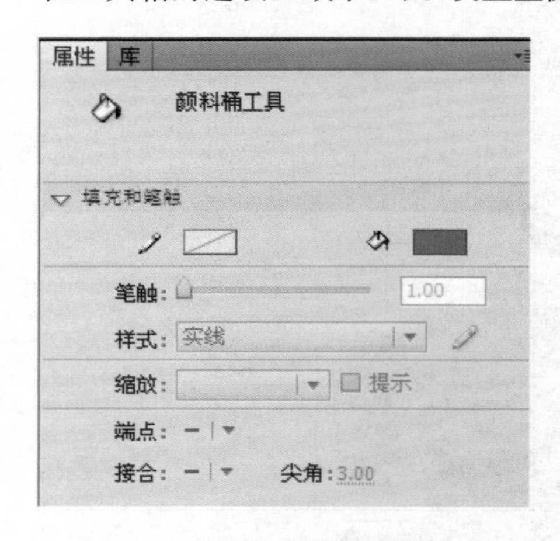

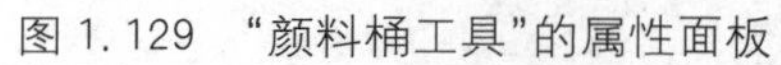
图 1.129 “颜料桶工具”的属性面板

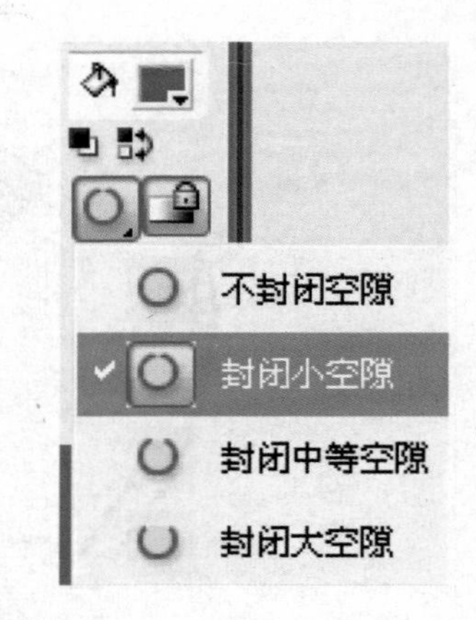

图 1.130 工具箱的选项区域

“颜料桶工具”的“空隙大小”按钮有 4 个下拉选项：

“不封闭空隙”选项：在填充过程中要求图形边线完全封闭，如果边线有空隙，也就是没有完全连接的情况，就不能填充任何颜色。

“封闭小空隙”选项：在填充过程中计算机可以忽略一些线段之间的小空隙，而且可以进行填充颜色。

“封闭中等空隙”选项：在填充过程中可以忽略一些线段之间较大的空隙，并可以进行填充颜色。

“封闭大空隙”选项：在填充过程中可以忽略一些线段之间的大空隙，并可以进行填充颜色。

空隙大小默认情况下选择的是封闭小空隙，如果对于图形填充，我们选择了“封闭中空隙”和“封闭大空隙”都没有任何作用的话，可以使用“放大镜工具”缩小图形，再使用“颜料桶工具”进行填充，就会发现颜色能够很容易地被填充上。

“颜料桶工具”的“锁定填充”按钮：锁定填充针对渐变色的填充，可以对上一笔的颜色规律进行锁定，再次填充时是对上一次颜色填充的延续，可以从图 1.131 中看到锁定填充和普通填充的区别。

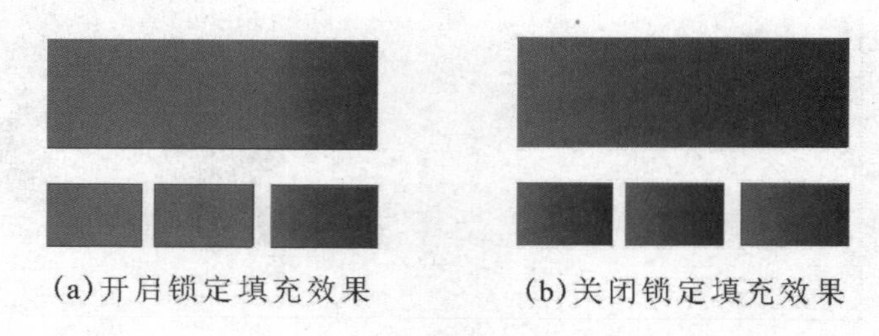
(a)开启锁定填充效果 (b)关闭锁定填充效果

图 1.131 “锁定填充”按钮填充效果

14. 墨水瓶工具

使用“墨水瓶工具”可以为图形添加边线。导入龙的图形，选择“墨水瓶工具”（快捷键：【S】），可以在属性面板设置笔触颜色、笔触高度、笔触样式等。图 1.132 是“墨水瓶工具”

的属性面板。此时光标变为[墨水瓶光标图标]，在图形上单击鼠标左键，即可为图形添加设置好的边线。图 1.133是设置不同笔触样式的边线效果。

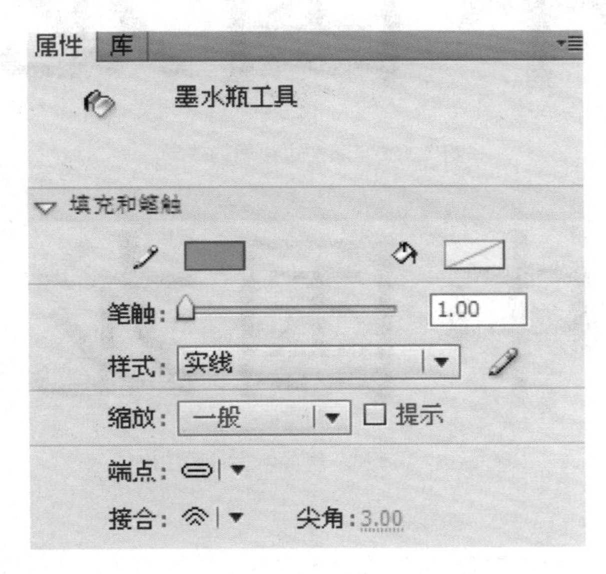

图 1.132 “墨水瓶工具”的属性面板

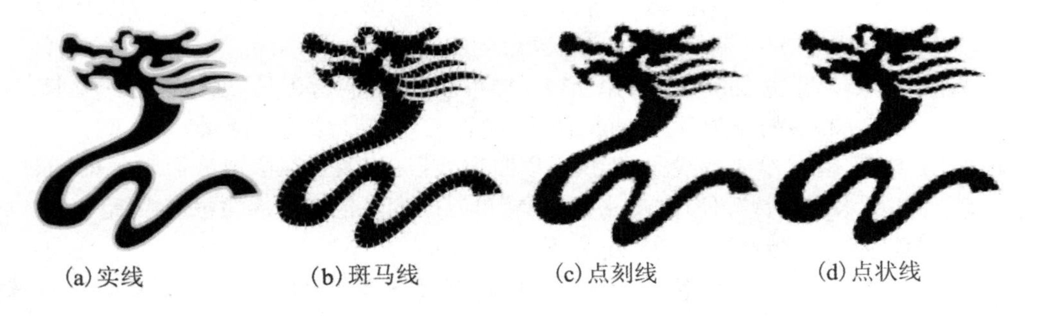

(a) 实线　(b) 斑马线　(c) 点刻线　(d) 点状线

图 1.133 不同笔触样式的边线效果

如要为文本设置边线，需要将文本分离(图 1.134)。如果为“中国龙”3 个文字添加边线，需选择“修改”/“分离”命令(快捷键:【Ctrl+B】)两次，将文本分离(图 1.135)。

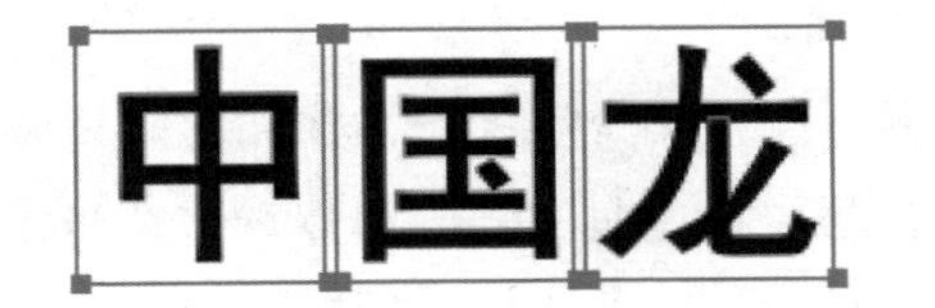

图 1.134 分离一次

图 1.135 分离两次

为分离后的文字添加边线后效果如图 1.136 所示。

如果想为刚添加的粉色边线再添加一条黄色边线，则需要将粉色的线条转为填充。选中3 个文字的粉色外边框线，选择“修改”/“形状”/“将线条转换为填充”命令，则将粉色外边框转为填充，设置“墨水瓶工具”属性面板中的颜色为黄色，再分别单击 3 个文字的外边框，即可为文字又添加一层黄色的外边框，效果如图 1.137 所示。

中国龙

图 1.136　添加边线后的效果

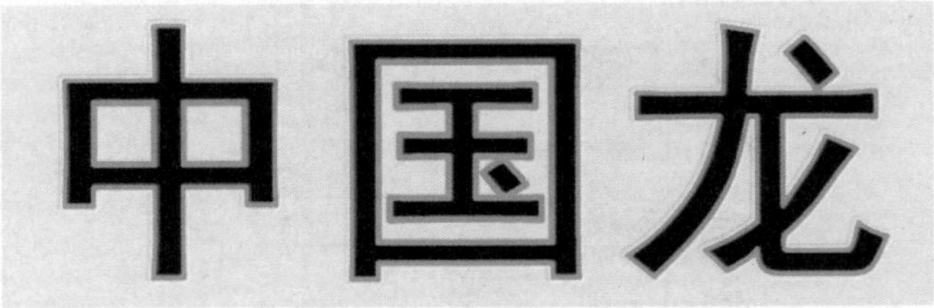

中国龙

图 1.137　添加一层黄色边线后的效果

15. 滴管工具

“滴管工具”（快捷键：【I】），可以快速吸取其他图形的颜色和线段的信息。

“滴管工具”可以吸取颜色的情况如下：

① 使用绘图工具，如“矩形工具”“椭圆工具”“多角星形工具”“矩形工具”“椭圆工具”绘制的图形，都可以直接使用“滴管工具”进行颜色的吸取。

② 选择“对象绘制”按钮后绘制的图形，同样可以选择“滴管工具”进行颜色的吸取。

③ 导入到 Flash 中的位图，可以直接使用“滴管工具”进行颜色的吸取。

④ 使用“线条工具”绘制的线段，不仅可以吸取线段的颜色，在吸取线段颜色的同时，工具会自动变为“墨水瓶工具”，使用“墨水瓶工具”可以改变其他线段的颜色与粗细。

“滴管工具”不可以吸取颜色的情况如下：

① 使用绘图工具绘制图形后，使用【Ctrl+G】键进行组合后，“滴管工具”就不能再选择颜色了。如果将图形转换为图形元件、影片剪辑或按钮后，再使用“滴管工具”同样选择不了颜色。

② 导入到 Flash 软件中的位图工具同样，如果被【Ctrl+G】键组合或转换为元件，同样不能使用“滴管工具”进行选择。

图 1.138　“橡皮擦工具”选项

16. 橡皮擦工具

“橡皮擦工具”（快捷键：【E】），使用它可以擦去不需要的地方。双击“橡皮擦工具”按钮，可以删除舞台上的所有内容。“橡皮擦工具”选项，如图 1.138 所示。

选择“水龙头工具”，单击需要擦除的填充区域或笔触，可以快速将其擦除。如果只擦除一部分笔触或填充区域，就必须通过拖动进行擦除。

单击"橡皮擦模式"功能键并选择一种擦除模式，如下：

"标准擦除"模式：擦除同一层上的笔触和填充。

"擦除填色"模式：只擦除填充，不影响笔触。

"擦除线条"模式：只擦除笔触，不影响填充。

"擦除所选填充"模式：只擦除当前选定的填充，并不影响笔触（不管笔触是否被选中）。以这种模式使用橡皮擦工具之前，需选定要擦除的填充。

"内部擦除"模式：只擦除橡皮擦笔触开始处的填充。如果从空白点开始擦除，则不会擦除任何内容。以这种模式使用橡皮擦，并不影响笔触。

17. 手形工具

"手形工具"（快捷键：【H】），当鼠标变为手形以后就可以通过按下鼠标实现对舞台的移动，这样可以使我们更好地观察画面，不管在 Flash 软件制作动画的过程中使用的是哪种工具，只要按下键盘上的空格键，都可以临时变为"手形工具"，对所绘制的对象进行平移，松开空格键，则又恢复到之前的工具。

18. 缩放工具

当选择了"缩放工具"（快捷键：【Z】）后，在工具箱最下方的选项区会出现两个按钮，一个是"放大"操作按钮，一个是"缩小"操作按钮。通过鼠标选择放大或缩小的按钮，实现对舞台工作区的放大和缩小。

"放大"操作按钮：可以通过键盘上【Ctrl＋加号】来实现。

"缩小"操作按钮：可以通过键盘上【Ctrl＋减号】来实现。

"放大"操作按钮和"缩小"操作按钮之间可以通过【Alt】键进行切换，当我们正在选择"放大"操作按钮时，需要临时切换为"缩小"操作按钮，只需要按住【Alt】键，就会临时变为"缩小"操作按钮，松开【Alt】键后，则又变为"放大"操作按钮。

1.7 拓展案例

【案例 1】 绘制夜景

要求：

1. 制作夜景渐变背景。

2. 使用"椭圆工具"绘制月亮并添加模糊效果。

3. 制作星星和白云。

效果如图 1.139 所示。

主要制作步骤：

1. 设置渐变背景。选择"矩形工具"，设置笔触颜色为空，填充颜色为线性渐变，在颜色面板中调整渐变为浅蓝—深蓝，在舞台中绘制一个与舞台等大的矩形。

使用"渐变变形工具"调整渐变由上到下为深蓝—浅蓝，效果如图 1.140 所示。将图层 1

重命名为“背景”层，锁定。

图 1.139　夜景最终效果图

图 1.140　由上至下深蓝—浅蓝的渐变背景

2. 使用“椭圆工具”绘制月亮。选择“椭圆工具”，设置笔触颜色为空，填充颜色为黄色，按住【Shift】键在舞台中绘制一个正圆。使用“选择工具”选中正圆，按住【Alt】键拖动复制正圆，删除后一个正圆，得到月亮，如图 1.141～图 1.143 所示。

图 1.141　正圆

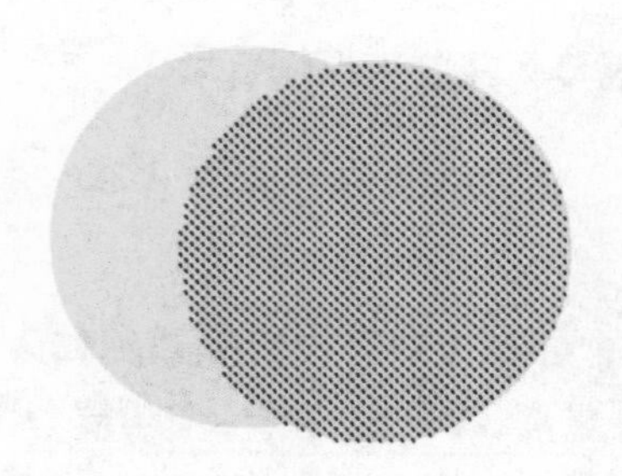

图 1.142　复制正圆

图 1.143　月亮

按【F8】键，将月亮图形转换为元件，类型为“影片剪辑”。

在属性面板中为月亮影片剪辑添加模糊滤镜，设置 x 和 y 的模糊值为 15 像素

(图 1.145)。

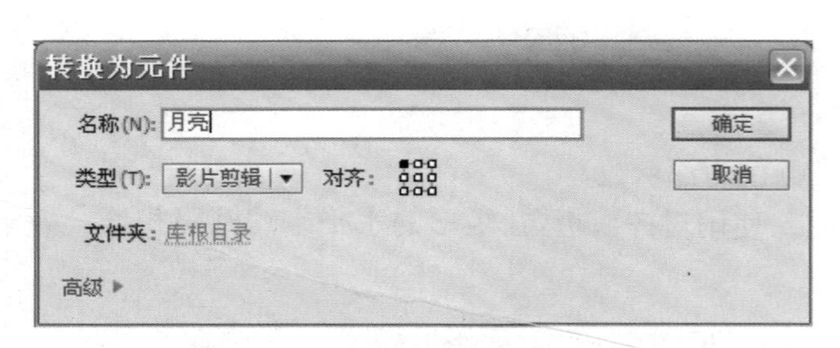

图 1.144　转换为月亮影片剪辑

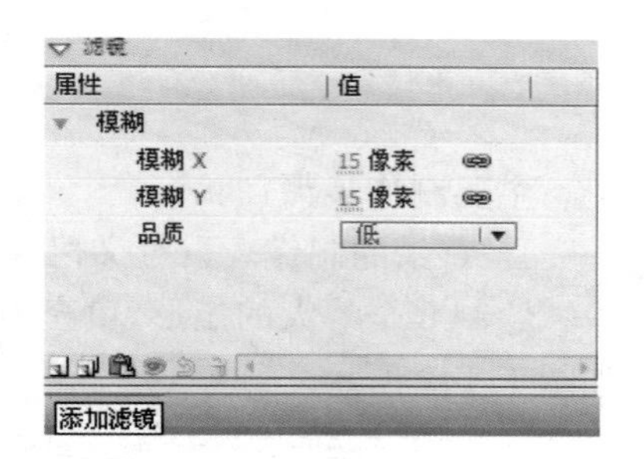

图 1.145　模糊滤镜设置

3. 使用“多角星形工具”绘制星星影片剪辑元件。在“多角星形工具”的属性面板中，设置笔触颜色为无，填充颜色为白色——Alpha 为 20%的白色的放射状渐变。单击“选项”按钮，打开“工具设置”对话框，设置样式为星形，边数为 4，星形顶点大小为 0.3，然后点击“确定”。在舞台上就绘制出了星形。

按【F8】键，将星星图形转为影片剪辑元件，并为它添加发光滤镜效果，参数如图 1.147 所示。

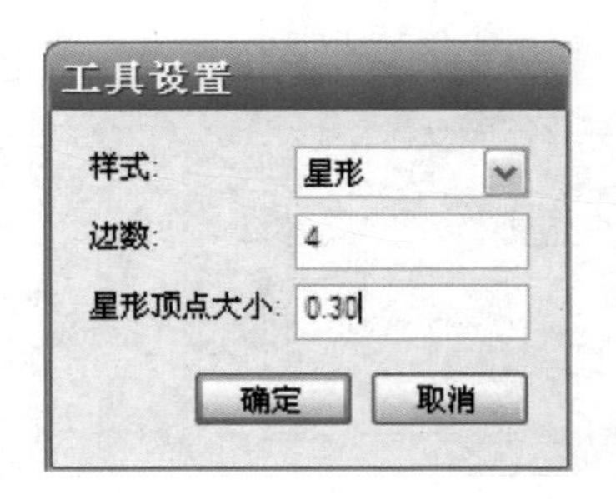

图 1.146　“工具设置”对话框

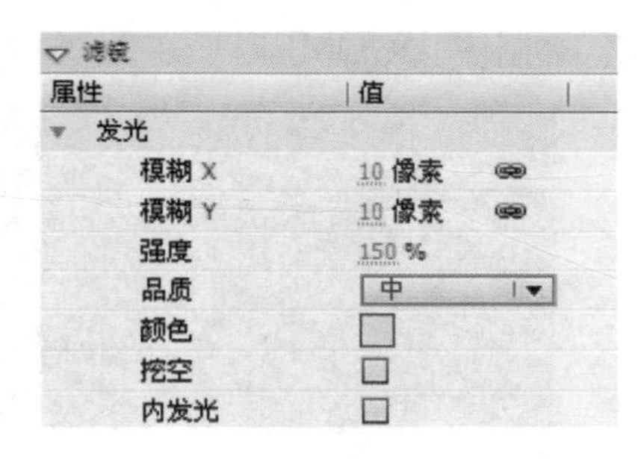

图 1.147　发光滤镜的属性设置

选中舞台上的星星实例，按【Alt】键拖动复制出几个星星，分别调整它们的大小和位置。

4. 使用“椭圆工具”绘制白云。最终效果如图 1.139 所示。

【案例 2】　制作花纹背景字

要求：

1. 利用“直线工具”和“选择工具”绘制花纹背景。

2. 使用“颜料桶工具”对文字及背景色块进行填充。

效果如图 1.148 所示。

图 1.148　最终效果图

主要制作步骤：

1. 背景的制作。设置文档的背景颜色为深灰色。

绘制 8 个等大的矩形，填充为透明。使用对齐面板，让矩形的水平平均间隔相等。效果如图 1.149 所示。

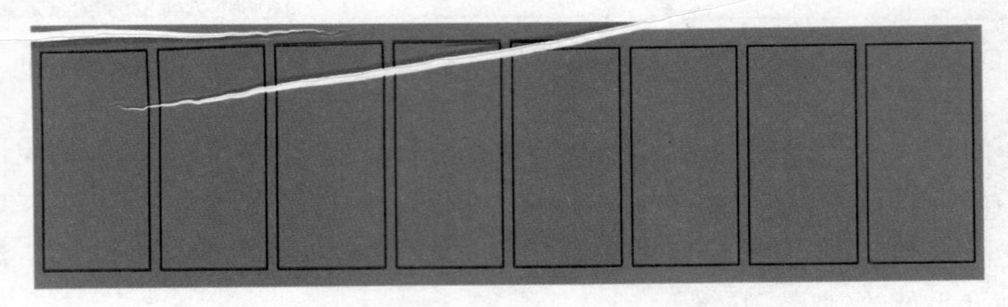

图 1.149 8 个间距相等的等大矩形

2. 字母的制作。新建一层，命名为“字母”层，利用工具箱中的“线条工具”“矩形工具”“选择工具”等制作“DUOMEITI”这 8 个字母。效果如图 1.150 所示。

图 1.150 DUOMEITI 字母

3. 字母双线条的处理。效果如图 1.151 所示。

图 1.151 DUOMEITI 字母双线条处理后

4. 花纹的制作。新建一层，命名为“花纹”层。利用“线条工具”直接绘制双线条的碎裂纹样。效果如图 1.152 所示。

图 1.152 双线条的碎裂纹样

5. 上色。填充字母 D 颜色为“＃B1822D”；填充字母 U 颜色为“＃2E71A8”；填充字母 O 颜色为“＃EB8E51”；填充字母 M 颜色为“＃82282A”；填充字母 E 颜色为“＃FFFF00”；填充字母 I 颜色为“＃33CCCC”；填充字母 T 颜色为“＃223F86”；填充字母 I 颜色为“＃FF6666”。

双线条部分填充白色，周围色块的颜色分别填充不同的颜色。效果如图 1.153 所示。

图 1.153　颜色填充后效果

6. 用“选择工具”删除所有线条。效果如图 1.154 所示。

图 1.154　删除线条后效果

将文档的背景颜色恢复为白色。花纹背景字的最终效果如图 1.148 所示。

【案例 3】　绘制卡通人物

要求：

1. 使用“椭圆工具”绘制卡通人物的脸部轮廓。

2. 使用“线条工具”绘制人物的五官。

3. 使用“矩形工具”“线条工具”绘制太阳镜与头发。

效果如图 1.155 所示。

图 1.155　卡通人物效果图

主要制作步骤：

1. 使用“椭圆工具”绘制卡通人物的脸部轮廓。设置椭圆的填充颜色为“＃FFF0DD”，点选“绘制对象”按钮，在舞台中绘制 3 个不同大小的椭圆作为脸部和耳朵。

选择“视图”/“标尺”(快捷键：【Ctrl＋Alt＋Shift＋R】)命令，打开“标尺”(图 1.156)，使用“选择工具”在上部的标尺栏单击，按住鼠标左键向下拖动，会出现一条绿色的横向线条，同理，在左侧标尺栏单击后，拖出一条绿色的纵向线条。

将两个耳朵与横向的标尺对齐。

2. 使用“线条工具”“椭圆工具”“圆角矩形工具”绘制人物的五官，调整并填充颜色。效果如图 1.157 所示。

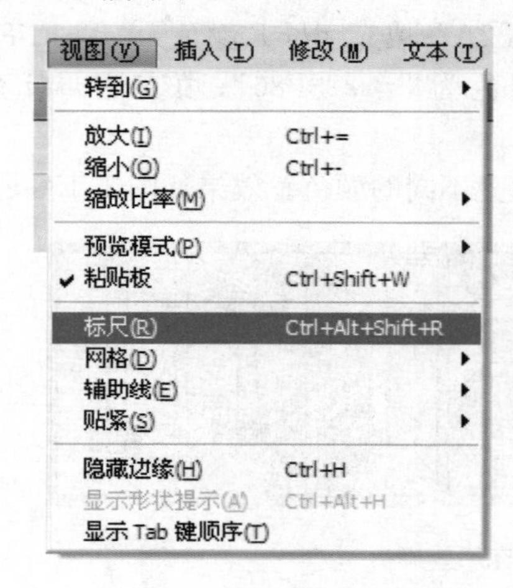

图 1.156 选择“视图”/“标尺”命令

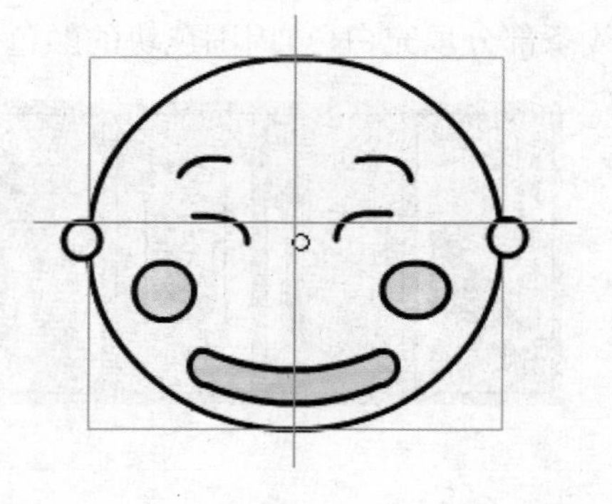

图 1.157 添加标尺后的脸部效果

3. 使用“线条工具”“矩形工具”，绘制半边眼镜(图 1.158)。原地复制后，用“修改”/“变形”/“水平翻转”命令，调整出对称的另一边眼镜，并移动到合适的位置(图 1.159)。

图 1.158 半边眼镜

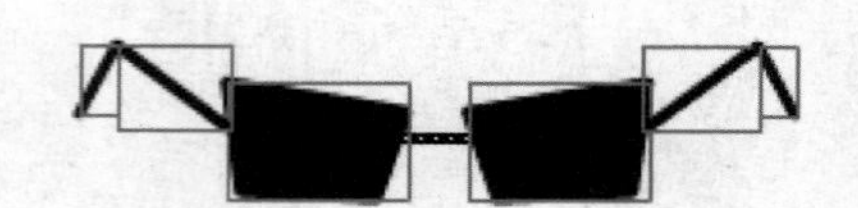

图 1.159 整个眼镜

4. 添加眼镜上反射的高光和头发。最终效果如图 1.155 所示。

习 题

1. 填空题

(1) 绘制椭圆时，在拖动鼠标时按住______键，可以绘制出一个正圆。

(2) 帧的类型有 3 种：______、______和关键帧。

(3) 按______键可创建关键帧，按______键可创建空白关键帧，按______键可创建普通帧。

(4) Flash 元件包括：______、______和______ 3 种。

(5) 如果想让一个图形元件从可见到不可见，应将其 Alpha 值从______调节到______。

2. 单选题

(1) 下列文件格式中不能由 Flash 导出的文件格式是(　　)。

A. EXE　　B. SWF　　C. PPT　　D. HTML

(2) 按(　　)键可以打开“创建新元件”对话框。

A.【Ctrl+F8】　　B.【F8】　　C.【F11】　　D.【Ctrl+F11】

(3) 下列最适合在因特网络中传输的动画类型是(　　)。

A. FLC　　B. AVI　　C. SWF　　D. MPG

(4) 以下(　　)可以对图形进行变形操作。

A. 选择工具　　B. 部分选取工具　　C. 橡皮擦工具　　D. 任意变形工具

(5) 要从一个比较复杂的图像中"挖"出不规则的一小部分图形,应该使用(　　)。

A. 选择工具　　B. 套索工具　　C. 滴管工具　　D. 颜料桶工具

(6) 在Flash生成的文件类型中,我们常说的源文件是指(　　)。

A. ".SWF"　　B. ".FLA"　　C. ".EXE"　　D. ".HTML"

3. 多项选择题

(1) 在Flash中,要绘制基本的几何形状,可以使用的绘图工具是(　　)。

A. 直线　　B. 椭圆　　C. 圆　　D. 矩形

(2) 在Flash中,移动对象的方法有(　　)。

A. 在舞台上选中之后直接拖动

B. 通过剪切和粘贴将对象从一个地方移动到另外一个地方

C. 使用方向键移动

D. 在信息面板中指定对象的精确位置

(3) 分离操作会对被分离的对象造成的后果有(　　)。

A. 切断元件的实例和元件之间的关系

B. 如果分离的是动画元件,则只保留当前帧

C. 将位图图像转换为矢量图形对象

D. 将位图图像转换为矢量图形

(4) 使用选取工具调整线条时,按下(　　)键可以产生一个尖突节点。

A.【Alt】　　B.【Ctrl】　　C.【Shift】　　D.【Esc】

4. 操作题

(1) 绘制秋日外景。

要求:

① 设置背景色为浅黄—明黄—橘黄的线性渐变。

② 使用"椭圆工具"绘制白云。

③ 使用"线条工具"绘制草地与小路。

④ 绘制树木与叶子。

参考效果如图1.160所示。

图1.160　秋日外景效果图

(2) 绘制蝴蝶。

要求：

① 利用工具箱中的“线条工具”勾绘轮廓与斑纹。

② 使用“刷子工具”绘制翅膀边缘的不规则点状效果。

③ 利用“颜料桶工具”为蝴蝶填充合适的色彩。

参考效果如图 1.161 所示。

图 1.161　蝴蝶效果图

(3) 使用绘图工具模仿制作 QQ 超市登录界面(图 1.162)。

图 1.162　QQ 超市登陆界面效果图

网络广告设计

互联网以其跨时空、跨地域、图文并茂传播信息的独特魅力，为人们创造了无限商机。广义的网络广告是指一切基于网络技术传播信息的过程和方法。这些信息通常包括公益性信息、企业商品信息、企业的域名、网站、网页等。狭义的网络广告就是确定的广告主以付费的方式运用网络媒体劝说公众的信息传播活动，是指互联网在网站或网页上以旗帜、按钮、文字链接、电子邮件等形式发布的广告。网络广告的兴起和发展，源于其独特的特点，即成本低，投资回报诱人；跨越地域和时空，宣传范围广泛；表现形式灵活，交互界面用户喜爱；便于检索，直接反馈。Flash 动画为网站的产品展示搭建了一个新的平台，这个平台相对于平面产品展示来说更加吸引消费者的注意力，但是这种产品展示的方法对网站建设者的技术水平要求比较高，需要有专门的动画制作部门或者请其他公司制作。

常见的网络广告类型有：

① 按钮广告：单击打开另一个连接；

② Banner：放置在网站页面上的一种横幅广告；

③ 页面悬浮广告：在网页页面上悬浮或移动的非鼠标响应广告，可以为 gif 或 flash 等格式；

④ 画中画广告：是一种长方形大尺寸广告，经常插入到新闻文字的内部；

⑤ 通栏广告：经常处于文字块的中间地带，具有广告、分割、点缀的作用；

⑥ 擎天柱广告：纵向空间广告，经常位于新闻最终页面；

⑦ 全屏广告：用户打开浏览页面时，该广告将以全屏方式出现 3～5 s，可以是静态的页面，也可以是动态的 Flash 效果，然后，逐渐缩成普通的 Banner 尺寸，进入正常阅读页面。

2.1 项目描述

本项目是为“欢乐童年”系列动画制作网络广告片。网络广告片尺寸为 800×600 像素，广告片风格力求简洁明了、生动有趣，能够快速抓住观众眼球。效果如图 2.1 和图 2.2 所示。

图 2.1　成片效果图(1)

图 2.2　成片效果图(2)

2.2　教学目标

能力目标

1. 能够独立地进行网络广告片设计；
2. 能够根据主题选择有利于广告的元素；
3. 能够掌握常用的动画效果。

知识目标

1. 认识元件、库和场景的概念；
2. 学会制作各类动作补间动画；
3. 学会制作各类形状补间动画；
4. 学会骨骼工具的使用。

情感目标

1. 提高学生的审美能力；
2. 积累学生的设计经验。

2.3　设计理念

首先确定商品或者服务的表现方式。人们通常把广告的表现方式分成 3 类：商品信息型、生活信息型、附加价值型，所以在进行创意工作之前，应根据产品特征选择适合的表现方式。本片为动画电影，所以通过动画角色表现是适合的。

Flash 广告创意和传统的广告创意不同，它允许夸张和奇思妙想，制作手法上也更为多样，除了电视广告的拍摄手法外，还有自己的特点，就是利用相关软件和手动绘画功能制作出不落俗套的作品。

2.4 制作任务

【任务 1】 完成场景 1——“欢乐森林”动画

子任务 1：添加背景

操作步骤：

1. 打开 Flash CS6，新建文件 ActionScript 3.0 文件，在舞台上右击鼠标，选择“文档属性”快捷菜单命令，设置文档尺寸为 800×600 像素，如图 2.3 所示。

2. 单击“文件”/“导入”/“导入到库”，选择“网络广告素材”文件夹中的所有图片，将图片导入到库中待用，并在库中新建文件夹整理素材如图 2.4 所示。

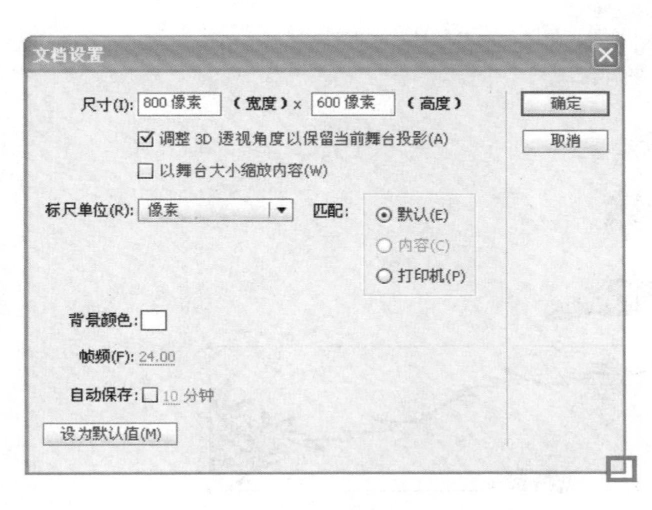

图 2.3 “文档属性”对话框

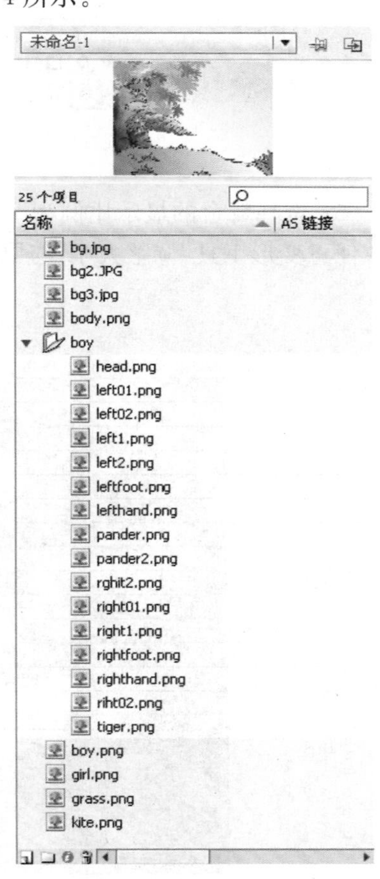

图 2.4 库中的素材

3. 双击“图层 1”，将“图层 1”命名为“bg”，将“bg.jpg”从库中拖到舞台，并打开对齐面板，单击“相对于舞台”按钮，选择“水平居中”“垂直居中”“大小匹配”按钮，调整图片尺寸与舞台等大，如图 2.5 所示。

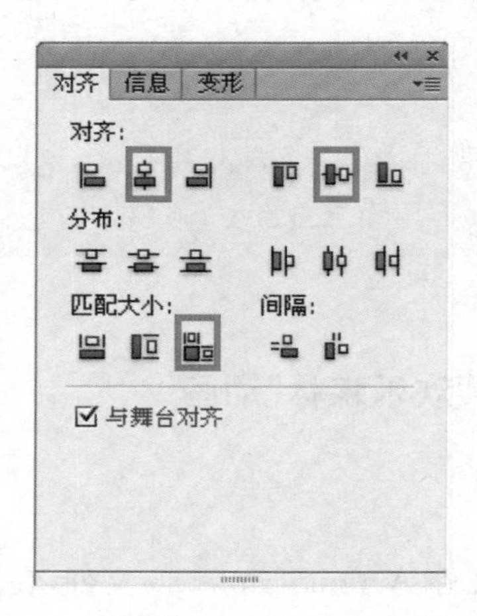

图 2.5　对齐面板

4. 在图层 1 的第 50 帧处，插入帧，并锁定“bg”图层，如图 2.6 所示。

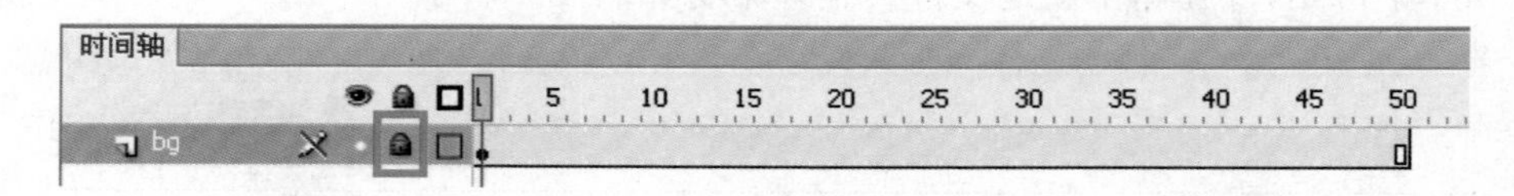

图 2.6　图层锁定

5. 选择舞台的显示比例为 70%，新建图层命名为“grass”，将“grass.png”拖入舞台，使用“任意变形工具”调整大小，与原有的图像对齐，并锁定“grass”图层，如图 2.7 所示。

图 2.7　舞台显示比例

6. 保存文件，命名为“ad.fla”。

子任务 2：添加“角色”出现动画

操作步骤：

1. 在“bg”图层和“grass”图层中间新建图层命名为“girl”，将“girl. png”拖动到舞台上，调整到合适的大小，右击鼠标选择“转化为元件”快捷菜单命令，命名为“girl”，如图 2.8 所示。

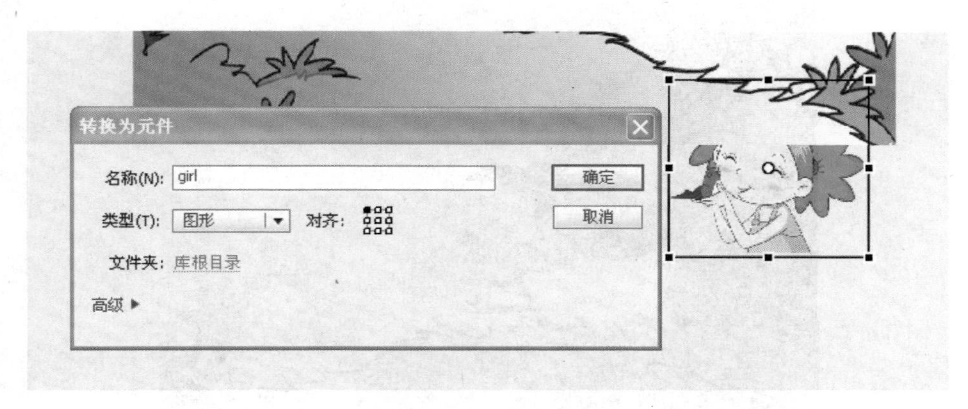

图 2.8　转换为元件对话框

2. 在本图层中将第 4 帧转换为关键帧，选择第 1～4 帧中的任何一帧，右击鼠标选择“创建传统补间”快捷菜单命令。选择第 4 帧中的图片，移动至草的上方，如图 2.9 所示。

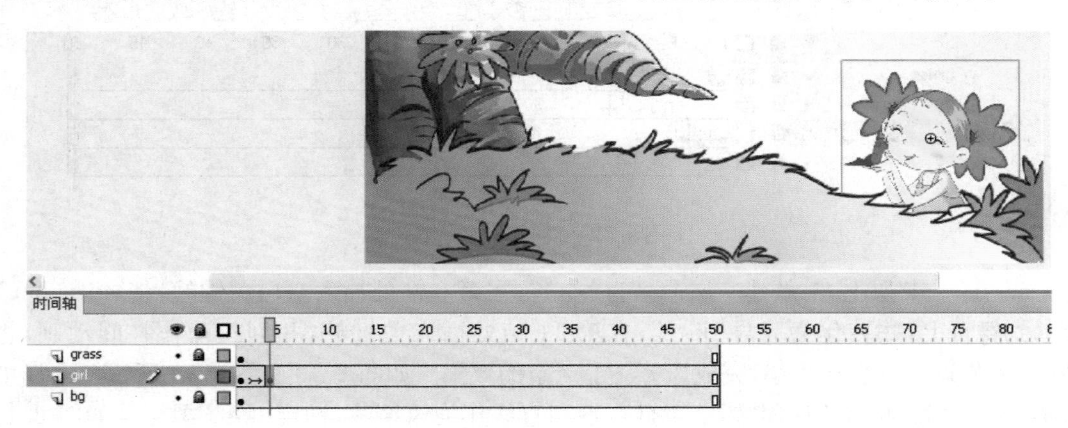

图 2.9　时间轴面板和舞台

3. 将第 5 帧转换为关键帧，将元件“girl”向下略微移动，使“girl”产生弹跳出现效果，并锁定“girl”图层，如图 2.10 所示。

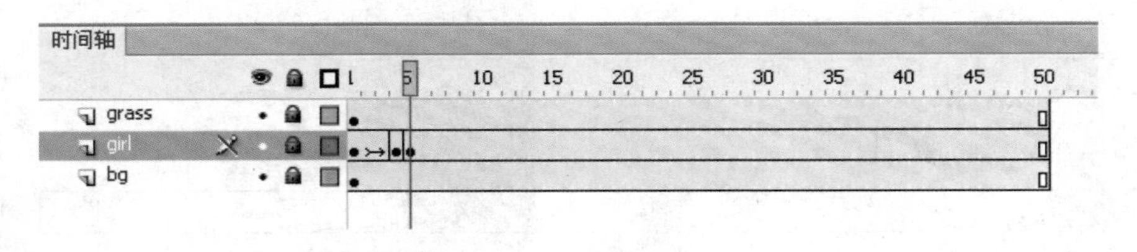

图 2.10　时间轴面板(2)

4. 在“girl”层上方，新建一层命名为“boy”，在第 6 帧上插入空白关键帧，将“boy. png”

拖动到舞台上，调整到合适大小，并转化为元件“boy”，在第 9 帧处插入关键帧，并创建动作补间动画，完成小男孩在草坪后跃出的效果，如图 2.11 所示。选择第 10 帧转化为关键帧，向下微调，产生弹跳效果，锁定“boy”图层，如图 2.12 所示。

图 2.11　舞台显示(1)

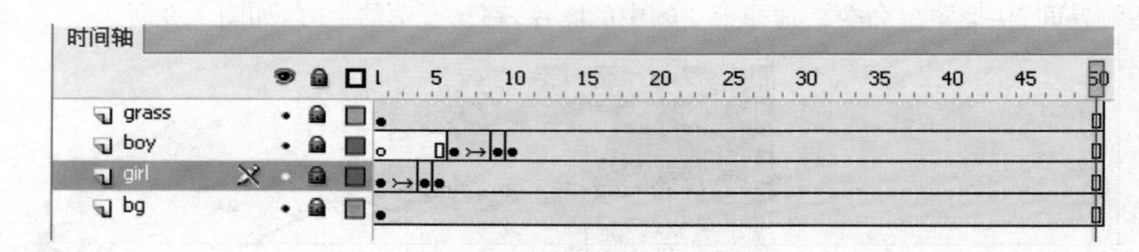

图 2.12　时间轴面板(3)

5. 在“girl”层上方，新建一层命名为“kite”，在第 8 帧处插入空白关键帧，将“kite. png”拖动到舞台上，并转化为元件“kite”，在第 11 帧处插入关键帧，并创建动作补间动画，将“kite”元件调整到合适大小，完成风筝飞上天空的效果。如图 2.13 和图 2.14 所示。选择第 12 帧转化为关键帧，并使用“铅笔工具”，绘制直线作为风筝线，锁定“kite”图层。如图 2.15 所示。

图 2.13　舞台风筝效果(1)

图 2.14　舞台风筝效果(2)

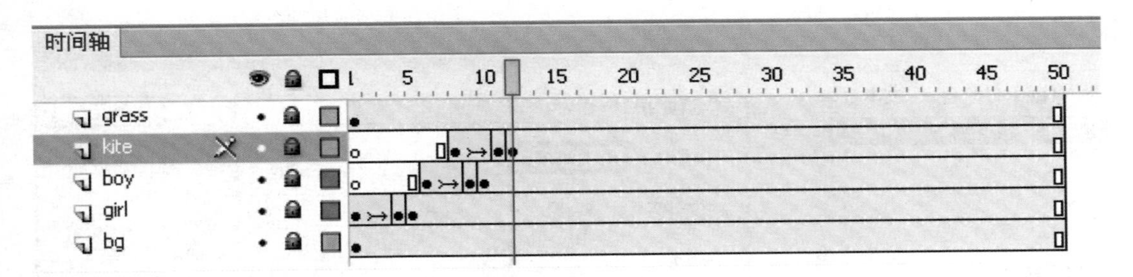

图 2.15　时间轴面板(4)

6. 以同样的方法加入“pander”“tiger”的弹跳动画，如图 2.16 和图 2.17 所示。

图 2.16　舞台显示(3)

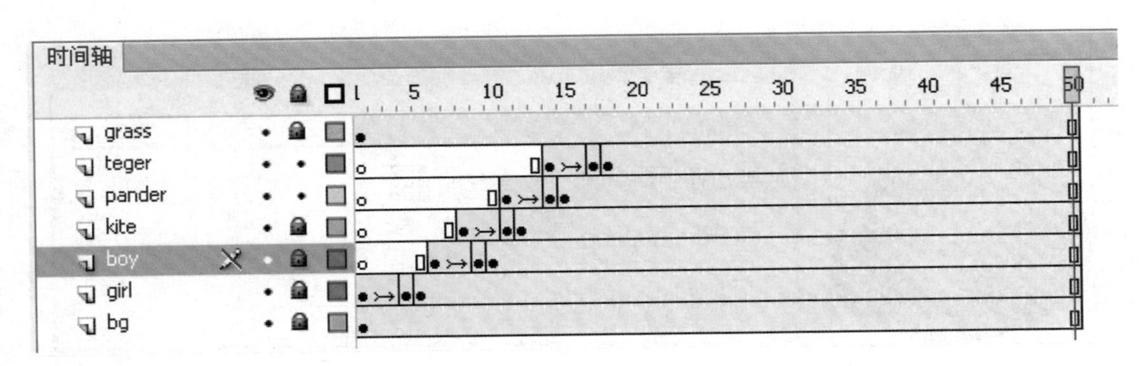

图 2.17　时间轴面板(5)

子任务 3：添加“欢乐的童童”动画

1. 单击“插入”菜单命令，选择“新建元件”命令，或按快捷键【Ctrl＋F8】新建影片剪辑元件“tongtong”，如图 2.18 和图 2.19 所示。

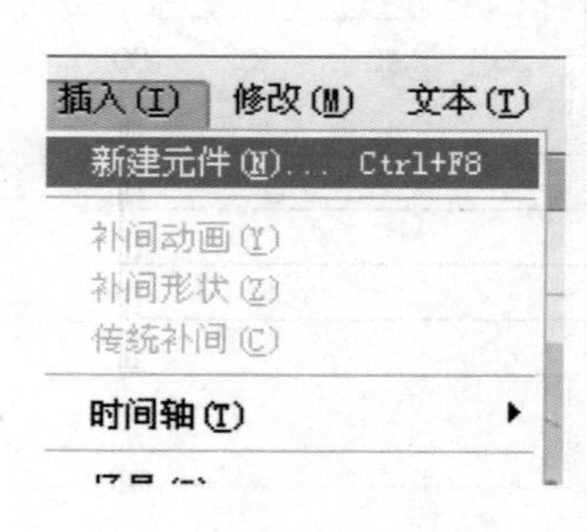

图 2.18 插入菜单

图 2.19 创建新元件

2. 在元件的时间轴上新建 6 个图层分别命名为“body”“head”“left01”“left02”“right01”“right02”，各图层排列效果如图 2.20 所示。

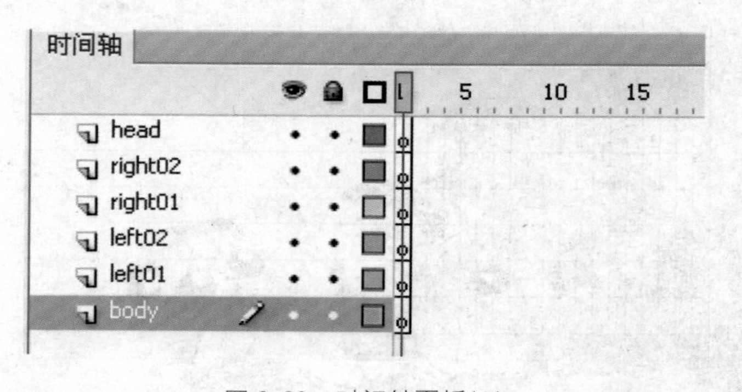

图 2.20 时间轴面板(6)

3. 选择“body”图层的第 1 帧，将“body. png”图片拖入舞台中，调整合适大小，并将图片转化为影片剪辑元件“body”，如图 2.21 所示。

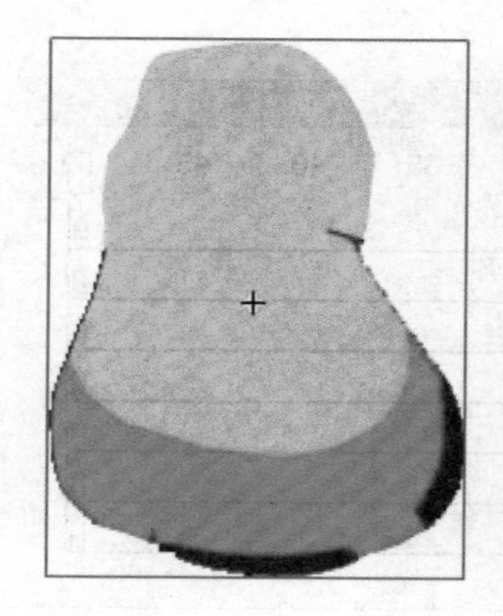

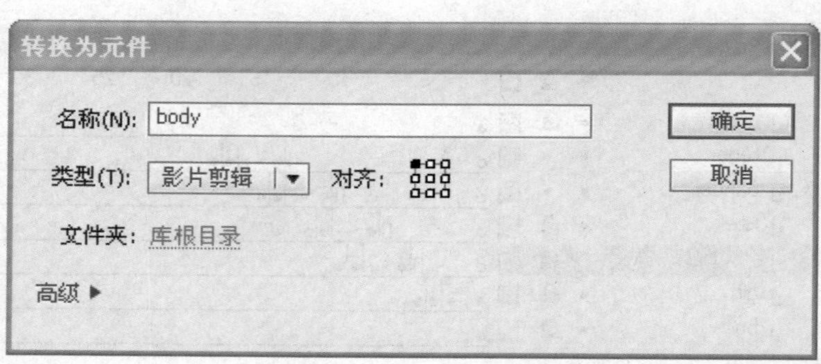

图 2.21 转化为元件

4. 同样的方法，将“head. png”“left01. png”“left02. png”“right01. png”“right02. png”图片放置到相应的层上，并转化为元件，如图 2.22 和图 2.23 所示。

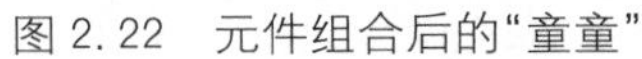

图 2.22　元件组合后的“童童”

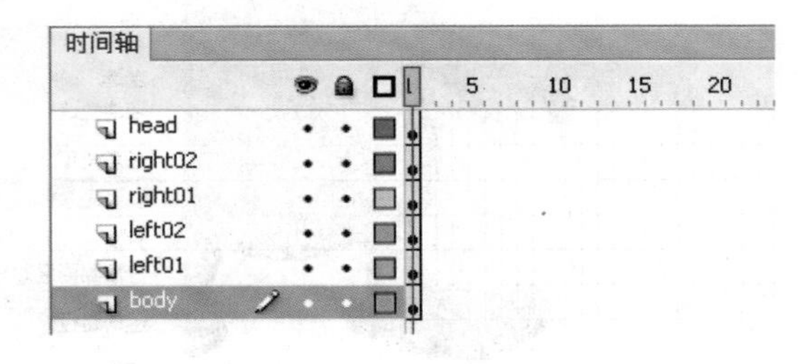

图 2.23　时间轴面板(7)

5. 在工具栏中选择工具，从“body”开始向其他元件绘制骨骼如图 2.24 和图 2.25 所示。

图 2.24　添加骨骼后的“童童”

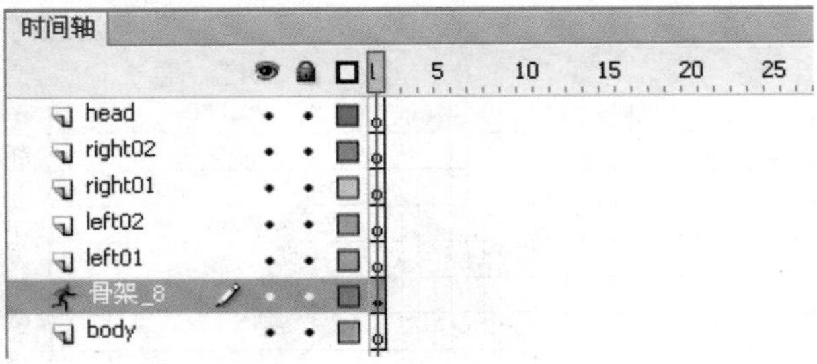

图 2.25　时间轴面板(8)

6. 添加骨骼后图层层次被打乱，选择“head”元件，右击选择“排列”/“移至顶层”菜单命令，如图 2.26 所示。

7. 在工具栏中选择“任意变形工具”，并单击取消“紧贴至对象”，再单击舞台中的各个元件，调整其注册点的位置到关节处，如图 2.27 所示。

8. 使用“选择工具”，选中各个骨骼，设置骨骼属性，“旋转”“X 平移”“Y 平移”属性均不启用，如图 2.28 所示。

9. 选择骨架图层，在第 10 帧和第 20 帧处右击鼠标选择“插入姿势”快捷菜单命令，如图 2.29所示。

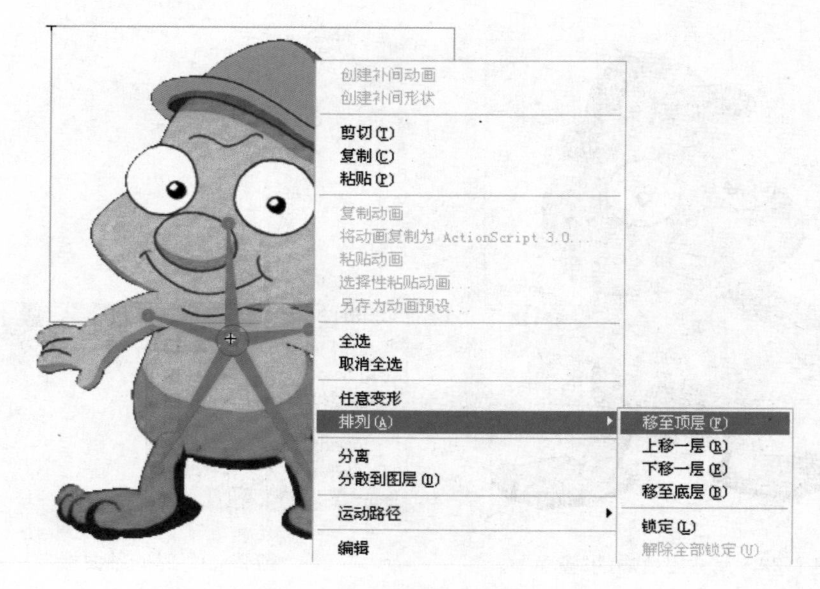

图 2.26　重新排列元件层次

图 2.27　调整注册点的位置

图 2.28　设置骨骼属性

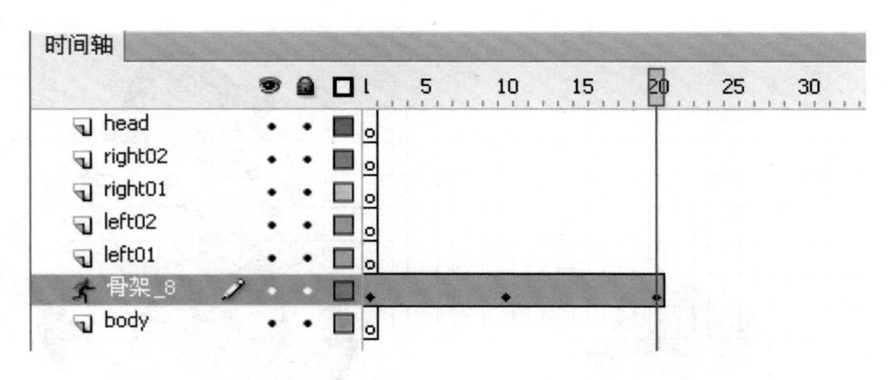

图 2.29　插入姿势

10. 调整第 10 帧的角色的姿势，如图 2.30 所示，并使用快捷键【Ctrl＋A】，选中舞台上的所有元件，使用【↑】的方向键，移动整个角色的位置，使其整体向上平移。

11. 选择骨架图层第 1～10 帧中的任何一帧，打开属性面板，设置缓动值为 100，如图 2.31所示。

图 2.30　设置骨骼动画

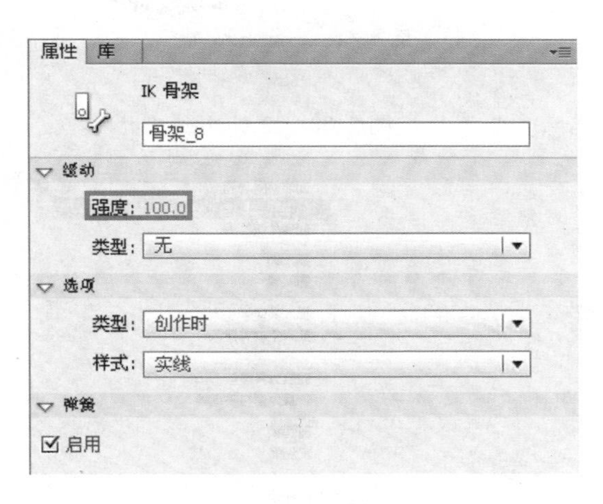

图 2.31　设置骨骼属性

12. 选择骨架图层第 10～20 帧中的任何一帧，打开属性面板，设置缓动值为－100。

13. 在骨架图层下方新建图层，命名为“shadow”，选择第 1 个关键帧，使用“椭圆工具”，填充颜色为灰色（＃999999），取消笔触颜色，在角色下方绘制椭圆，如图 2.32 所示。

14. 在“shadow”图层的第 10 帧和第 20 帧处分别插入关键帧，选择第 10 帧，调整椭圆的大小，如图 2.33 所示。

15. 选中“shadow”图层的第 1～10 帧中间的任何一帧，右击选择“创建补间形状”命令，创建椭圆的形状补间动画，选择第 10～20 帧中的任何一帧，创建补间动画。如图 2.34 和图 2.35所示。

16. 单击“场景 1”从元件切换到主场景，如图 2.36 所示。

图 2.32　绘制阴影

图 2.33　调整阴影大小

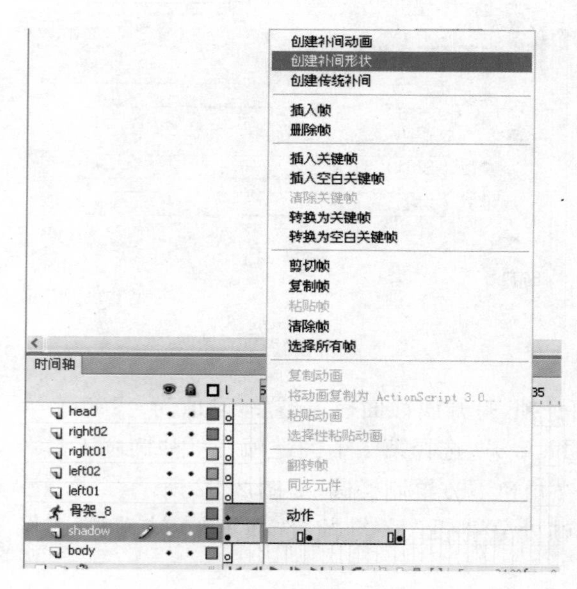

图 2.34　创建形状补间动画(1)

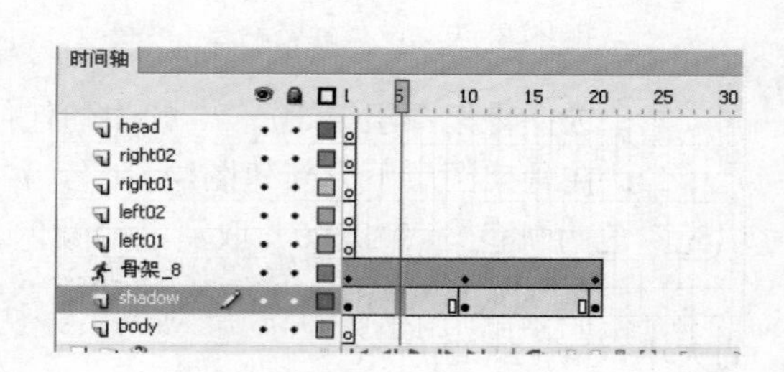

图 2.35　创建形状补间动画(2)

图 2.36　切换到主场景

17. 选择主场景的所有图层的第 85 帧，右击鼠标选择“插入帧”快捷菜单命令，延长场景 1 动画的时长。

18. 在“grass”图层上方新建图层，命名为“tong”，在本图层的第 15 帧处插入空白关键帧，将元件“tongtong”拖至舞台，调整合适的大小，并将图层锁定。按快捷键【Ctrl+Enter】预览本阶段的制作成果。如图 2.37 和图 2.38 所示。

图 2.37　测试影片

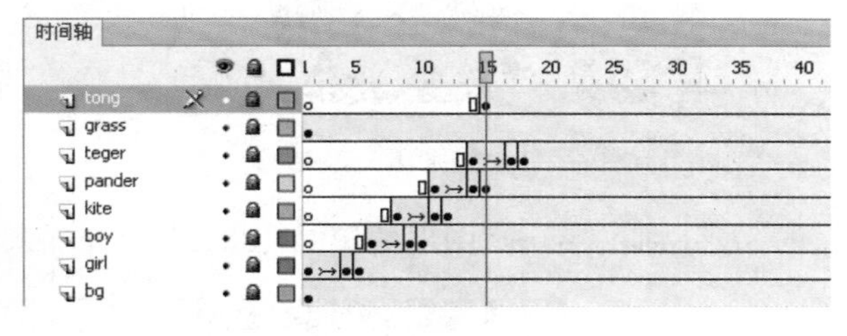

图 2.38　时间轴面板

子任务 4：添加“角色眨眼”动画

1. 在图层“tong”上新建一层命名为“wink”，在第 20 帧处插入关键帧，使用“铅笔工具”，在属性面板中选择“平滑”，勾勒老虎的眼睛轮廓，并完成黄色渐变填充，然后删除线条。如图 2.39 和图 2.40 所示。

图 2.39　眼睛填充效果(1)

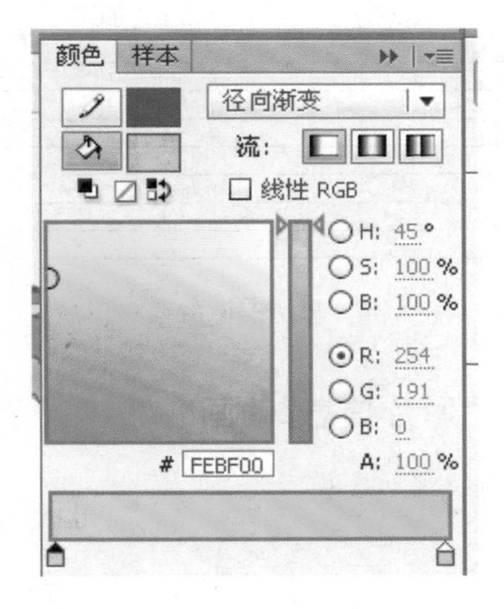

图 2.40　颜色面板设置

2. 以同样的方法，在第 22 帧和第 24 帧处，制作小男孩和熊猫的闭眼状态，如图 2.41 和图 2.42 所示。

图 2.41　眼睛填充效果(2)

图 2.42　眼睛填充效果(3)

3. 分别在“wink”图层的第 21、23、25 帧处插入空白关键帧，如图 2.43 所示。

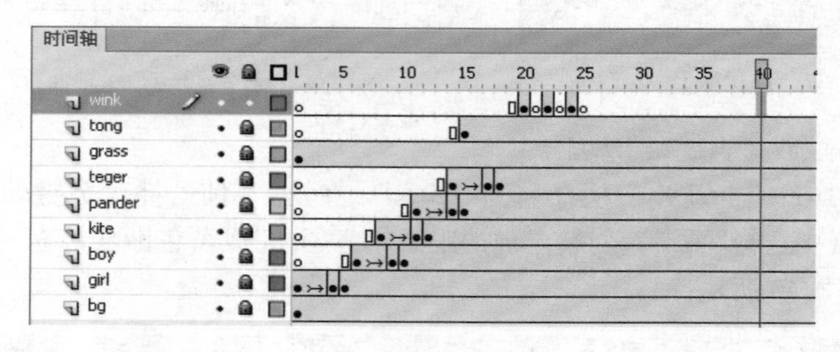

图 2.43　时间轴面板(10)

4. 选择“wink”图层第 20～24 帧处复制帧，分别在第 40、60、80 帧处粘贴帧，并在第 45、65 帧处插入空白关键帧，选择第 85 帧以后的空帧，然后将其删除。该任务最终的时间轴面板如图 2.44 所示。

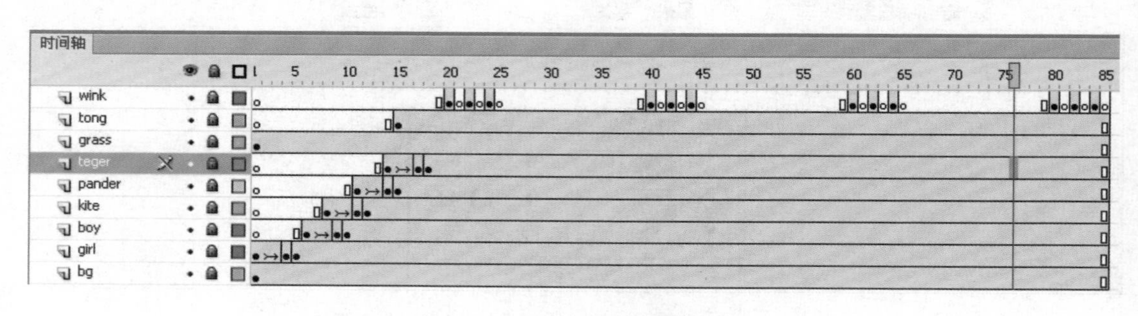

图 2.44　最终时间轴面板(11)

【任务 2】　完成场景 2——“影片信息”动画

子任务 1：新建场景，添加背景

操作步骤：

1. 单击菜单“窗口”/“其他面板”/“场景”命令打开场景管理面板，单击“新建”按钮，新建“场景 2”，如图 2.45 所示。

2. 将场景 2 的图层 1 命名为"bg",并从库中将"bg3. png"拖入舞台中,使图片与舞台对齐,在图层 1 的第 85 帧处插入帧,如图 2.46 所示。

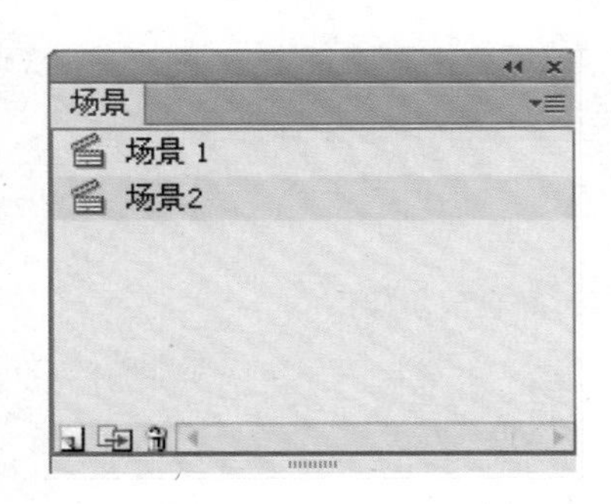

图 2.45　场景面板

图 2.46　舞台显示(1)

子任务 2:添加角色旋转动画

操作步骤:

1. 在"bg"图层上新建图层"pander2",并从库中将"pander2. png"拖入舞台中,调整合适的大小,并将图片转化为影片剪辑元件,命名为"pander2",效果如图 2.47 所示。

图 2.47　舞台显示(2)

2. 在"pander2"图层的第 20 帧处插入关键帧,将第 20 帧的"pander2"元件放大,选择第 1～20帧的任何一帧,右击鼠标选择"创建传统补间动画"菜单命令,在属性面板中设置补间的缓动值为－100,旋转为顺时针旋转 1 次。如图 2.48 和图 2.49 所示。

3. 选择第 1 帧中的"pander2"元件,在属性面板中,设置"色彩效果"/"样式"/"Alpha"值为 0。如图 2.50 所示。

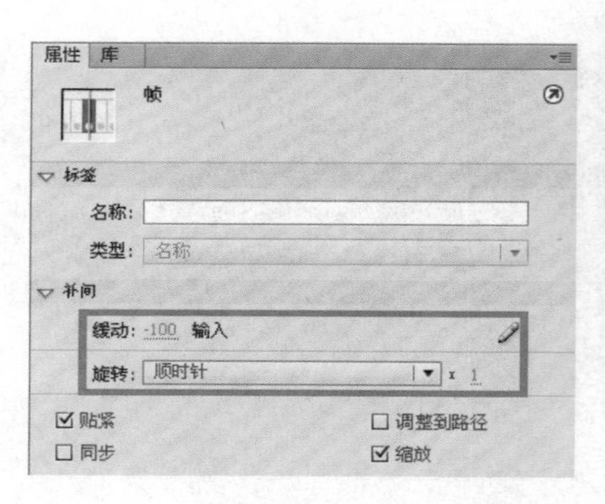

图 2.48 “传统补间动画”的属性面板

图 2.49 舞台显示(3)

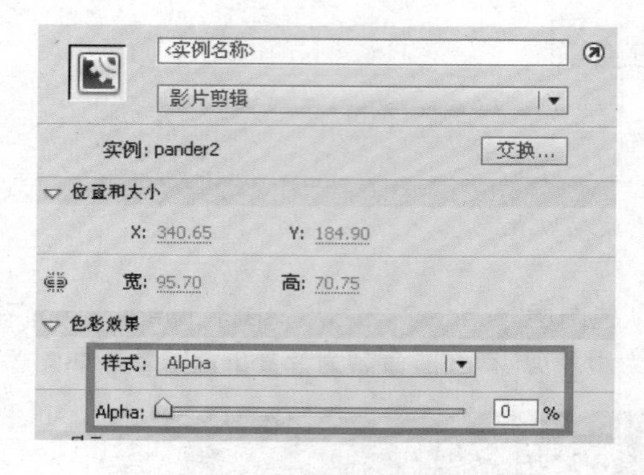

图 2.50 “pander2”元件的属性面板

子任务 3:添加影片名称

操作步骤:

1. 在“pander2”图层上方新建图层“name”,在第 20 帧处插入空白关键帧,将“name.png”图片拖入舞台,调整至合适大小,并转化为“name”元件。如图效果 2.51 所示。

2. 在“name”图层的第 30 帧处插入关键帧,将图片放大,如图 2.52 所示。创建第 20～30 帧的传统补间动画。

3. 将“name”图层的第 31 帧转化为关键帧,并将图片适当缩小,使文字产生弹跳效果,如图 2.53 所示,此时场景 2 的时间轴如图 2.54 所示。

图 2.51 舞台显示(4)

图 2.52 舞台显示(5)

图 2.53 舞台显示(6)

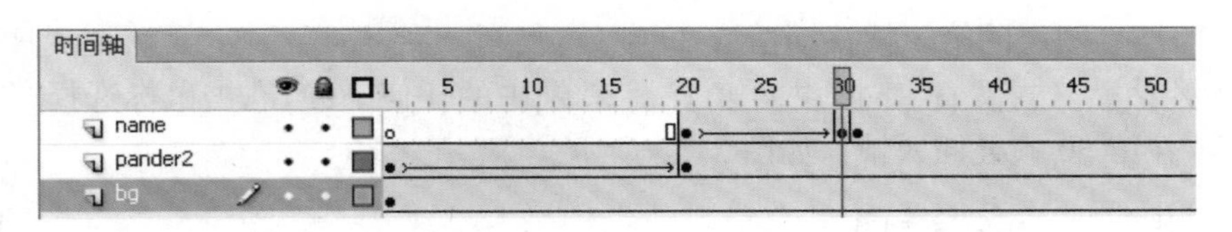

图 2.54　时间轴面板(12)

子任务 4：添加影片上映信息动画

操作步骤：

1. 选择“插入”/“新建元件”菜单命令，新建影片剪辑元件命名为“text”。

2. 在“text”元件的时间轴上，选择图层 1 的第一个关键帧，输入文字“4 月 8 日快乐上映”，使用【Ctrl＋B】将文字分离，然后在文字上右击鼠标，选择分散到图层命令，将每个文字分散到不同的图层。

在舞台上圈选所有的文字，使用【Ctrl＋B】将所有文字打散。如图 2.55 所示。

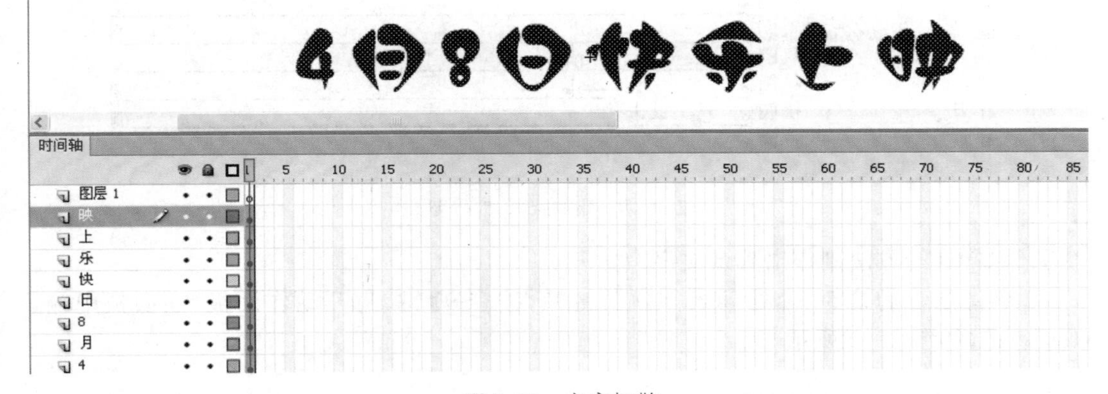

图 2.55　文字打散

3. 在“4”字图层的第 50 帧处插入帧，将“月”字图层的第 1 帧移动至第 10 帧处，复制“4”字图层的第 1 帧，在“月”字图层的第 5 帧处粘贴，选择“月”字图层的第 5～10 帧的任何一帧，右击鼠标选择“创建补间形状”命令，在第 50 帧处插入帧，如图 2.56 所示。

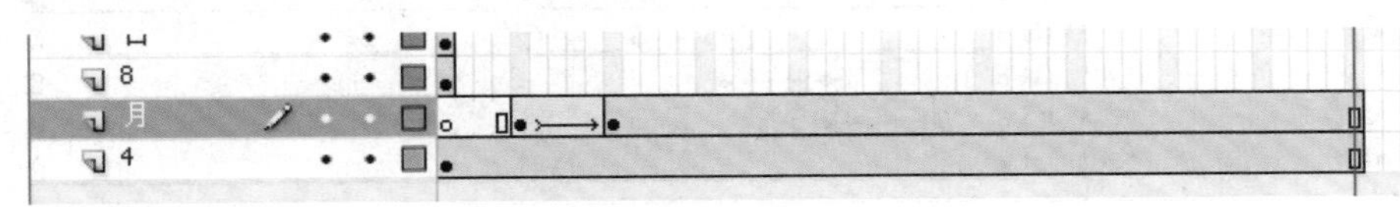

图 2.56　时间轴面板(13)

4. 将“8”字图层的第 1 帧移动至第 15 帧处，复制“月”字图层的第 10 帧，在“8”字图层的第 10 帧处粘贴，选择“8”字图层的第 10～15 帧中的任何一帧，右击选择“创建补间形状”命令，在第 50 帧处插入帧。如图 2.57 所示。

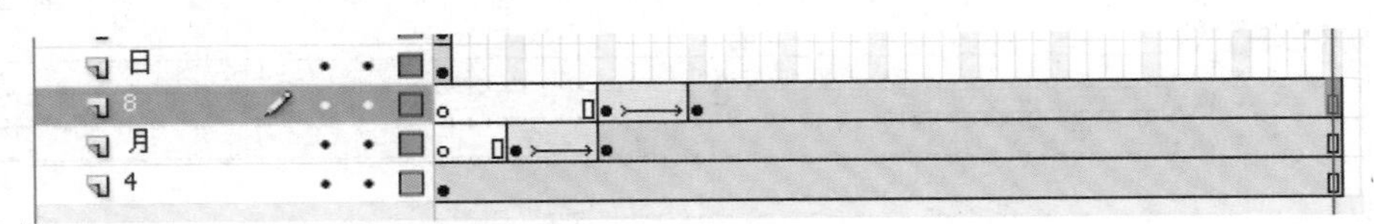

图 2.57　时间轴面板(14)

5. 将“日”字图层的第 1 帧移动至第 20 帧处，复制“8”字图层的第 15 帧，在“日”字图层的第 15 帧处粘贴，选择“日”字图层的第 15～20 帧中的任何一帧，右击鼠标选择“创建补间形状”命令，在第 50 帧处插入帧。如图 2.58 所示。

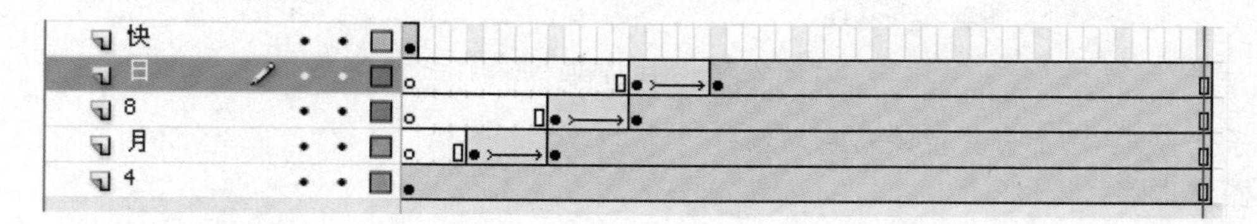

图 2.58　时间轴面板(15)

6. 将“快”字图层的第 1 帧移动至第 25 帧处，复制“日”字图层的第 20 帧，在“快”字图层的第 20 帧处粘贴，选择“快”字图层的第 20～25 帧的任何一帧，右击鼠标选择“创建补间形状”命令，在第 50 帧处插入帧。如图 2.59 所示。

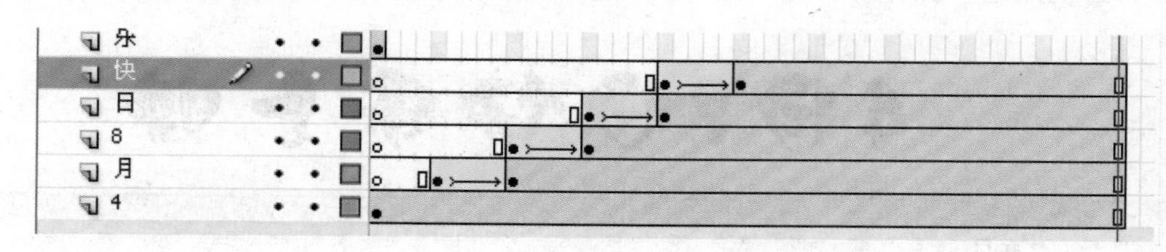

图 2.59　时间轴面板(16)

7. 以同样的方法制作出其余文字。

8. 将图层 1 的第 50 帧处插入空白关键帧，按【F9】键，打开动作面板，在面板中输入“stop ();”，如图 2.60 所示。

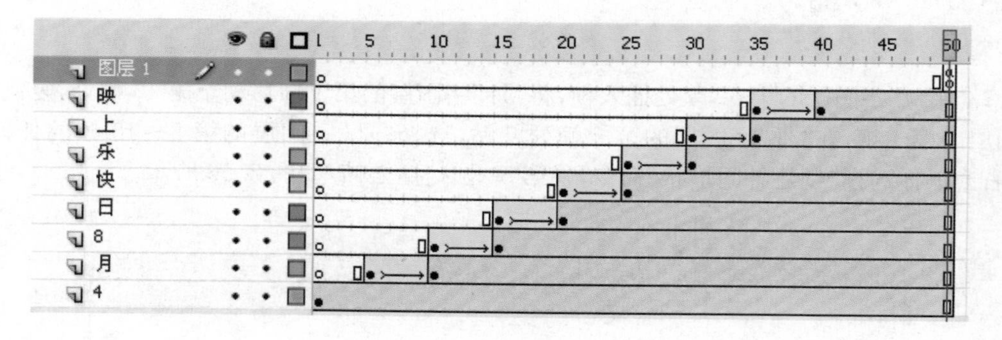

图 2.60　时间轴面板(17)

9. 返回场景 2，在“name”图层上方新建图层“show”，在第 30 帧处插入空白关键帧，将元件“text”拖入舞台，调整位置和大小，完成动画制作，如图 2.61 所示。

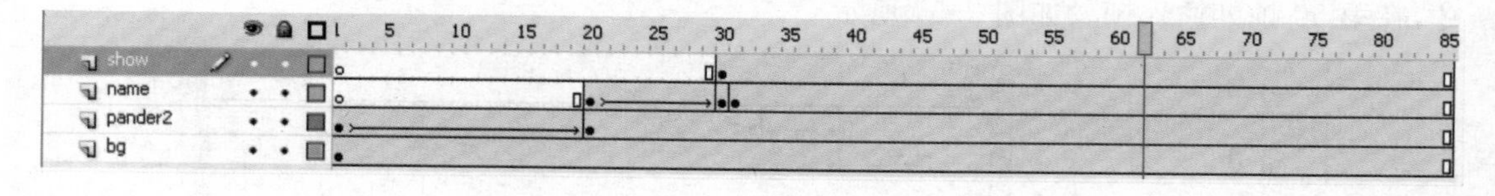

图 2.61　时间轴面板

10. 按【Ctrl+Enter】键测试影片。效果如图 2.2 所示。

2.5 项目总结

Flash 广告的思路更为奇特和夸张，但是同样地要遵循传统广告的制作思路和制作要点。这就需要创意、美术、软件制作等高手的相互配合，注重成品的情节性、趣味性、交互性的统一。网络广告由于兴起时间较短，没有多少经验可供参考，在进行网络广告策划时，应该大胆设想、突破成规、敢于创新，因为这本来就是一片处女地，勇敢地走出去才是最关键的。

2.6 知识点详解

2.6.1 元件

1. 元素、元件、实例、库的概念

元素：构成 Flash 动画的所有最基本的因素，包括形状、元件、实例、声音、位图、视频、组合等。

元件：是 Flash 软件最基础的概念，一旦被创建，就会被添加到库中，可以在舞台上重复应用。如果想要更改影片中的重复元素，只要对这个元件进行修改，使用过该元件的实例就会跟着更改。合理地利用元件和库资源可以提高制作效率。

实例：是指位于舞台上或嵌套在另一个元件内的元件副本。存在于库中的元件，可以通过拖动的方式应用到舞台上。从库中拖出并应用到舞台上的元件称为该元件的实例。元件的更改会影响到影片中所有应用了元件的实例，但是，对元件的实例的修改编辑不会影响元件本身。

库：是存储和组织各种元件的地方，制作好的元件会自动保存到库中。此外，库还用于存储和组织导入的文件。

如果把元件和库的关系比作图章和抽屉的关系，那么从抽屉里取出图章在纸上盖下的一个个图案就相当于一个个实例。

2. 元件的分类

“图形元件”：用来存放需要重复使用的静态图像。图形元件不能独立于主时间轴播放，必须放进主时间轴上的帧中。虽然它有自己的时间轴，但是其时间轴上的声音和动画都被忽略了，因为将它放在时间轴上需要 1 帧，而一旦主时间轴上的动画播放完毕，图形元件就会停止。交互式控件和声音在图形元件中不起作用。

“影片剪辑元件”：是最重要的元件，是动画中的动画。它有自己的时间线，而且不受主时间轴的控制，将它放在主时间线上只需要 1 帧，即使主时间线的动画停止了，它仍可以继续播放。影片剪辑和主时间轴动画一样，在关键帧上可以包含程序代码。

“按钮元件”：可以创建响应鼠标点击、划过或其他动作的交互式按钮，还可以定义与各种按钮关联的图形，然后将动作指定给按钮实例。按钮元件有 4 种状态：“弹起”“指针经过”“按下”“点击”。如图 2.62 所示。

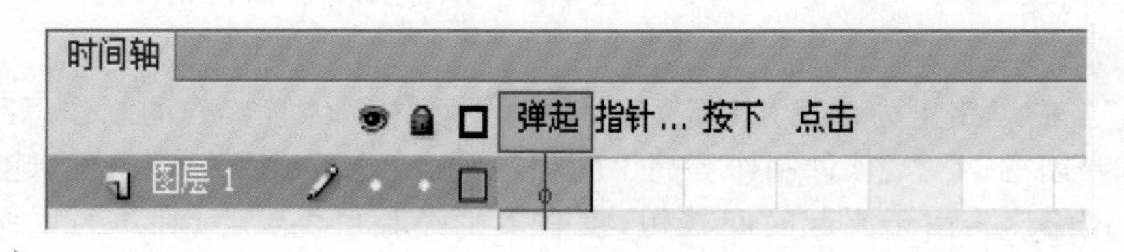

图 2.62 “按钮元件”时间轴

“弹起”：是指当按钮静止在舞台上，鼠标没有进入它的感应区时的状态。

“指针经过”：是指当鼠标划过时按钮显示的状态。

“按下”：是指当鼠标按下时按钮显示的状态。

“点击”：用来设定按钮的感应区，即鼠标进入该区域后就变成手形。

3. 元件的创建

(1) 选择“插入”/“新建元件”菜单命令，如图 2.63 所示，或按快捷键【Ctrl+F8】，在弹出的对话框中选择新建元件的类型，并为元件命名，如图 2.64 所示。

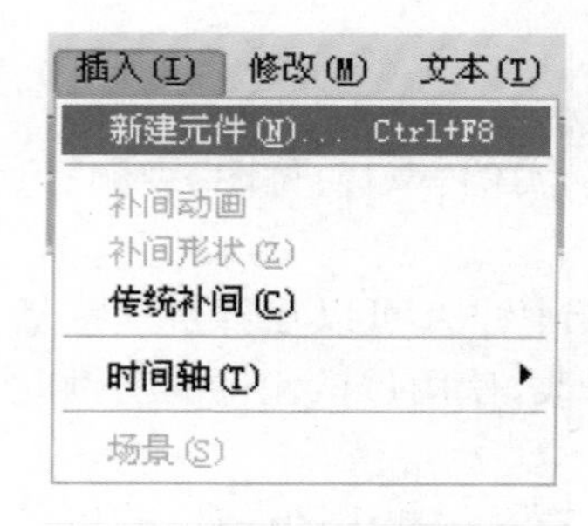

图 2.63 插入菜单

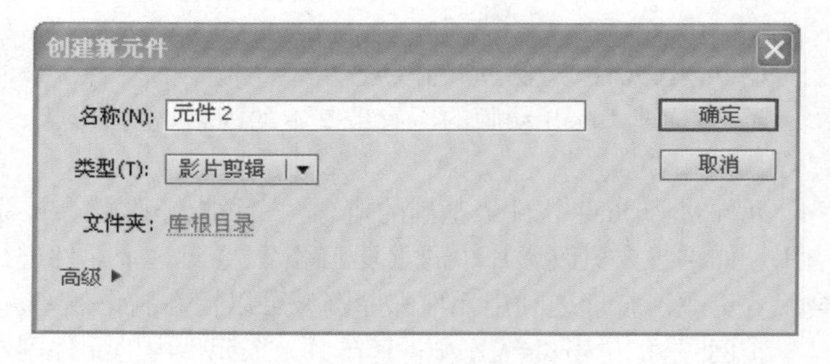

图 2.64 创建新元件窗口

(2) 使用库面板中的菜单及按钮，如图 2.65 所示。

(3) 将选定元素转化为元件。在舞台上选择一个或多个元素后，可通过选择“修改”/“转化为元件”菜单命令或按【F8】键操作转化为元件，如图 2.66 所示。

4. 复制和编辑元件

(1) 复制元件。创建元件后，用户可以重复使用它的实例。复制实例时，只要选定本元件的一个实例，按下【Alt】键，拖动即可，如图 2.67 所示。

(2) 编辑元件。需要对某一个元件进行编辑时，可以在库中双击该元件，也可以双击其位于舞台的实例，需返回场景时单击“场景 1”按钮或双击舞台空白处。如图 2.68 所示。

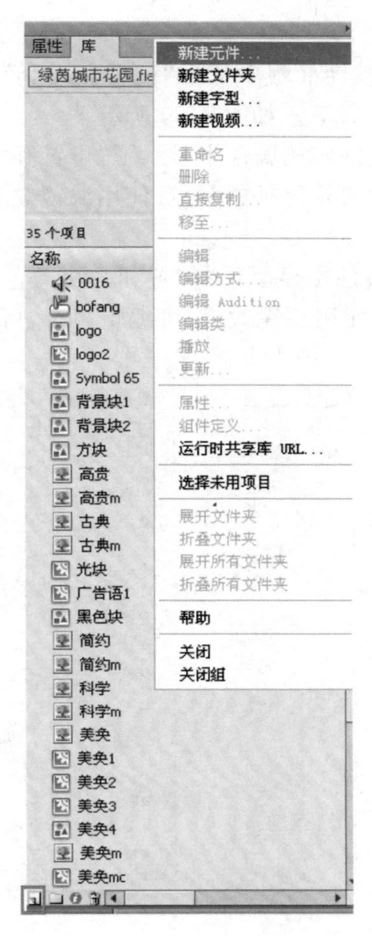

图 2.65 “库”面板菜单及按钮

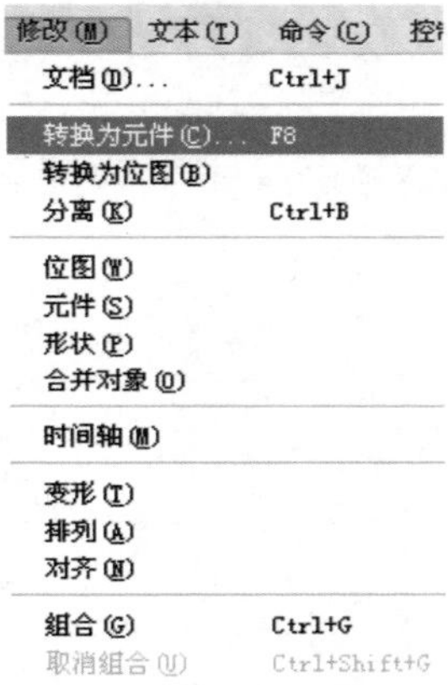

修改(M) 文本(T) 命令(C) 控
文档(D)... Ctrl+J
转换为元件(C)... F8
转换为位图(B)
分离(K) Ctrl+B
位图(W)
元件(S)
形状(P)
合并对象(O)
时间轴(M)
变形(T)
排列(A)
对齐(N)
组合(G) Ctrl+G
取消组合(U) Ctrl+Shift+G

图 2.66 修改菜单

图 2.67 元件复制

图 2.68 元件与场景切换

5. 元件实例的相关操作

(1) 图形元件实例的属性。图形元件实例属性面板中显示“位置和大小”“色彩效果”“循环”等信息,可以设定元件的颜色、动画播放形式等。如图 2.69 所示。

(2) 影片剪辑元件实例的属性。影片剪辑元件实例属性中显示了“位置和大小”“3D 定位和查看”“色彩效果”“显示”“滤镜”等信息,可以设定元件的颜色,使用滤镜效果,可输入影片剪辑实例的名称,用于脚本控制。如图 2.70 所示。

(3) 按钮元件实例的属性。按钮元件实例属性中显示了“位置和大小”“色彩效果”“显示”“音轨”“滤镜”等信息,可以设定元件的颜色,使用滤镜效果,可编辑声音,可输入按钮实例的名称,用于脚本控制。如图 2.71 所示。

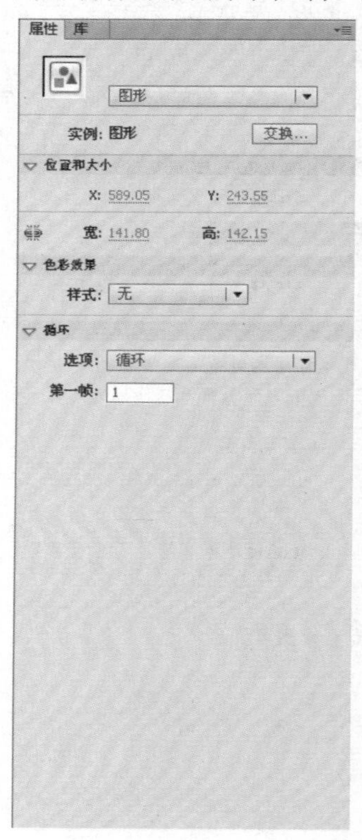

图 2.69 图形元件属性面板

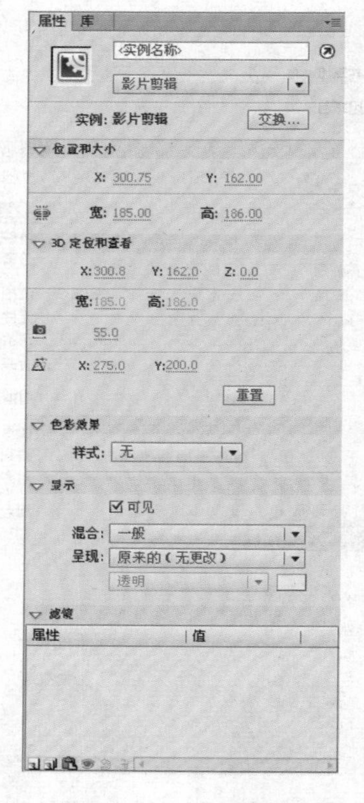

图 2.70 影片剪辑元件属性面板

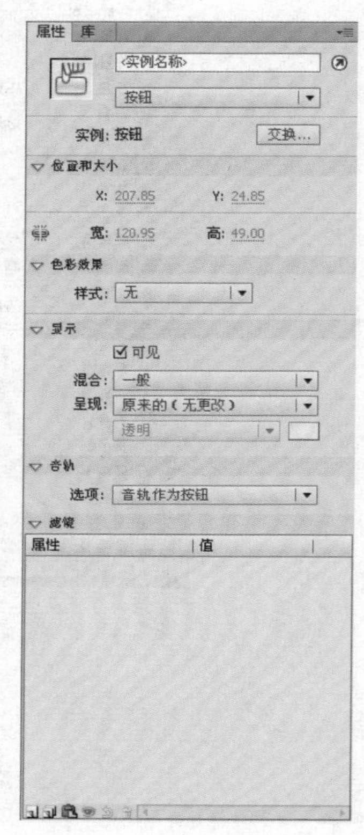

图 2.71 按钮元件属性面板

(4) 改变实例的属性。用户可以在文档中重复使用元件,并对单个实例的属性进行修改,而不影响其他实例或原始元件,包括颜色、缩放比例、旋转、Alpha、亮度、色调、高度、宽度和位置、滤镜效果等。如果编辑元件,则该实例除了获得元件编辑修改的属性外,还保留它修改后的属性。如图 2.72～图 2.74 所示。

(5) 改变实例类型。可以通过改变一个实例类型来重新定义它在影片中的类型。在工作区中选择一个实例,在左侧的下拉列表中选择不同的实例类型即可,如图 2.75 所示。

(6) 实例的交换属性。从工作区中选择一个实例,打开属性面板,单击“交换”按钮,打开“交换元件”对话框,如果想复制此元件,可单击“复制元件”按钮。如图 2.76 所示。

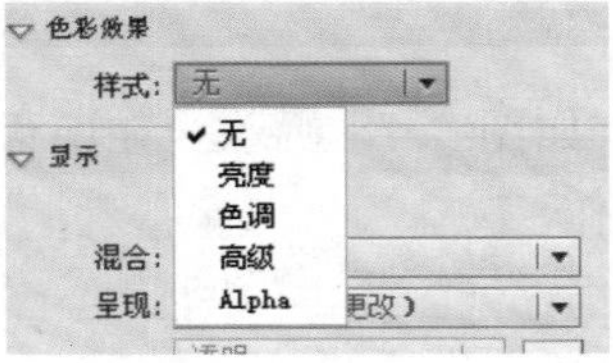

图 2.72　样式设置

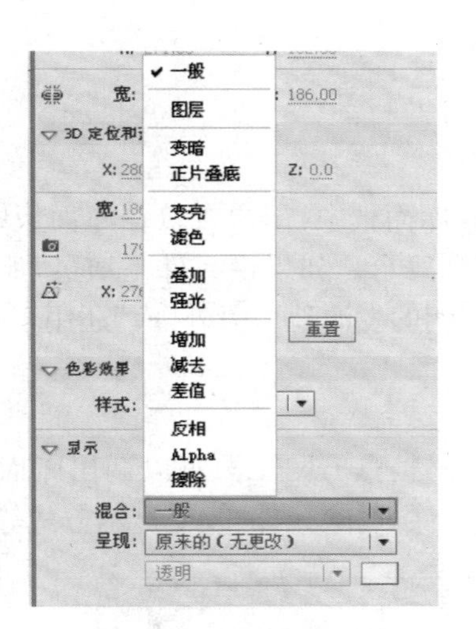

图 2.73　混合模式设置

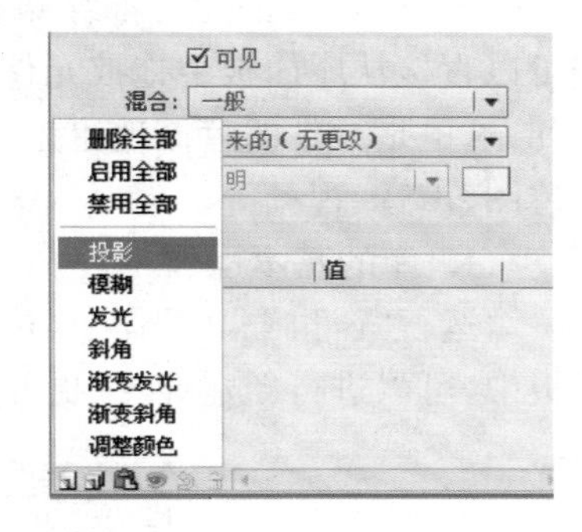

图 2.74　滤镜设置

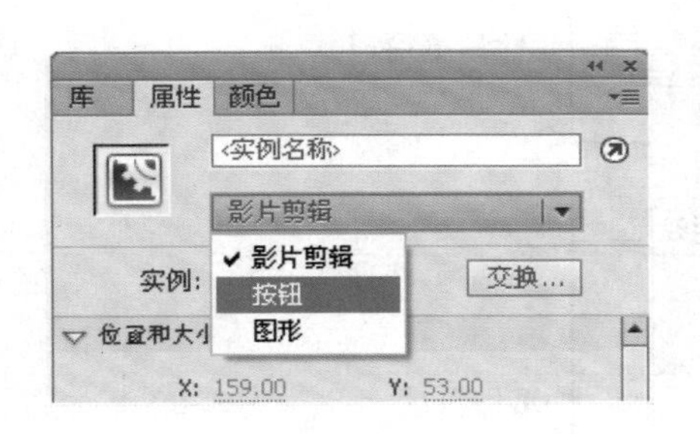

图 2.75　改变实例类型

图 2.76　实例交换

(7) 分离实例。分离实例可以使它与元件之间的链接分离,并且使它成为非组群的形状和直线的集合。如果想改变实例又不愿意影响元件本身或任何其他的实例,可以将其分离。选择"修改"/"分离"命令,可把实例分离成图形元素的组合;也可通过选中实例,按【Ctrl+B】键把实例分离。

(8) 激活和测试按钮元件。选择"控制"/"启用简单按钮"命令,可激活按钮。再次选择该选项会使按钮回到不被激活状态。如图 2.77 所示。选择"控制"/"测试影片"命令,播放影片,可以看到按钮互动的效果。

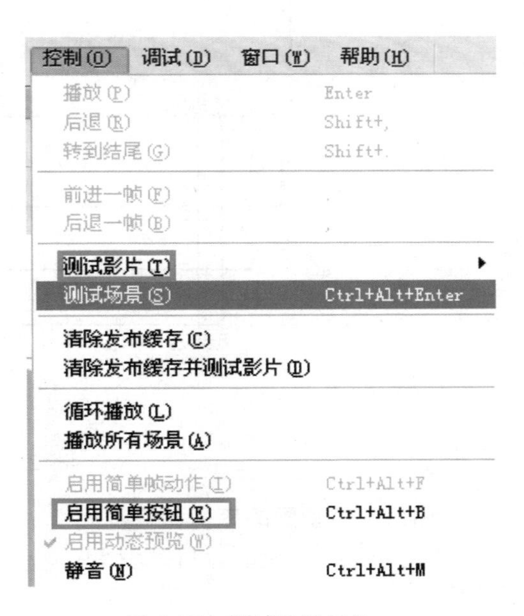

图 2.77　测试按钮元件

2.6.2 库的使用

Flash CS6 的元件都存储在库面板中，用户可以在库面板中对元件进行编辑和管理，也可以直接从库面板中拖拽元件到舞台。如果说元件是演员，那么“库”就好比是演员的化妆间，这里是元件的存储地也是实例的发源地。另外“库”还用于存放和组织导入的文件，包括位图、声音、视频等。

1. 库的基本操作

运行“窗口”/“库”命令（快捷键：【Ctrl＋L】）可以调出库面板，如图 2.78 所示。在库面板中，可以进行新建元件、更改元件、删除元件、改变显示方式等操作。

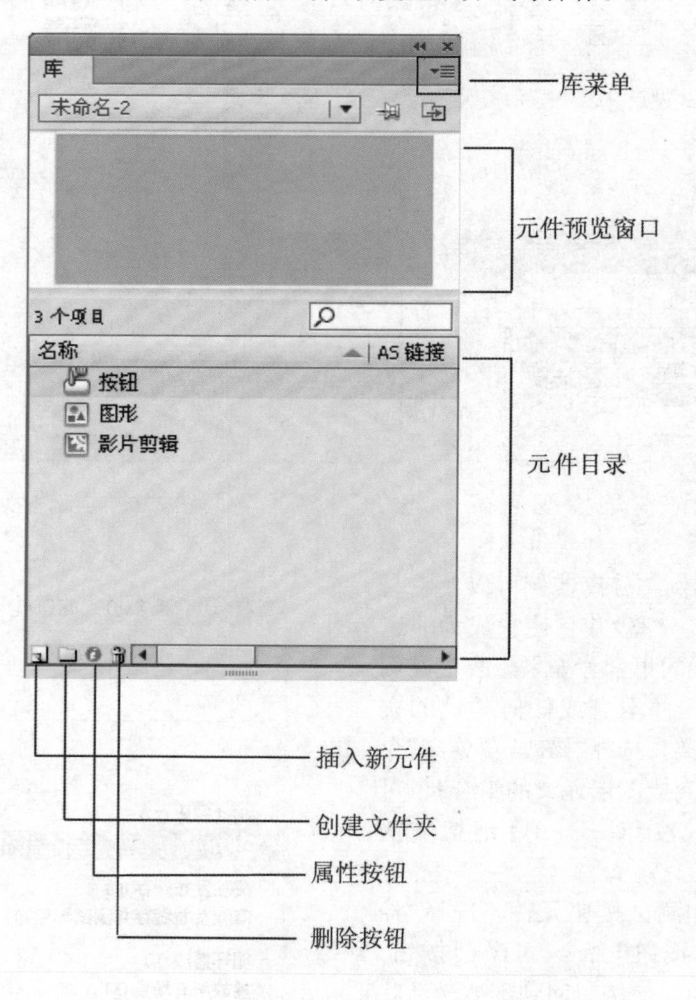

图 2.78 库面板

2. 调用其他动画的库

在制作 Flash 动画时，可以调用其他动画库面板中的内容，这样可以提高动画制作的效率。

方法 1：运行“文件”/“导入”/“打开外部库”命令，在弹出的“作为库打开”对话框中选择需要的动画文件，将其中的对象直接拖拽到当前动画中即可使用，如图 2.79 所示。

方法 2：运行需要的调用的动画文件，在原动画的库面板中选择需要调用的动画文件的库面板即可显示其中的元件，将对象直接拖拽到当前动画中即可使用，如图 2.80 所示。

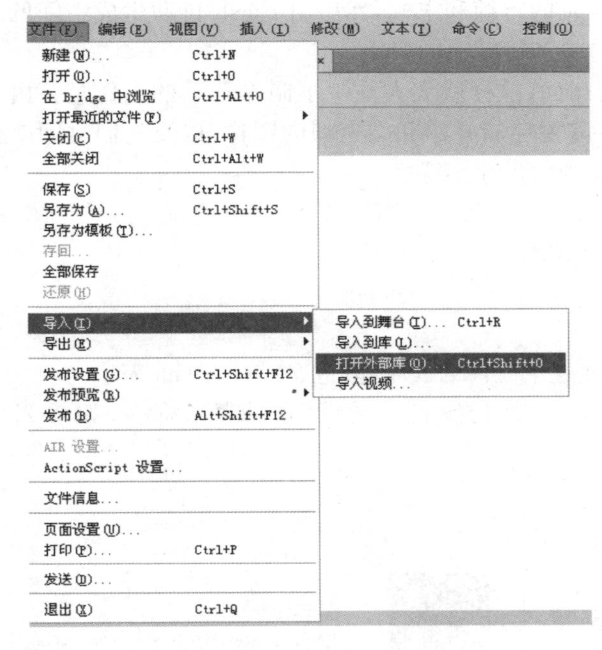

图 2.79　打开外部库

图 2.80　使用库面板调用

3. 公用库

Flash 公用库自带了很多元件，分别存放在“学习交互”“类”“按钮”3 个不同的库中，用户可以直接使用。在“窗口”/“公用库”子菜单中，执行某一命令，即可打开或关闭相应的公用库。

用户也可以将常用的按钮或影片剪辑元件加入公用库，以方便引用。加载的方法为打开软件的 Libraries 文件夹，如安装在 E 盘，则路径为 E:\Program Files\Adobe\Adobe Flash CS3\ zh_cn\Configuration\Libraries，将经常使用的文件拷贝其中即可，如图 2.81 所示。

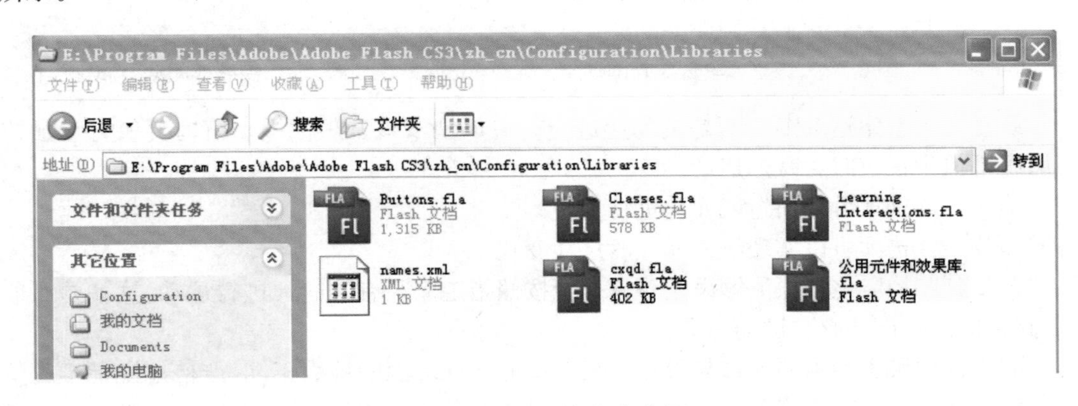

图 2.81　公用库加载路径

2.6.3 补间动画

所谓“补间动画”，就是由用户创建动画的首帧和末帧，然后由 Flash 自动生成中间的过渡帧。补间用来产生尺寸、形状、颜色、位置和旋转上的变化。

由于不需要绘制每一个关键帧中的画面，这样就大大减少了制作动画的工作量。由于过渡帧是由计算机自动生成的，Flash 只需要存储开始和结束帧的图像，以及它们之间变化部分的值，所以补间动画的尺寸比逐帧动画的尺寸小得多。

1. 传统补间

传统补间动画是 Flash 最基本的动画技术。

(1) 创建传统补间动画的方法

① 在一个关键帧上放置一个元件；

② 另一个关键帧放置此元件，并改变这个元件的大小、颜色、位置、Alpha 等；

③ 在两个关键帧之间的任何一帧上右击选择“创建传统”快捷菜单命令，如图 2.82 所示。

(2) 传统补间动画的属性面板

传统补间动画的属性面板如图 2.83 所示。

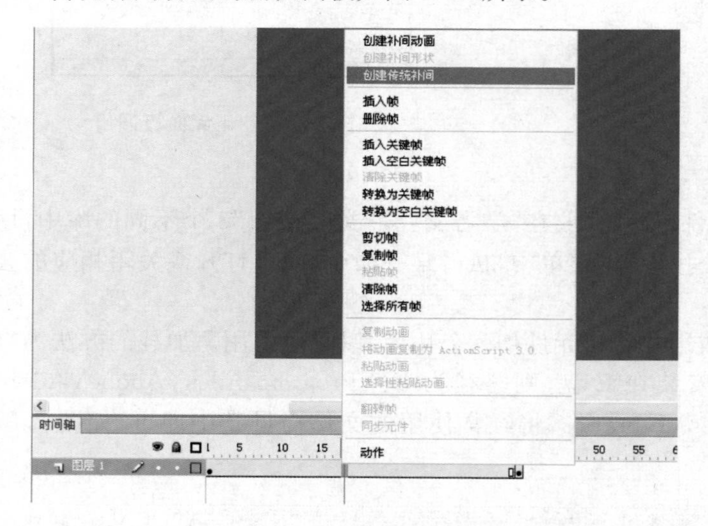

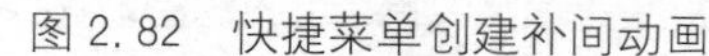
图 2.82 快捷菜单创建补间动画

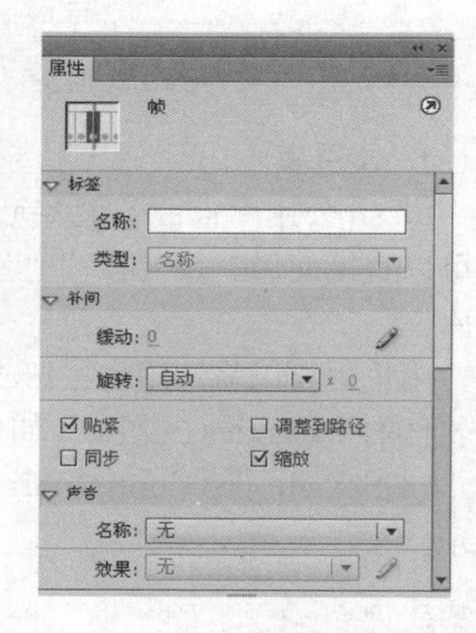

图 2.83 传统补间动画属性面板

“缓动”：当希望运动渐变不是按匀速进行时可以调节该选项。缓动值为负值时为加速运动，缓动值为正值时为减速运动。

“旋转”：该选项可以使组或元件进行旋转。

“缩放”：该选项可以实现组或元件的尺寸变化。

“调整到路径”：该选项能够设定对象是否按照指定路径有方向地进行运动，这就是对象随着路径的改变而调整自己的方向。

“同步”：如果主动画的帧数与影片剪辑类型的元件动画的帧数不同，严格地说是不成整数倍，影片剪辑元件动画将不能完成整个动画过程而是停在中间，要想使影片剪辑元件动画在主动画中能够准确地完成循环，就需要选中“同步”复选框。

“声音”:可以为补间动画加入声音效果,且可以对声音进行简单的处理,进行同步控制等。

2. 补间动画

(1) 补间动画的设置

补间动画是指通过为不同帧中的对象属性指定不同的值而创建的动画。Flash 软件可以计算这两个帧之间该属性的值。

例如,您可以将舞台左侧的 1 个元件放在第 1 帧中,然后将其移至舞台右侧的第 20 帧中。当您创建补间时,Flash Pro 将计算影片剪辑在此中间的所有位置。结果将得到从左到右(即从第 1 帧移至第 20 帧)的元件动画。在中间的每个帧中,Flash Pro 将影片剪辑在舞台上移动 1/20 的距离。

在补间范围中为补间目标对象显式定义一个或多个属性值的帧被称为属性关键帧。这些属性可包括位置、Alpha、色调等。

如果补间对象在补间过程中更改其舞台位置,则补间范围具有与之关联的运动路径。此运动路径显示补间对象在舞台上移动时所经过的路径。可以使用选取、部分选取、转换锚点、删除锚点和任意变形等工具以及修改菜单中的命令来编辑舞台上的运动路径。如果不是对位置进行补间,则舞台上不显示运动路径。补间动画是一种在最大限度地减小文件大小的同时创建随时间移动和变化的动画的有效方法。在补间动画中,只有您指定的属性关键帧的值才能存储在 FLA 文件和发布的 SWF 文件中。

(2) 可补间的对象和属性

可补间的对象类型包括:影片剪辑、图形和按钮元件以及文本字段。

可补间的对象的属性包括:

① 2D X 和 Y 位置。

② 3D Z 位置(仅限影片剪辑)。

③ 2D 旋转(围绕 Z 轴)。

④ 3D X、Y 和 Z 旋转(仅限影片剪辑)。

3D 动画要求 FLA 文件在发布设置中面向 ActionScript 3.0 和 Flash Player 10 或更高版本。

⑤ 倾斜 X 和 Y。

⑥ 缩放 X 和 Y。

⑦ 颜色效果。

色彩效果包括:Alpha、亮度、色调和高级颜色设置。颜色效果只能在元件和 TLF 文本上进行补间。通过补间这些属性,可以赋予对象淡入某种颜色或从一种颜色逐渐淡化为另一种颜色的效果。

若要在传统文本上补间颜色效果,请将文本转换为元件。

⑧ 滤镜属性(不能将滤镜应用于图形元件)。

(3) 补间动画和传统补间之间的差异

Flash 支持两种不同类型的补间以创建动画。补间动画,在 Flash CS4 Professional 中引入,功能强大且易于创建。通过补间动画可对补间的动画进行最大程度的控制。传统补间的创建过程更为复杂。尽管补间动画提供了更多对补间的控制,但传统补间提供了某些用户需要的特定功能。

补间动画和传统补间之间的差异包括：

① 传统补间使用关键帧。关键帧是其中显示对象的新实例的帧。补间动画只能具有一个与之关联的对象实例，并使用属性关键帧而不是关键帧。

② 补间动画在整个补间范围上由一个目标对象组成。传统补间允许在两个关键帧之间进行补间，其中包含相同或不同元件的实例。

③ 补间动画和传统补间都只允许对特定类型的对象进行补间。在将补间动画应用到不允许的对象类型时，Flash 软件在创建补间时会将这些对象类型转换为影片剪辑。应用传统补间会将它们转换为图形元件。

④ 补间动画会将文本视为可补间的类型，而不会将文本对象转换为影片剪辑。传统补间会将文本对象转换为图形元件。

⑤ 在补间动画范围上不允许帧脚本。传统补间允许帧脚本。

⑥ 补间目标上的任何对象脚本都无法在补间动画范围的过程中更改。

⑦ 可以在时间轴中对补间动画范围进行拉伸和调整大小，并将它们视为单个对象。传统补间包括时间轴中可分别选择的帧的组。

⑧ 要选择补间动画范围中的单个帧，在按住【Ctrl】键（Windows）或【Command】键（Macintosh）的同时单击该帧。

⑨ 对于传统补间，缓动可应用于补间内关键帧之间的帧组。对于补间动画，缓动可应用于补间动画范围的整个长度。若仅对补间动画的特定帧应用缓动，则需要创建自定义缓动曲线。

⑩ 利用传统补间，可以在两种不同的色彩效果（如色调和 Alpha）之间创建动画。补间动画可以对每个补间应用同一种色彩效果。

⑪ 只可以使用补间动画来为 3D 对象创建动画效果。无法使用传统补间为 3D 对象创建动画效果。

⑫ 对于补间动画，无法交换元件或设置属性关键帧中显示的图形元件的帧数。应用了这些技术的动画要求使用传统补间。

⑬ 在同一图层中可以有多个传统补间或补间动画，但在同一图层中不能同时出现两种补间类型。

3. 形状补间动画

（1）创建形状补间动画

① 在一个关键帧中绘制形状。

② 在另一个关键帧中更改形状或绘制另一个形状。

③ 在两个关键帧之间的任何一帧上右击鼠标选择“创建补间形状”快捷菜单命令，如图 2.84所示。

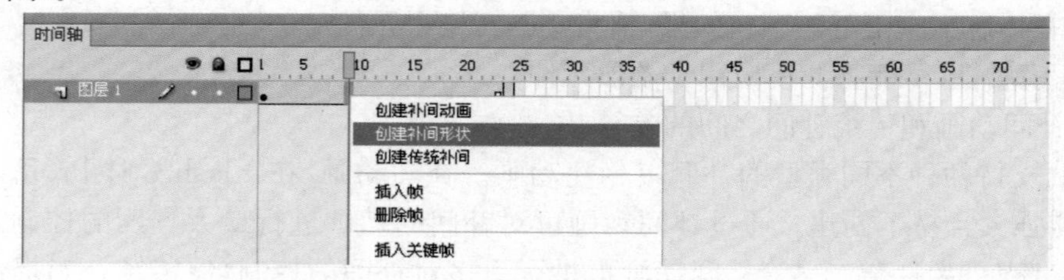

图 2.84　快捷菜单创建形状补间动画

(2) 形状补间动画的属性

形状补间动画的属性面板如图 2.85 所示。

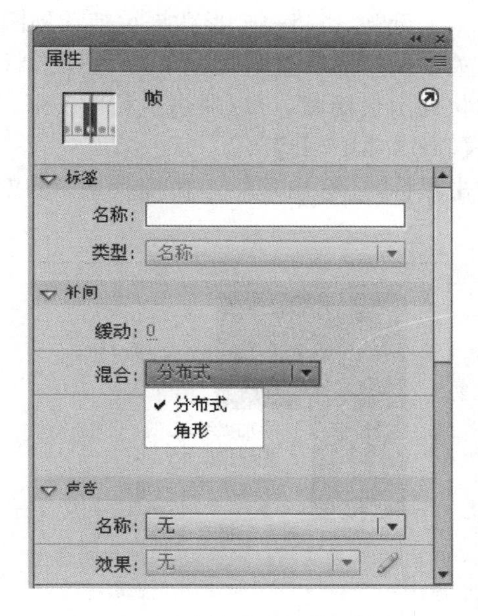

图 2.85　形状补间动画的属性面板

"缓动":当希望运动渐变不是按匀速进行时可以调节该选项。缓动值为负值时为加速运动,缓动值为正值时为减速运动。

"混合":选择"分布式"选项能让生成的动画中的图形更加平滑和无规则;选择"角形"选项建立的动画能在中间的图形中保留目前的拐角和直线。

"声音":可以为形状补间动画加入声音效果,且可以对声音进行简单的处理,进行同步控制等。

(3) 补间动画与形状补间动画的不同点

补间动画与形状补间动画的区别见表 2.1。

表 2.1　补间动画与形状补间动画的区别

区别	补间动画	形状补间动画
元素	影片剪辑、图形元件、按钮、文字、位图等	如果使用图形元件、按钮、文字,则必须先打散这些元件后再变形,如果使用位图,需将位图转化为矢量图
作用	实现一个元件的大小、位置、颜色、Alpha 等的变化	实现两个形状之间的变化,或一个形状的大小、位置、颜色等的变化

(4) 形状提示

当形状很复杂或前后差别很大时,有时候变形可能会得到意想不到的结果。为了控制变形,可以为 Flash 增加"形状提示"。形状提示可以允许用户在一个形状上确定一些与最终形状上特定点相匹配的点。这可以帮助 Flash 软件"理解"形状之间的相关性以及转变中的图形应该如何产生。

添加形状提示的方法:选择补间动画的第 1 个关键帧,执行"修改"/"形状"/"添加形状提示”菜单命令(快捷键:【Ctrl+Shift+H】),在舞台中会出现一个写有字母“a”的红色圆圈,最多可以添加 26 个形状提示(依次为 26 个英文字母)。将每个形状提示拖动到图形边缘,然后,选择补间动画的第 2 个关键帧,也将每个形状提示拖动到图形边缘,这时,前一关键帧的形状提示变为黄色,后一关键帧的形状提示变为绿色,说明形状提示已经添加好了。

显示形状提示:有时形状提示会隐藏,可以通过执行“视图”/“显示形状提示”菜单命令将它们显示出来,快捷键是【Ctrl+Alt+H】。

另外,在形状提示上右击鼠标,还会出现一个快捷菜单,可以添加或删除形状提示。如图 2.86 所示。

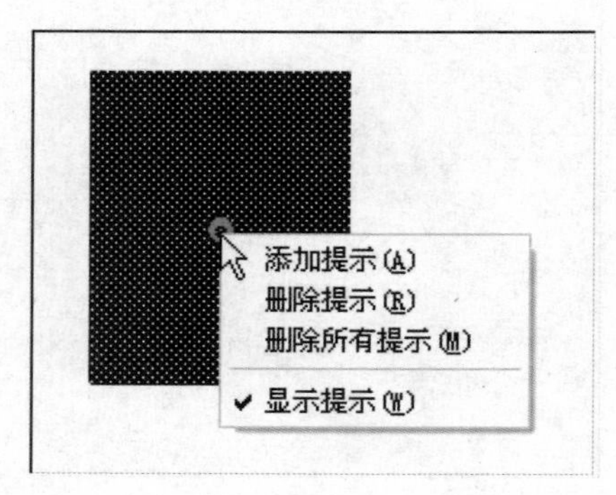

图 2.86　形状提示快捷菜单

但是即便在我们使用了形状提示的情况下,图形的变化仍然有很多不确定性,所以真正在动画制作中补间形状的使用频率是非常低的。

形状补间动画看似神奇,其实不然,Flash 软件在计算两个关键帧的图形的差异时,远不如我们想象的那么智能化,尤其在前后图形差异较大时,变形结果乱七八糟。所以我们制作时要配合使用形状提示,同时要有耐心。

使用形状提示的注意事项:

① 在制作比较复杂的变形动画时,形状提示的添加和拖放一定要多方位尝试,每添加一个形状提示,最好播放一下变形效果。

② 最多可以添加 26 个形状提示。

③ 形状提示要在形状的边缘才起作用。

2.7　拓展案例

【案例 1】　百变悟空

主要制作步骤:

1. 新建 ActionScript 2.0 文件,设置舞台尺寸为 550×400 像素。

2. 将“bg.jpg”和“wk.png”图片导入库中待用。

3. 将图层 1 命名为“bg”,将“bg.png”从库中拖入舞台,选择“窗口”/“对齐”(快捷键:【Ctrl+K】),打开对齐面板,使图片相对于舞台水平中齐、垂直中齐且大小匹配。如图 2.87

所示。在本图层的第 80 帧处插入帧,并保存文件为“wk. fla”。

图 2.87　舞台和时间轴

4. 在“bg”图层上方新建图层命名为“wk”,将“wk. png”图片拖入舞台放置在舞台的左侧,并将图片转化为影片剪辑元件,命名为“wk”,选择第 1～80 帧中的任何一帧右击鼠标选择“创建补间动画”快捷菜单命令,并在属性面板中设置缓动值为－100,如图 2.88 和图 2.89 所示。

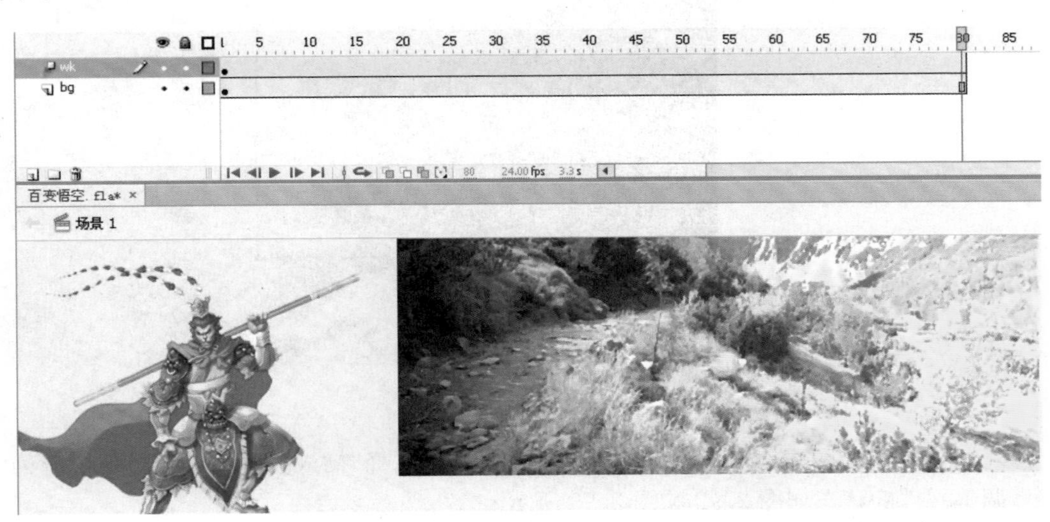

图 2.88　补间动画创建

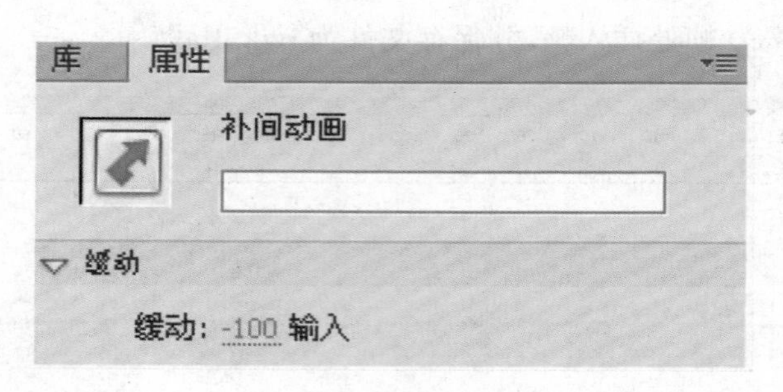

图 2.89　缓动值设置

5. 在“wk”图层第 15 帧右击鼠标选择“插入关键帧”/“位置”快捷菜单命令，如图 2.90 所示，并移动悟空的位置至舞台中，选择“任意变形工具”，对“wk”元件实例进行适当缩放，以实现近大远小的效果。如图 2.91 所示。

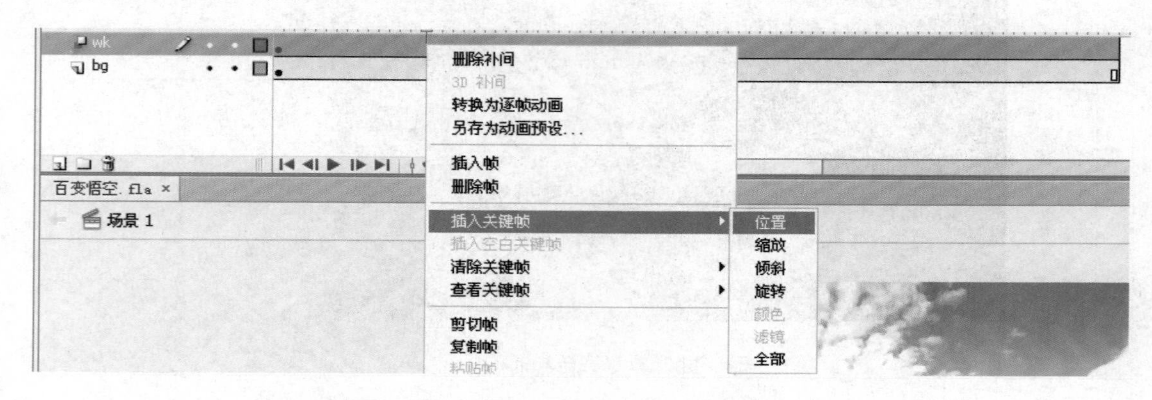

图 2.90　插入关键帧

图 2.91　调整位置

6. 分别在“wk”图层第 23 帧和第 30 帧处右击鼠标选择“插入关键帧”/“倾斜”快捷菜单命令，调整元件的状态如图 2.92 和图 2.93 所示。

图 2.92　第 23 帧　　　　图 2.93　第 30 帧

7. 在第 45 帧处右击鼠标选择“插入关键帧”/“旋转”快捷菜单命令，在舞台中移动悟空的位置，并进行适当的缩小，同时旋转图片一周。如图 2.94 所示。

图 2.94　旋转设置

8. 在第 55 帧处插入关键帧，在舞台中选择“元件”，并设置元件属性中“色彩效果”/“色调”为 26%、红 255、绿 255、蓝 102。如图 2.95 和图 2.96 所示。

图 2.95　舞台显示

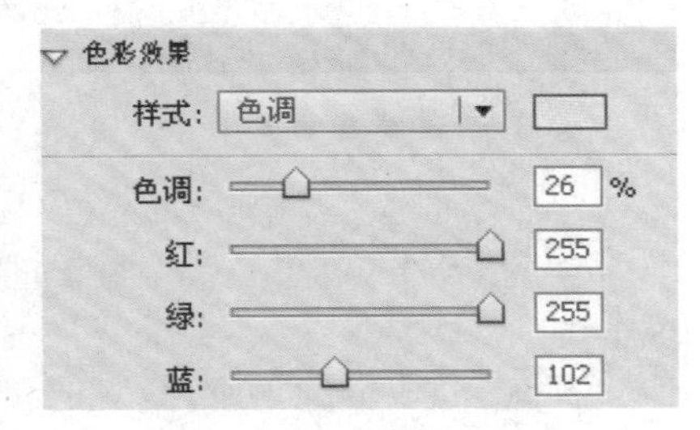

图 2.96　色彩效果

9. 在第 70 帧处插入关键帧，在舞台中右上方移动元件的位置，并单击“元件”，设置元件属性的 Alpha 值为 0。如图 2.97 和图 2.98 所示。

10. 保存文件，并测试影片。

图 2.97　舞台显示

图 2.98　Alpha 值设置

【案例 2】　光盘徽标广告

制作如图 2.99 所示的光盘徽标广告。

主要制作步骤:

1. 新建 ActionScript 2.0 文件,在舞台上右击鼠标,选择“文档属性”菜单命令,设置文档尺寸为 300×250 像素,舞台背景颜色为灰色,将图层 1 命名为“CD”。

2. 使用“椭圆工具”,去掉填充颜色,笔触颜色选择黄色,按下【Ctrl+Alt】,在舞台上拖动绘制一个正圆。如图 2.100 所示。

图 2.99　光盘徽标广告

图 2.100　绘制圆环

3. 选中正圆，选择“窗口”/“变形”命令，或按下【Ctrl＋T】，打开变形面板并输入变形值为 115%，约束比例，单击“复制并应用变形”命令，如图 2.101、图 2.102 所示。

图 2.101　变形复制圆环

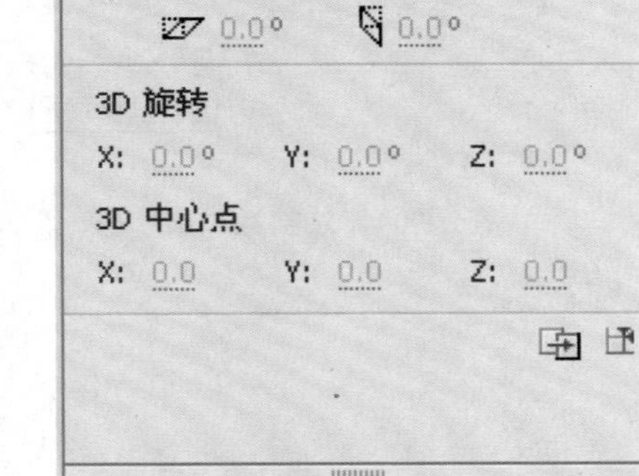

图 2.102　变形面板

4. 在圆环中填充彩色线性渐变，删除黄色线条，如图 2.103 所示。

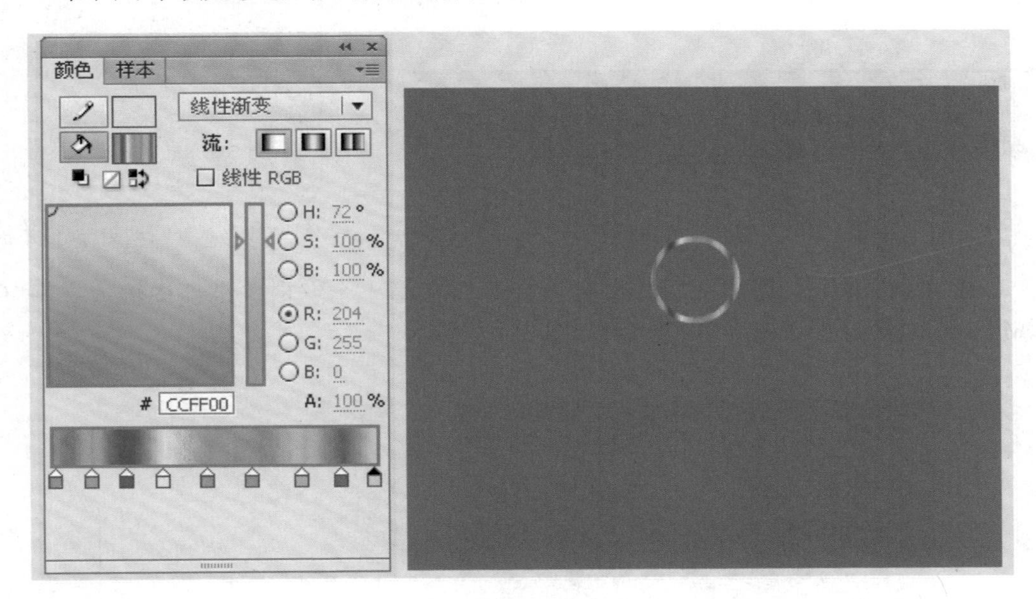

图 2.103　填充线性渐变

5. 选中彩色填充，选择“窗口”/“变形”命令，并输入变形值为 110%(当绘制圆环较窄时可选择输入变形值 105%来约束比例)，单击“复制并应用变形”命令多次，如图 2.104 和图 2.105所示。

6. 将形成的光盘图案转化为影片剪辑元件，并命名为“CD”。创建“CD”图层中第 1～20 帧的传统补间动画，如图 2.106 所示。在属性面板中选择“顺时针”/“1 次”，如图 2.107 所示。

图 2.104 复制并应用变形

图 2.105 复制后效果

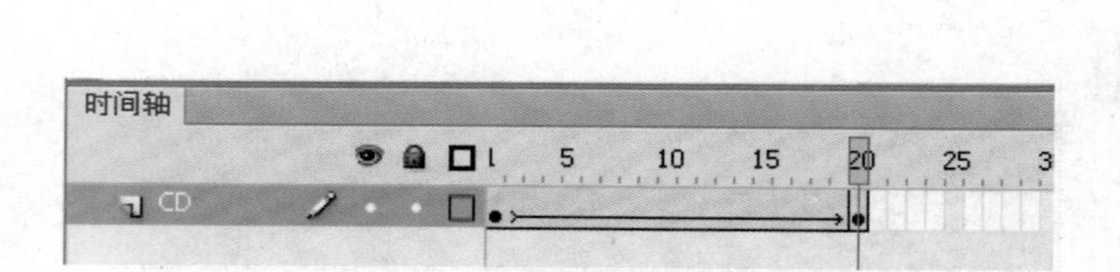

图 2.106 时间轴面板(19)

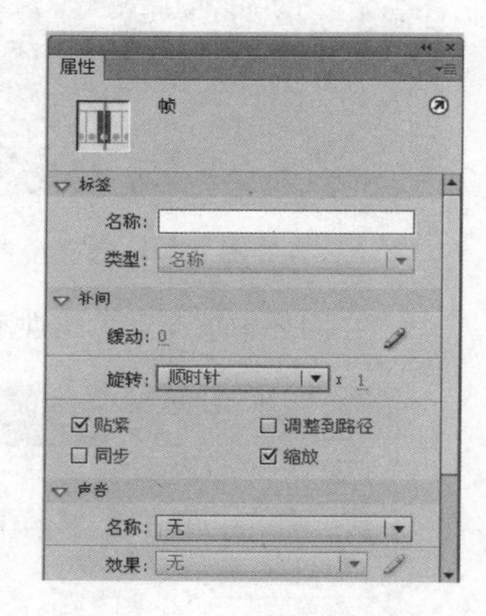

图 2.107 "补间动画"属性面板

7. 在"CD"图层上,新建图层并命名为"text",在第 1 个空白关键帧中输入文字"CD ROM",并按【Ctrl+B】键将文字分离,如图 2.108 所示。

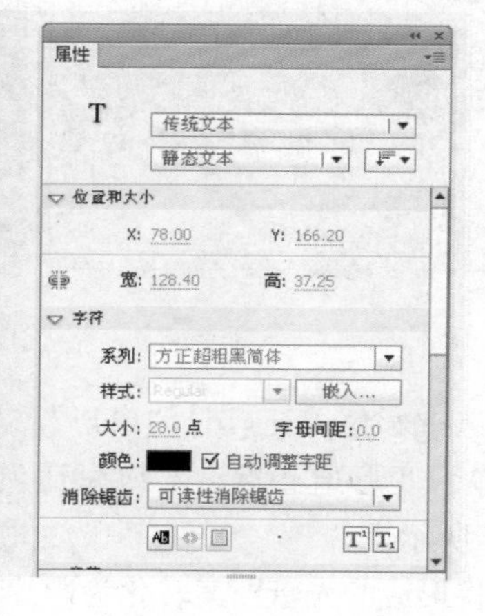

图 2.108 将文字分离

8. 选择“text”图层的第 2～5 帧，选择“转换为关键帧”快捷菜单命令。选择第 1 帧，删除其中的文字“DROM”，如图 2.109 所示。

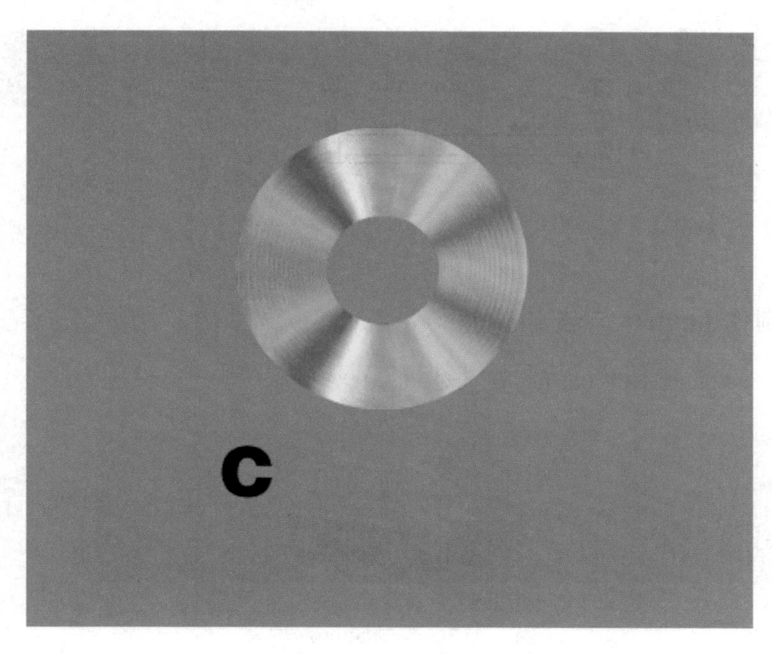

图 2.109　第 1 帧显示效果

9. 选择“text”图层的第 2 帧，删除其中的文字“ROM”，选择第 3 帧，删除其中的文字“OM”，选择第 4 帧，删除其中的文字“M”，如图 2.110 所示。

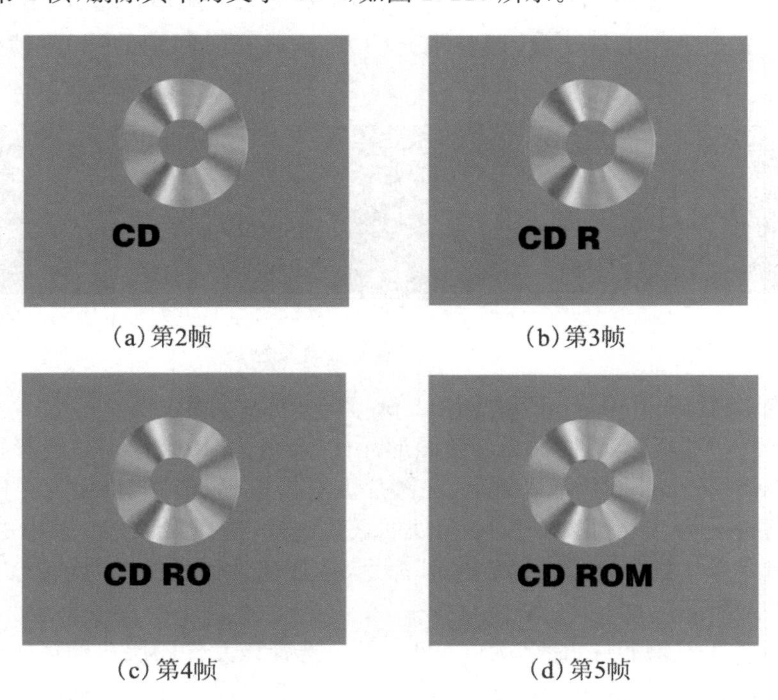

(a) 第2帧　(b) 第3帧

(c) 第4帧　(d) 第5帧

图 2.110　第 2～5 帧显示效果

10. 选择“text”图层的第 1～5 帧，将这 5 帧向右移动 1 帧，如图 2.111 所示，测试影片。

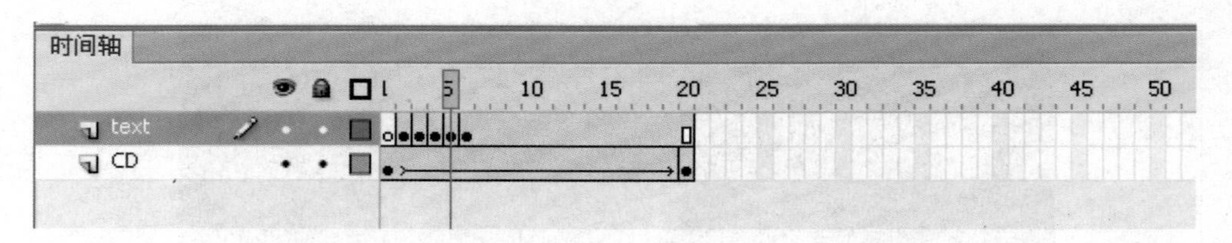

图 2.111　移动帧

【案例 3】　制作 banner 广告

制作如图 2.112 所示的 banner 广告。

图 2.112　汽车 banner 广告

主要制作步骤：

1. 新建 ActionScript 2.0 文件，设定舞台尺寸为 500×100 像素，背景为绿色（#00cc99）。

2. 将图层 1 命名为“bg”，在第 1 帧中绘制和舞台等大的矩形，填充浅蓝色至深蓝色的渐变，并使用“填充变形工具”，调整填充的方向，并在时间轴的第 65 帧处插入帧，如图 2.113所示。

图 2.113　设置舞台背景色

3. 将所需素材“minibus.png”和“wheel.png”导入库中待用。

4. 选择“插入”/“新建元件”命令新建图形元件，命名为“Rotation”。选择该元件图层 1 的第 1 帧，将“wheel.png”图片拖入舞台，在图片上右击鼠标，选择“转化为元件” 快捷菜单命令，并将元件命名为“wheel”，在第 10 帧处插入关键帧，选择第 1～10 帧中的任何一帧右击鼠标，在快捷菜单中选择“创建传统补间”命令，选择属性面板中的“旋转”为顺时帧旋转 1 次，如图 2.114所示。

5. 插入新影片剪辑元件，命名为“minibus2”。选择该元件图层 1 的第 1 帧，将汽车图片拖入舞台内，在图层 1 的第 10 帧处插入帧。新建图层 2，选择图层 2 的第 1 帧，将“rotation”元件拖入舞台两次，形成两个实例，分别覆盖图层 1 中汽车的两个轮子。如

图 2.115所示。

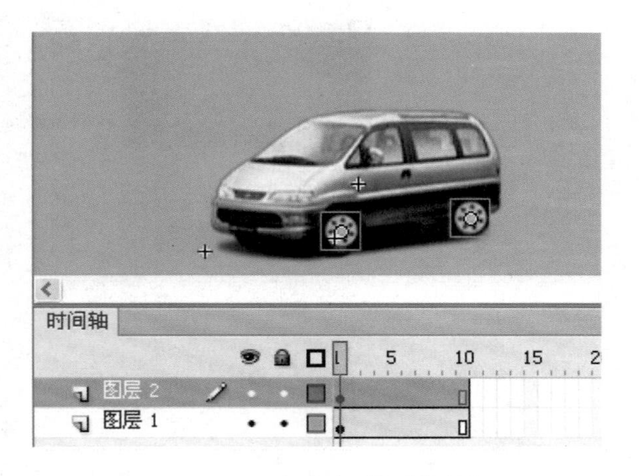

图 2.114　传统补间动画属性　　　　图 2.115　舞台和时间轴面板

6. 返回场景 1,在“bg”层上新建一层,命名为“minibus”,选择第 1 个关键帧,将“minibus2”元件拖动到舞台的右侧,调整元件的尺寸,在第 25 帧处插入关键帧,选择第 1～25 帧中的任何一帧,右击鼠标选择“创建传统补间”快捷菜单命令,将汽车从场外移至场景中心,在属性面板中选择缓动值为 100。如图 2.116 所示。

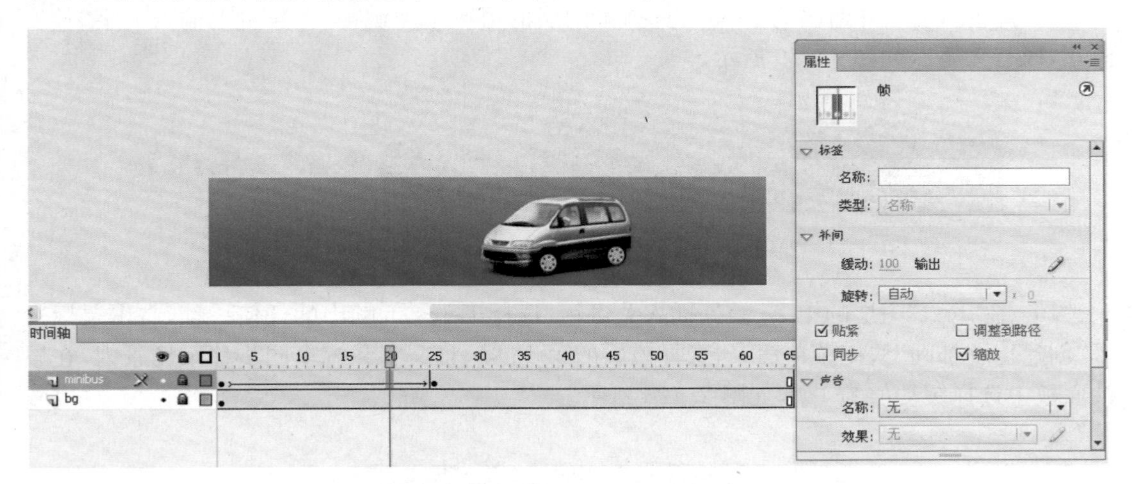

图 2.116　缓动值设置

7. 将“minibus”层的第 26、32 帧转化为关键帧,选择第 26 个关键帧,在舞台上单击汽车元件,在元件的属性面板中设置“色彩效果”/“样式”/“色调”为 62%,为汽车元件蒙上一层白色。如图 2.117 所示。

8. 在“汽车”图层的第 56 帧处插入关键帧,选择第 32～56 帧中的任何一帧,右击鼠标选择“创建传统补间”快捷菜单命令,选择第 56 帧,将汽车从场景中心左移至场外,在属性面板中选择缓动值为－100。如图 2.118 所示。

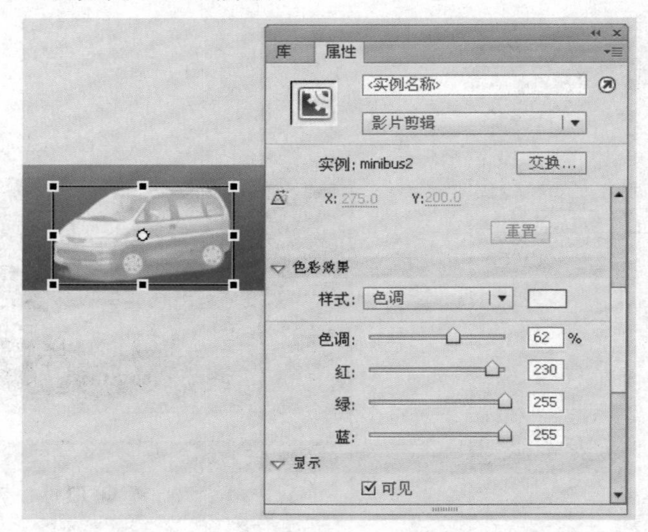

图 2.117　色彩效果设置

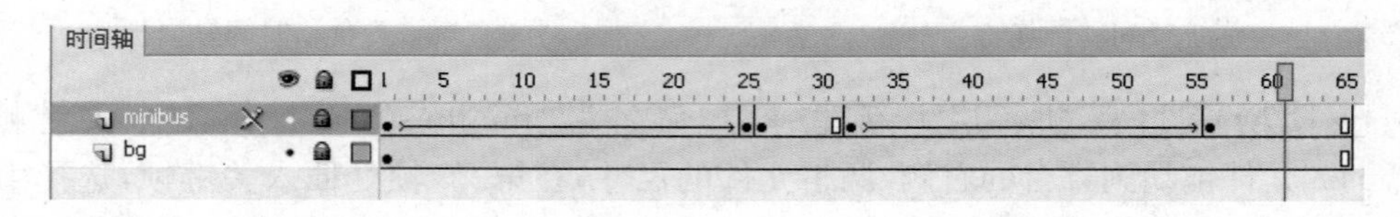

图 2.118　时间轴面板(20)

9. 新建图层 3 并命名为“text”，选择本图层的第 1 个关键帧，在舞台上输入文字“长安汽车，风行天下”，如图 2.119 所示。

图 2.119　舞台显示效果(2)

10. 在“text”图层的第 25 帧处插入关键帧，选择第 1～25 帧中的任何一帧，右击鼠标选择“创建传统补间”快捷菜单命令，选择该层的第 15 帧，将文字和汽车同步移至场景内，在属性面板中选择缓动值为 100，如图 2.120 所示。

图 2.120　舞台显示效果(3)

11. 将“text”图层的第 16 帧转化为关键帧，在第 32 帧处插入关键帧，选择第 16～32 帧中的任何一帧，右击鼠标选择“创建传统”快捷菜单命令，将文字从场景右侧移至场景中心，在属性面板中选择缓动值为－100。最终时间轴面板如图 2.121 所示。

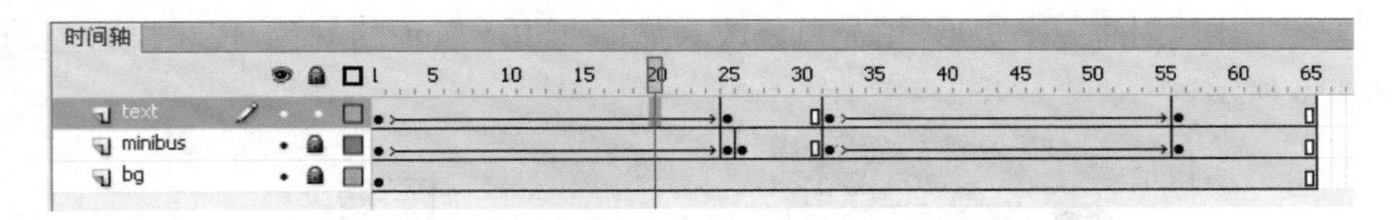

图 2.121　时间轴面板(21)

12. 保存并测试影片。

【案例 4】 发廊灯

制作效果如图 2.122 所示的发廊灯。

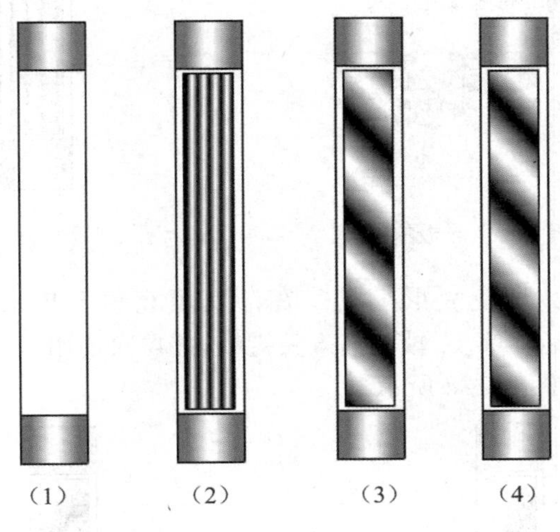

图 2.122　发廊灯效果

主要制作步骤：

1. 新建 Flash (ActionScript 2.0)文档，文档属性设为默认。
2. 选择工具箱中的“矩形工具”，绘制无填充色的矩形。
3. 选择“黑白线性渐变填充”，并在颜色面板中调整渐变色，如图 2.123 所示。
4. 在空白矩形的上下两端绘制矩形，如图 2.124 所示。

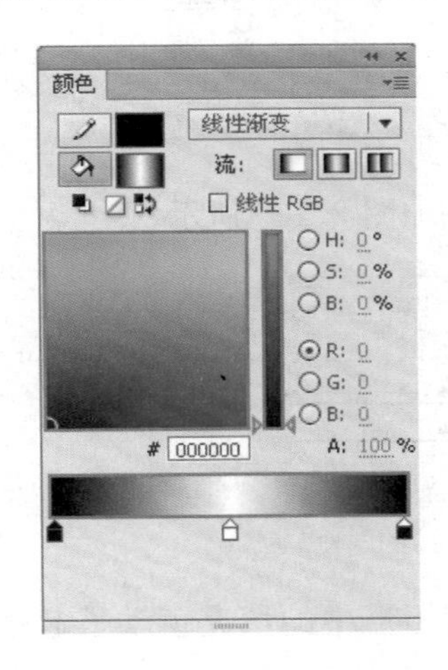

图 2.123　颜色面板的设置

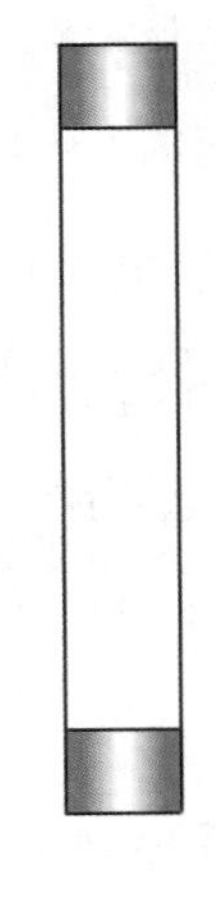

图 2.124　发廊灯外形

5. 新建图层，创建一个矩形，填充色修改为如图 2.125 所示的颜色，现在舞台上的矩形如图 2.126 所示。

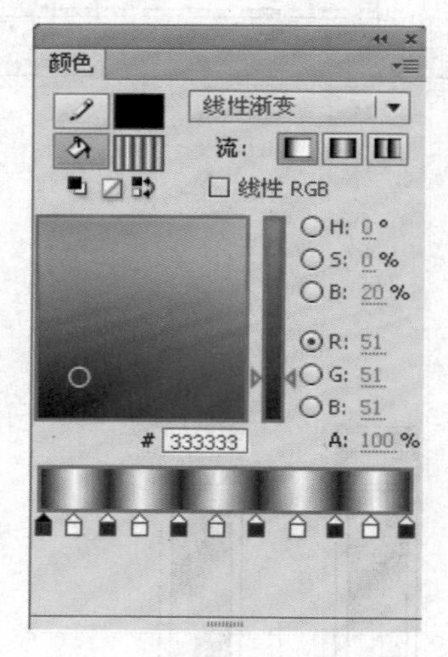

图 2.125 颜色面板的设置

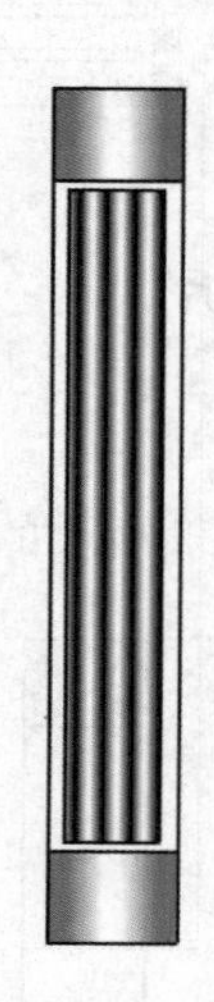

图 2.126 发廊灯外形

6. 选择工具箱中的“渐变变形工具”，在渐变填充色上单击鼠标，将颜色调整为如图 2.127所示的样子，然后在第 10 帧处插入关键帧，并再次使用“渐变变形工具”将这一帧上矩形的颜色移动一下，如图 2.128 所示。

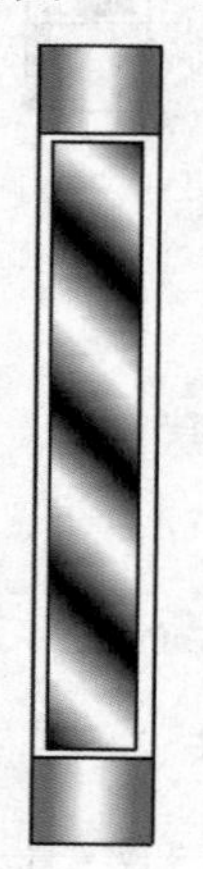

图 2.127 开始状态

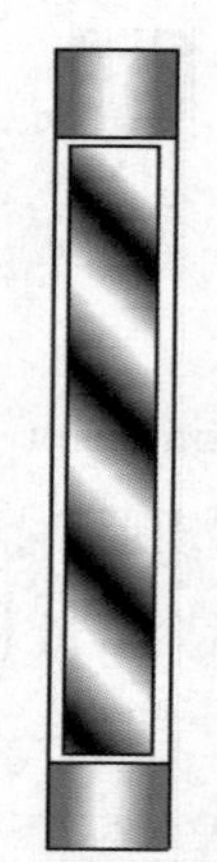

图 2.128 结束状态

7. 在两个关键帧中间创建补间形状，时间轴如图 2.129 所示。

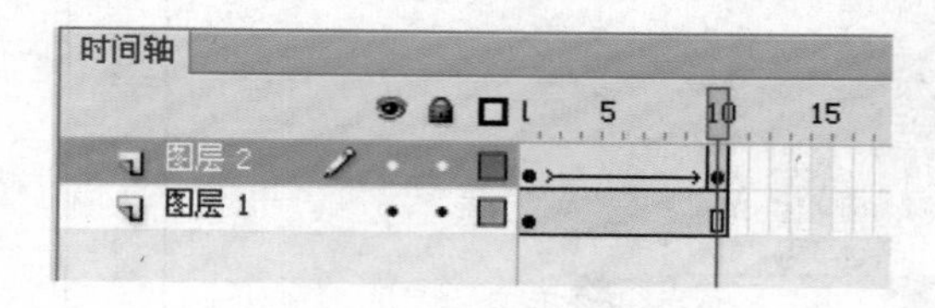

图 2.129 “发廊灯”的时间轴

8. 按【Ctrl＋Enter】键测试影片，我们看到矩形中的填充色动了起来，并且感觉是在旋转。

【案例 5】 Logo 特效动画

制作如图 2.130 所示的 Logo 特效动画。

图 2.130 Logo 特效动画

主要制作步骤：

1. 在图层 1 的第 1 帧中，使用“矩形工具”和“变形工具”，绘制如图 2.131 所示的图形。

2. 在第 15 帧处右击鼠标，选择“插入关键帧”(快捷键:【F6】)。选择“任意变形工具”，拖动鼠标将图形的上半部分选中，使用“倾斜”功能将图形变形，如图 2.132 所示。

图 2.131 绘制图形

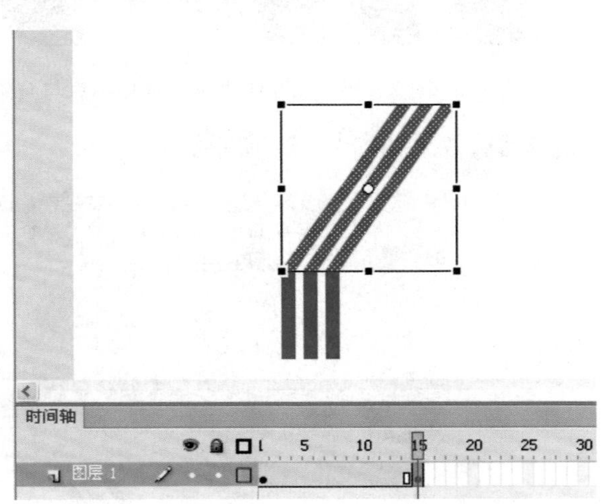

图 2.132 使用“任意变形工具”调整图形

3. 选择第 1～10 帧中的任何一帧，在快捷菜单中，选择“创建补间形状”，创建形状补间动画。如图 2.133 所示。

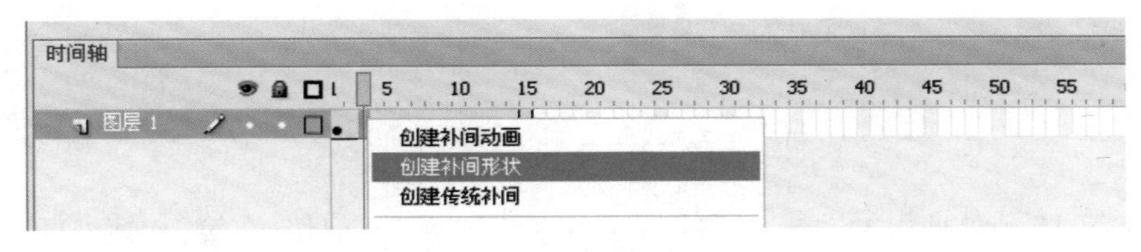

图 2.133 创建形状补间动画

4. 选择“控制”/“播放”命令，浏览动画。如图 2.134 所示，补间中的过渡状态并不理想。

5. 选择第 1 帧作为当前帧，选择“修改”/“形状”/“添加形状提示”菜单命令(快捷键:【Ctrl+Shift+H】)，在形状的中心出现红色的“形状提示”●，连续添加，并移动形状提示到图形的特定点上，如图 2.135 所示。

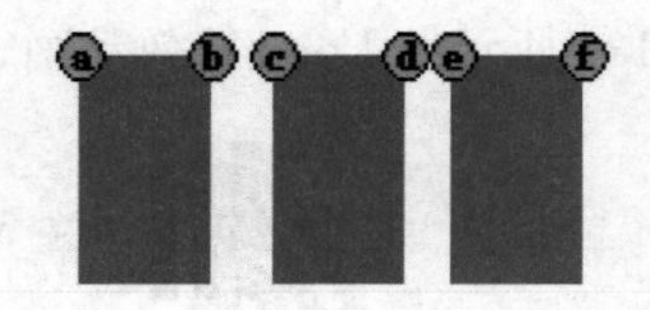

图 2.134　播放形状变形　　　　　　图 2.135　添加形状提示并移到特定点

6. 选择第 15 帧，会发现也有 6 个形状提示。将“形状提示”移到特定点，与开始帧（第 1 帧）对应。此时，提示点将变成绿色，而开始帧中的提示点将变成黄色。如图 2.136 所示。

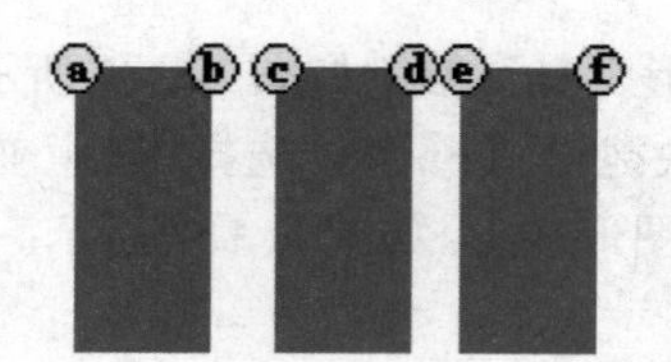

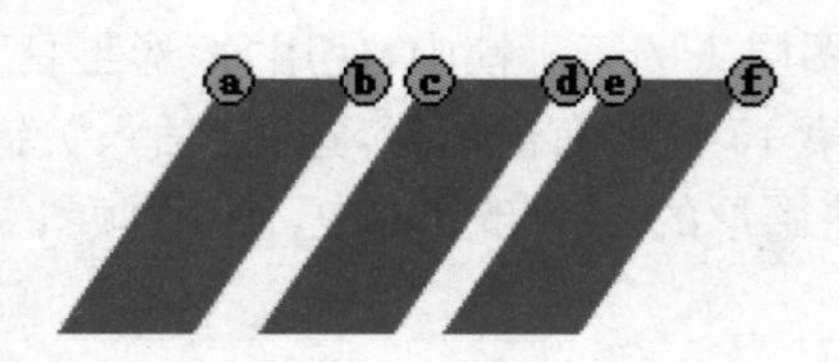

图 2.136　调整结束帧中的提示点与开始帧的提示点对应

7. 播放动画，效果如图 2.137 所示。

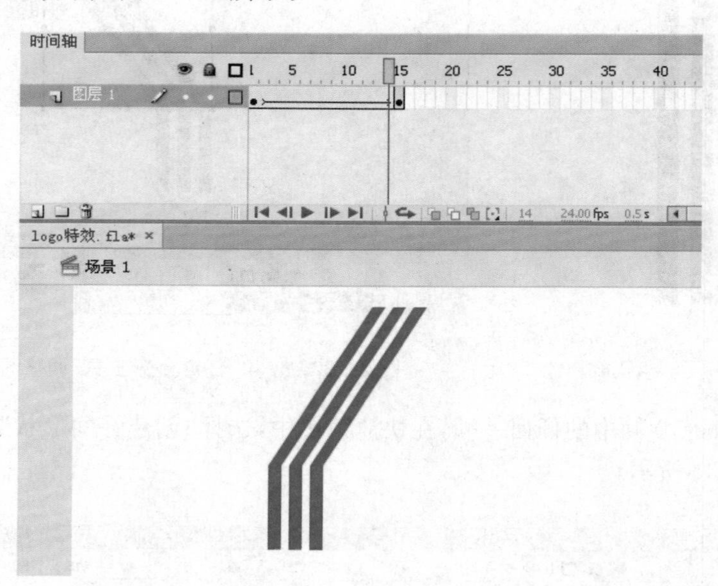

图 2.137　形状变形效果

8. 在第 16 帧处插入关键帧，选择图形的上面 1/3 部分，剪切，在第 70 帧处插入帧。新建图层 2，并拖放到图层 1 下面，在第 16 帧处插入关键帧，在舞台中右击鼠标，选择“粘贴到当前位置”快捷命令，如图 2.138 所示。

9. 在第 25 帧处插入关键帧，使用“任意变形工具”修改图形，如图 2.139 所示。

10. 在两帧中间创建形状补间，并添加形状补间，如图 2.140 所示。

11. 新建图层命名为“text”，在本图层的第 25 帧处输入文字“无穷科技有限公司”，并把文字转化为影片剪辑元件，如图 2.141 所示。

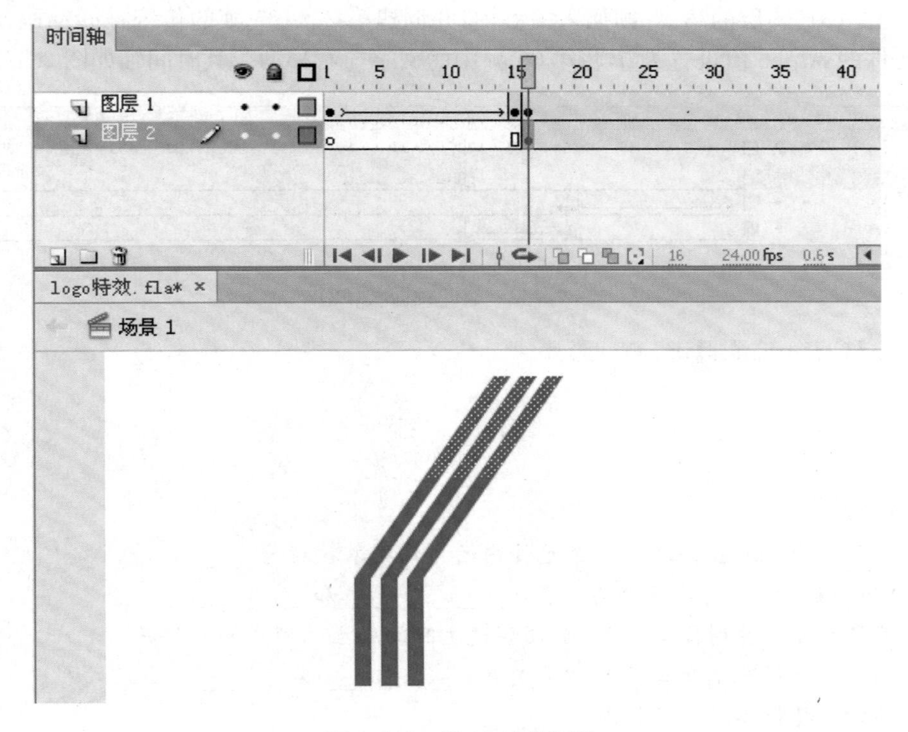

图 2.138　第 16 帧的图形

图 2.139　修改后的图形

图 2.140　添加形状提示

图 2.141　添加文字效果

12. 在"text"图层的第 35 帧插入关键帧，并创建第 25～35 帧的传统补间动画，将第 25 帧中的元件的 Alpha 值设置为 0，将第 35 帧中的文字向右移动。其时间轴如图 2.142 所示。

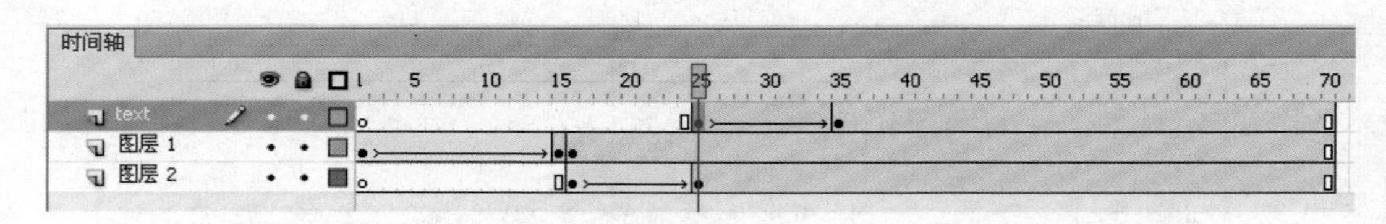

图 2.142　时间轴面板(22)

13. 按【Ctrl＋Enter】键，测试影片。

习　　题

1. 填空题

(1) 位于舞台上或嵌套在另一个元件内的元件副本被称为______。

(2) Flash CS6 中，元件可分为 3 类：______、______和______。

(3) 不能独立于主时间轴播放，必须放进主时间轴上的帧中的元件是______。

(4) Flash CS6 中，补间动画可以分为：______、______和______。

(5) 添加形状提示的快捷键是______。

2. 单项选择题

(1) 交互式控件和声音在其中不起作用的元件类型是(　　)。

A. 图形元件　　B. 影片剪辑元件　　C. 按钮元件　　D. 实例

(2) 和主时间轴动画一样，在关键帧上可以包含程序代码的元件类型是(　　)。

A. 图形元件　　B. 影片剪辑元件　　C. 按钮元件　　D. 实例

(3) 时间轴有 4 个状态帧，可以通过其实现交互的元件类型是(　　)。

A. 图形元件　　B. 影片剪辑元件　　C. 按钮元件　　D. 实例

(4) 当希望运动渐变不是按匀速进行时可以调节的动作补间动画的(　　)。

A. 旋转　　B. 缩放　　C. 缓动　　D. 同步

(5) 为形状补间动画添加形状提示的快捷键是(　　)。

A. 【Ctrl ＋ Enter】　　B. 【Ctrl ＋ Shift ＋ T】

C. 【Ctrl ＋ Shift ＋ H】　　D. 【Ctrl ＋ H】

项目 3 动画片头设计

目前，为建立良好的品牌形象，许多公司运用 Flash 和 Dreamweaver 技术来构建内容丰富的电子商务网站，并创造性地利用互联网向客户做宣传。

动画片头是起引导和展示作用的，其本身不包含太大的信息量，在其中出现的图片及文字一般都要遵循简洁明了的特点，以便使观者直观地认识到所要进入的网站的一些信息，并通过此信息来加深观者对此站点的印象。动画片头要短小精悍，其时间大约只有几十秒，但在这短短的时间之内就要表现出网站的精华所在，任何一个风格独特、富于个性化的网站片头都是画面视觉艺术巧妙结合的典范，它包含着多方面、多角度的综合知识。

网站动画片头设计的总体目标是塑造极具震撼效果的网站入口动画，引导网站整体风格，突出企业特征形象。网站动画片头设计必须符合网站的整体规划，网站建设必须完整、合理地体现和突出企业形象，在网站片头设计创意时，要从网站的整体风格出发，考虑浏览者的特点，力争做到片头设计简洁大气、现代、稳重，给来访者留下深刻印象。片头动画是公司品牌和理念的最佳演示，要在充分了解客户想要表达的概念和价值观念的基础上制作出具有出色的创意，同时还要符合网络要求的、绚丽的动画效果。

3.1 项目描述

本项目是为“水云间”房地产公司多媒体宣传片制作片头动画，通过片头制作能够体现绿色环保、和谐自然的主题含义，其他辅助元素可以根据主题进行合理构思，片头的尺寸大小为 800×450 像素。成片效果图如图 3.1～图 3.3 所示。

图 3.1　成片效果图(3)

图 3.2　成片效果图(4)

图 3.3　成片效果图(5)

3.2　教学目标

能力目标

1. 能够独立进行片头动画设计；
2. 能够根据主题把握片头动画的节奏；
3. 能够根据整站要求合理布局片头动画。

知识目标

1. 掌握引导线动画的制作方法；
2. 掌握遮罩动画的制作方法。

情感目标

1. 提高学生的审美能力；
2. 积累学生的设计经验。

3.3 设计理念

创意要与网站整体风格一致，准确地表现站点的内容和相关信息，准确地把握节奏，给人以深刻而鲜明的印象。

片头并没有一成不变的模式，要充分发挥自由创作、超越现实的优势，充分发挥设计者的创造力、想象力，摆脱思想束缚，设计个性片头。

充分利用文字特效、光线效果，并通过构图处理、色彩表现、配音配乐等方法使片头形成自己的节奏和风格。

不同的动画节奏，需要不同的动画效果来处理。如果节奏悠扬舒缓，元素的动态效果则采用移动、淡入淡出、条形遮罩等表现方式。如果节奏紧张、快捷，则多采用闪动、高速位移、旋转、耀眼光芒等表现方式。好的作品不是效果的累加，效果应为内容服务。我们要学习大师的精髓，也要有原创的东西。

3.4 制作任务

【任务 1】 为动画添加制作背景

操作步骤：

1. 新建 Flash(ActionScript 2.0)文档，设置舞台尺寸大小为 800×450 像素，舞台背景为白色，如图 3.4所示。

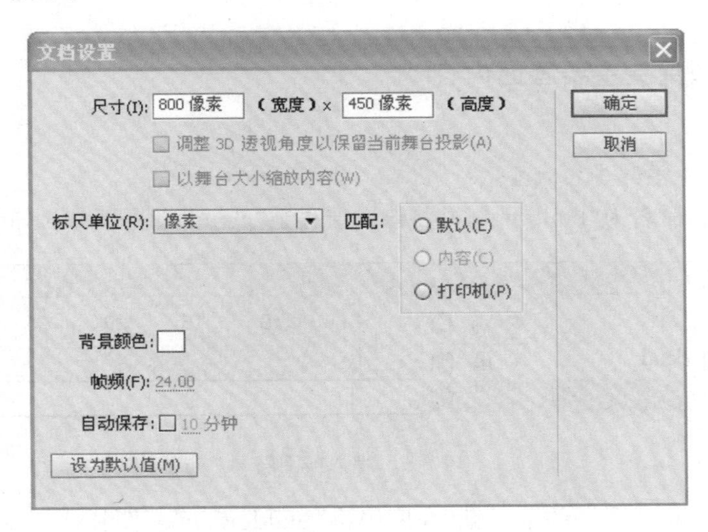

图 3.4 文档设置

2. 单击"文件"/"导入"/"导入到库"菜单命令，将所需图片素材导入库中待用。

3. 将图层1重命名为"cloud"，将"cloud. png"图片拖入舞台，放在"cloud"层的第1帧，图片和舞台对齐且等大，并在时间轴的第341帧处插入帧，如图3.5所示。

图3.5　图层舞台显示

4. 将图片转化为影片剪辑元件，并命名为"cloud"，然后在第245帧处插入帧。将第5帧转化为关键帧，创建第1～5帧的传统补间动画，设置第1帧中"cloud"元件的Alpha值为0，完成背景淡出动画制作，并将该图层锁定。如图3.6所示。

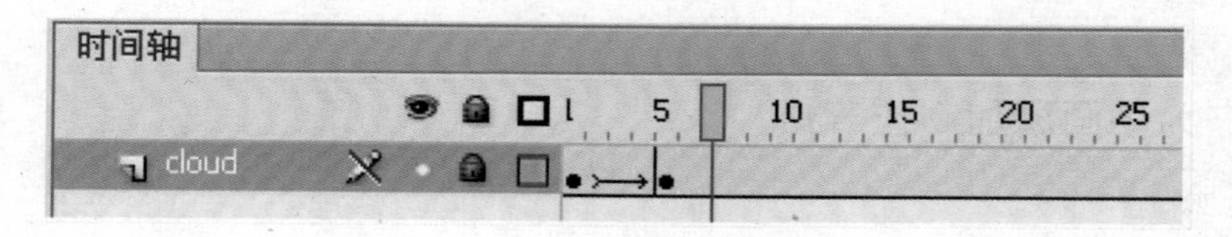

图3.6　时间轴面板(23)

5. 保存文件为"片头动画. fla"。

【任务2】　添加片头主要画面内容

操作步骤：

子任务1：完成楼群淡入动画

1. 新建图层，命名为"building"，并将该图层移至"cloud"图层下方。如图3.7所示。

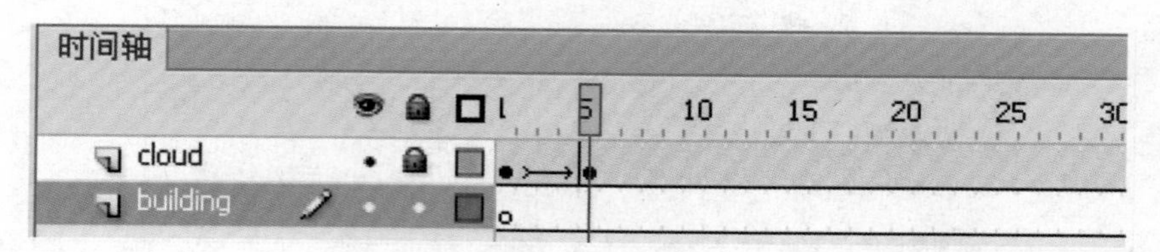

图3.7　插入新图层

2. 选择"building"图层的第1帧，在库中将"building. png"图片拖入舞台，并调整适当的大小和位置，如图3.8所示。

3. 在"building. png"图片上右击鼠标，选择"转化为元件"快捷菜单命令，将图片转化为影片剪辑元件，并命名为“building”。

4. 将“building”图层的第10帧转化为关键帧，创建第1～5帧的传统补间动画，在属性面板中设置第1帧中元件实例的Alpha为0，完成楼群的淡入动画，如图3.9所示。

图3.8　新图层显示效果

图3.9　Alpha值设置

子任务2：完成楼群中的水纹效果

1. 在“building”元件上双击鼠标，进入元件的编辑状态。将“building”元件中的图层1命名为“building1”，在第20帧处插入帧。

2. 新建图层命名为“building2”，选择“building1”图层的第1帧右击鼠标选择“复制帧”快捷菜单命令，并在“building2”图层的第1帧处粘贴帧，如图3.10所示。

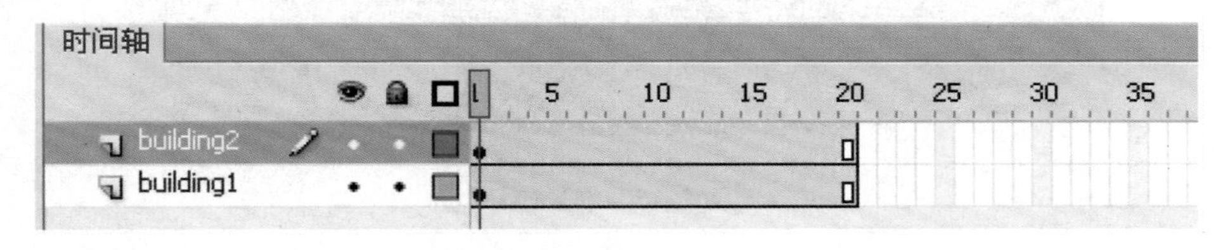

图3.10　时间轴面板(24)

3. 在“building2”图层上方新建图层，并命名为“water wave”，选择该图层的第1帧，将视图的显示比例设置为200%，在窗口中绘制长方形，填充颜色任选，笔触颜色设为无，如图3.11所示。

4. 使用“选择工具”选择此长方形，按下【Alt】键拖动，可对长方形进行复制，复制多个长方形并变形后效果如图3.12所示。

图 3.11 绘制长方形

图 3.12 复制并变形

5. 使用“选择工具”，将绘制的矩形进行变形，如图 3.13 所示。

图 3.13 变形(1)

6. 选择绘制的所有形状，右击鼠标选择“转化为元件”快捷菜单命令，将绘制形状转化为影片剪辑元件，并命名为“wave”，选择“任意变形工具”，将变形中心移至水波形状的顶端，如图 3.14所示。

7. 将“waterwave”图层的第 20 帧转化为关键帧，创建第 1～20 帧的传统补间动画，第 1 帧中水纹的效果如图 3.15 所示，第 20 帧的水纹效果使用“任意变形工具” 变形后的效果如图 3.15 所示。

8. 在“waterwave”图层上右击鼠标选择“遮照层”快捷菜单命令，如图 3.16 所示。

图 3.14　转化为元件并改变注册点

图 3.15　变形(2)

图 3.16　建立遮罩层

9. 将视图显示设置 100%，选择“building1”图层中的第 1 帧中的图片，选择【↓】方向键，使图像向下微微移动，完成水纹效果，完成后时间轴如图 3.17 所示。

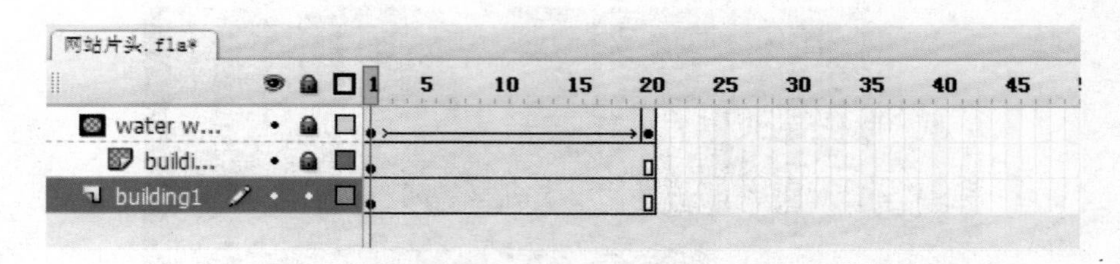

图 3.17　时间轴面板(25)

图 3.18　切换到主场景

10. 切换到主场景,如图 3.18 所示,在“building”图层的第 150 帧处插入空白关键帧,按【Ctrl+Enter】键测试影片观看水纹效果。

子任务 3:载入视频文件

1. 在“building”图层上方新建图层,命名为“environment”,在 150 帧处插入空白关键帧,如图 3.19 所示。

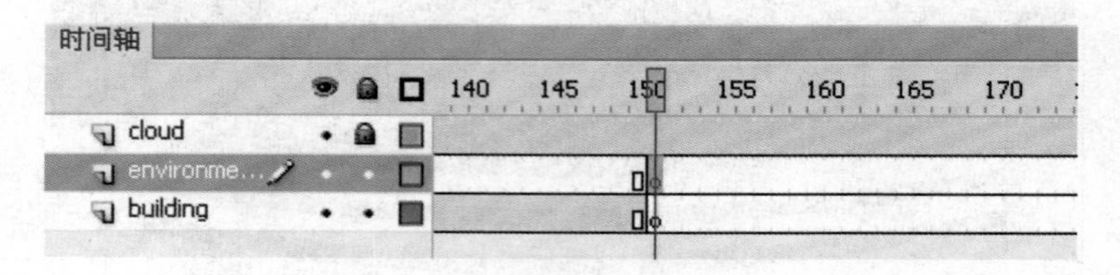

图 3.19　插入图层

2. 选择“文件”/“导入”/“导入视频”命令,打开对话框,选择“浏览”,选中素材文件夹中的“01.flv”视频文件,选择“在 SWF 中嵌入 FLV 并在时间轴中播放”,如图 3.20 所示。

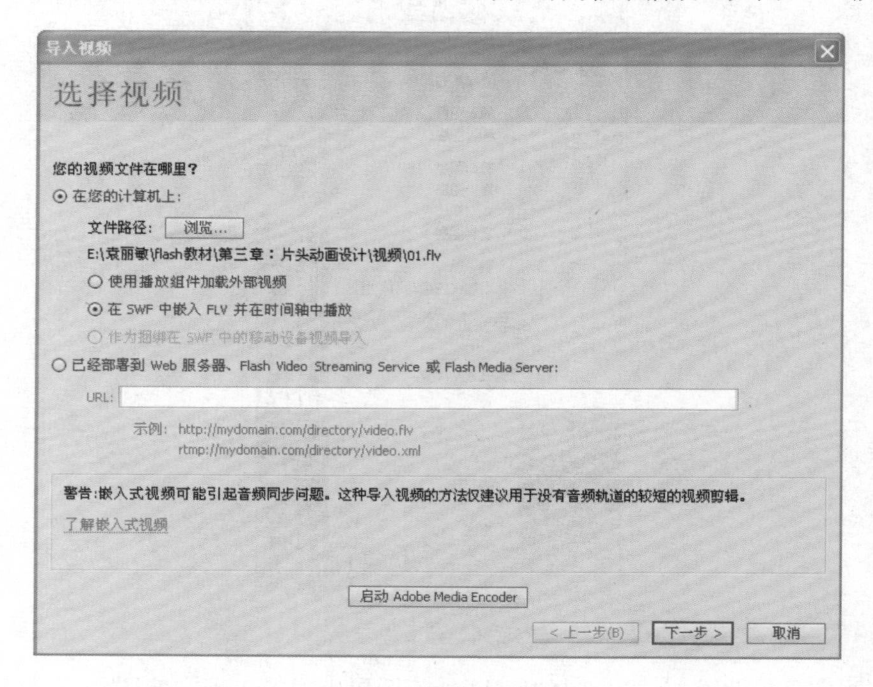

图 3.20　导入视频对话框

3. 单击“下一个”按钮，在打开的对话框中选择“将实例放置在舞台上”和“如果需要，可扩展时间轴”两个选项，不加载声音，如图 3.21 所示。

图 3.21　导入视频对话框

4. 单击“下一个”按钮。如图 3.22 所示。

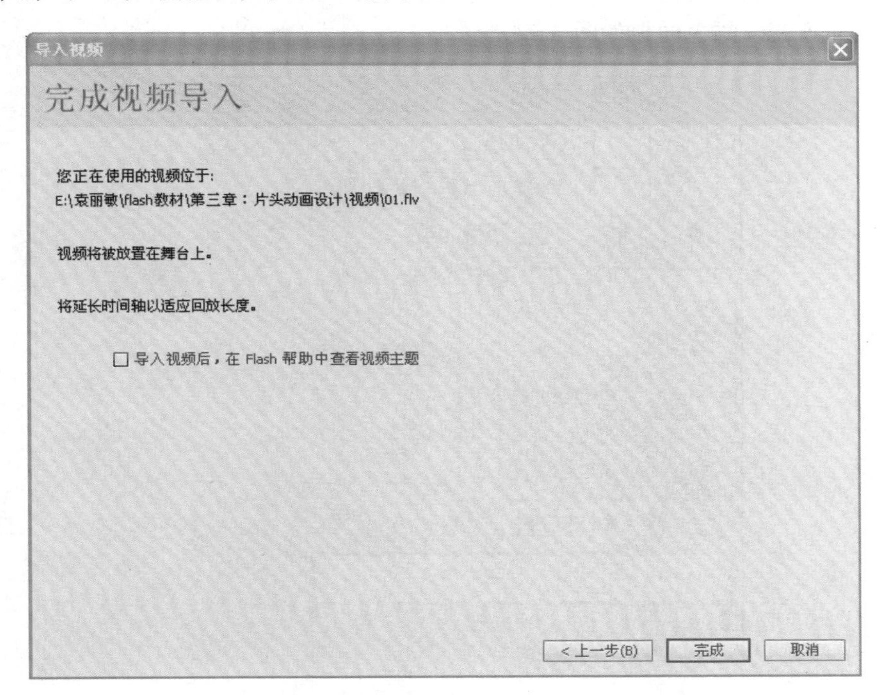

图 3.22　导入视频对话框

5. 单击“完成”按钮，完成视频导入，在舞台中调整视频所在位置，完成“绿色优美环境”部分内容制作，保存文件。如图 3.23 所示。

图 3.23 视频加载效果

子任务 4：添加云雾效果

1. 在“environment”图层新建一层，命名为“wu”，使用“矩形工具”，在本图层的第 1 帧中绘制矩形，去掉笔触颜色，设置填充颜色为白色（Alpha 值为 0%）至白色（Alpha 值为 100%）的径向渐变。颜色面板如图 3.24 所示。

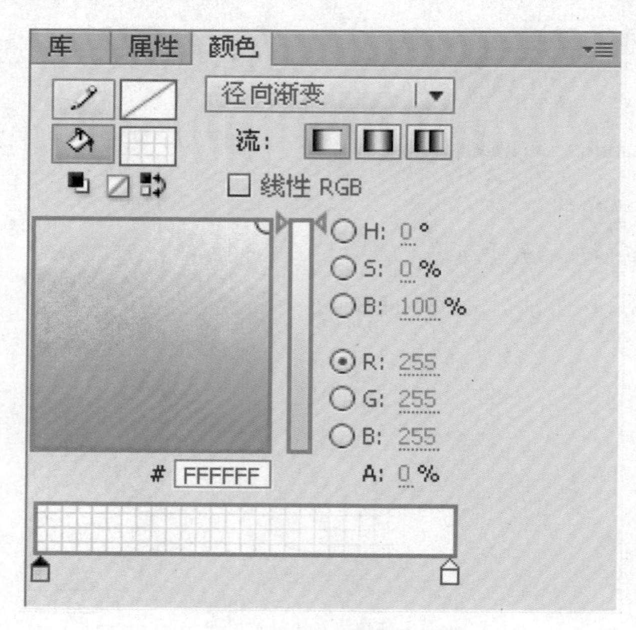

图 3.24 颜色面板设置

2. 绘制矩形如图 3.25 所示。

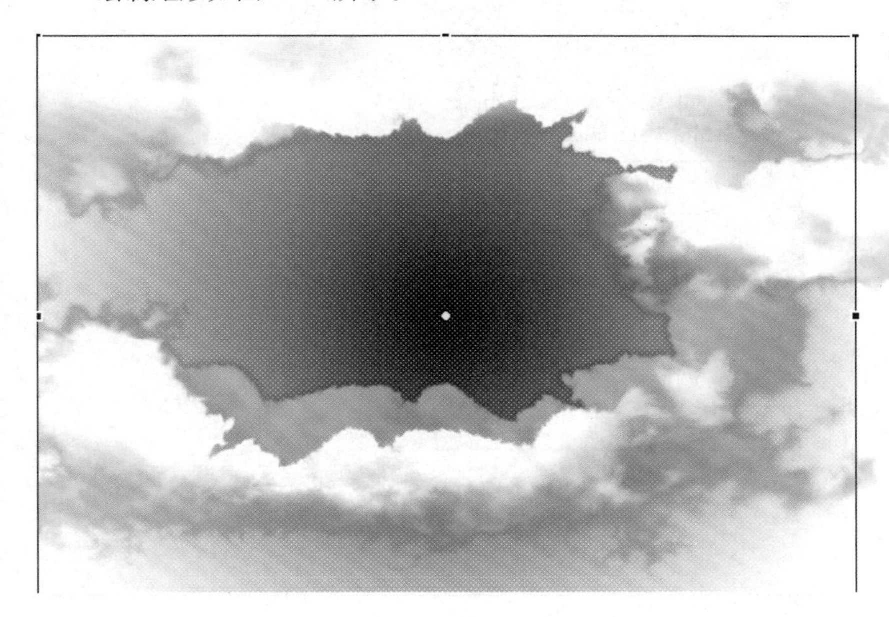

图 3.25　绘制矩形

3. 选择“wu”图层的 150 帧参照下一层的视频文件，使用“渐变变形工具”和颜色面板中色标的位置，调整矩形的透明区域的大小，如图 3.26 和图 3.27 所示。

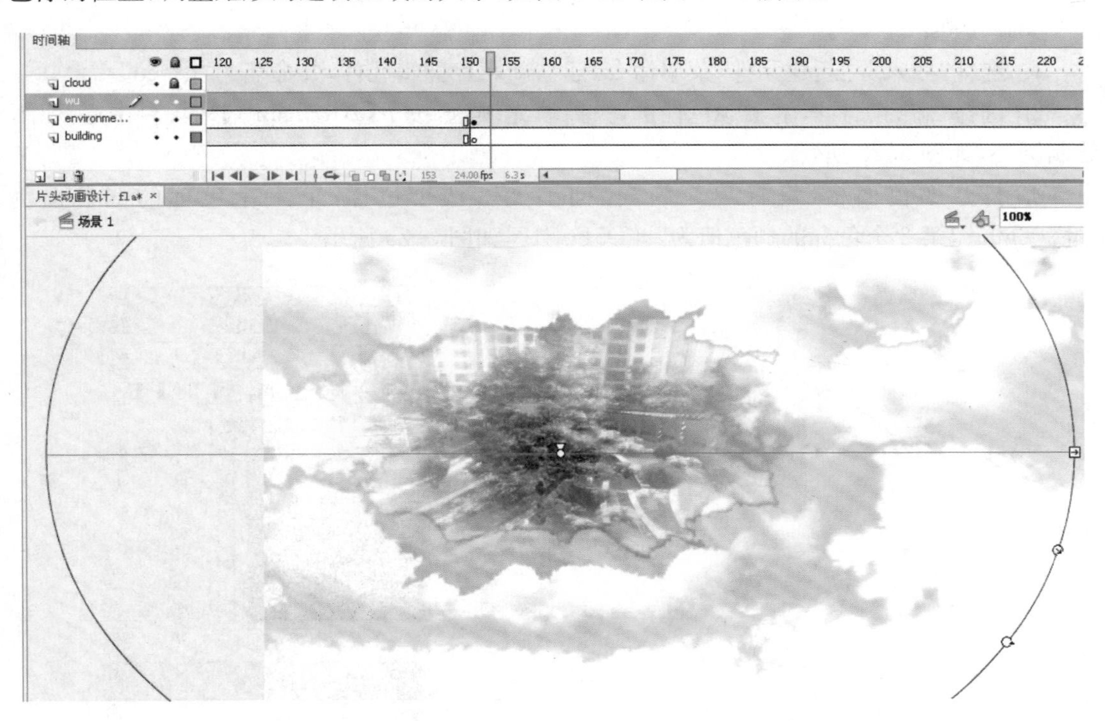

图 3.26　调整透明区域

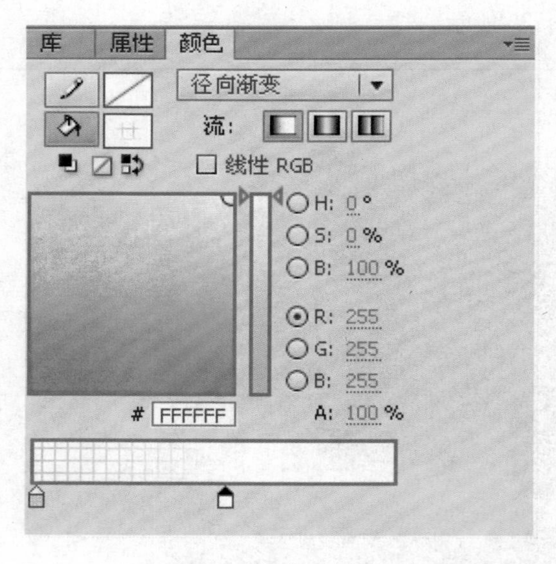

图 3.27　颜色面板设置

4. 测试影片观看效果,并保存文件。

【任务 3】　中间过渡动画效果制作

子任务 1:完成圆环按钮的制作

操作步骤:

1. 选择"插入"/"新建元件"菜单命令,建立新影片剪辑元件,并命名为"green"。

2. 选择"椭圆工具",笔触颜色任选,去掉填充颜色,按下【Alt+Shift】从舞台中心开始,绘制圆环,如图 3.28 所示。

3. 打开颜色面板,设置填充为"径向渐变",两个色标,第 1 个色标的颜色值为"＃006600",第 2 个色标的颜色值为"＃D5F0C1",如图 3.29 所示。

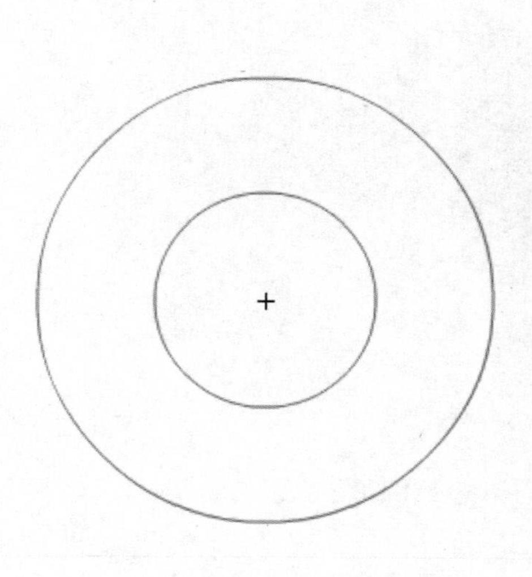

图 3.28　绘制圆环

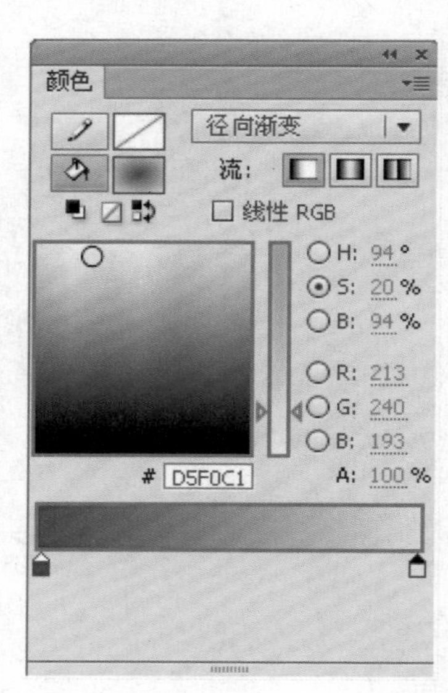

图 3.29　颜色设置

4. 使用“填充工具”，对圆环进行填充，并使用“渐变变形工具”，将渐变填充的中心移至与舞台中心重合，如图 3.30 所示。

5. 使用“墨水瓶工具”，为圆环添加边线，选择笔触颜色为“白色”，笔触高度为“2”。

6. 选中绘制的全部形状，右击鼠标使用“转化为元件”快捷菜单命令，将绘制形状转化为影片剪辑元件，并命名为“circle”。

7. 选择舞台上的“circle”元件实例，打开属性面板，为元件增加“投影”滤镜效果，如图 3.31所示。

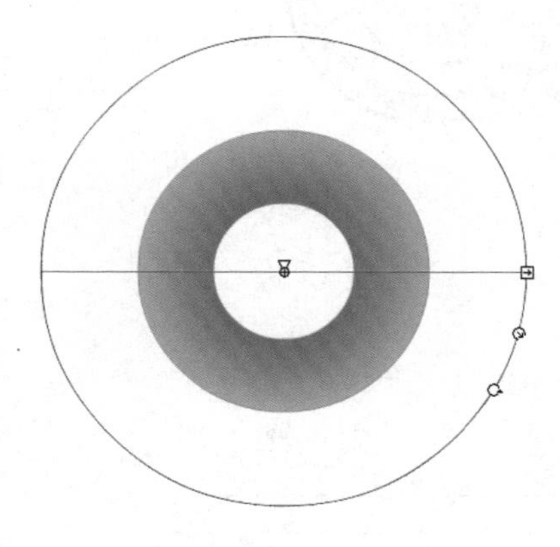

图 3.30　填充变形

属性	值
▼ 投影	
模糊 X	5 像素
模糊 Y	5 像素
强度	100 %
品质	低
角度	45 °

图 3.31　添加滤镜效果

8. 最终完成圆环效果，如图 3.32 所示。

9. 切换到主场景，选择“插入”/“新建元件”菜单命令，建立新影片剪辑元件，并命名为“orange”，以同样的方法绘制橙色圆环，圆环填充的两个色标颜色分别为“＃FF9900”“＃FFEFCC”，完成效果如图 3.33 所示。

图 3.32　绿色圆环效果图

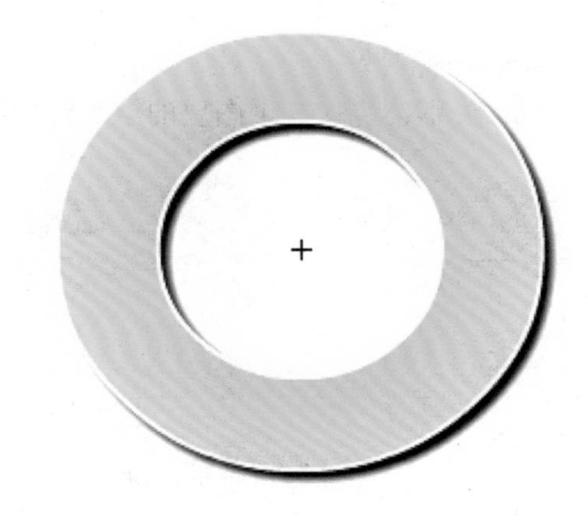

图 3.33　橙色圆环效果图

10. 在主场景中“cloud”图层上新建图层“circle1”“circle2”“circle3”，在 3 个图层的第 5 帧处插入空白关键帧，分别插入圆环，顺序为绿、橙、绿，调整位置和大小如图 3.34 所示。

11. 同时选中“circle1”“circle2”“circle3”图层的第 10 帧，转换为关键帧，并分别创建这

3 层中第 1～10 帧的传统补间动画，如图 3.35 所示。

图 3.34　舞台显示效果(4)

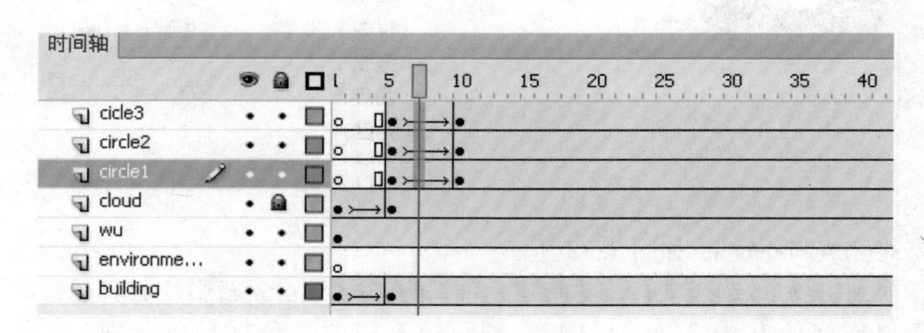

图 3.35　时间轴面板(26)

12. 同时选中这 3 个图层的第 5～10 帧中的任何一帧，在属性面板中设置缓动值为 100，旋转为顺时针旋转 1 次。如图 3.36 所示。

13. 分别设定这 3 个图层的第 1 帧中的元件实例的 Alpha 值为 0。如图 3.37 所示。

图 3.36　传统补间动画属性设置

图 3.37　元件 Alpha 值设置

14. 分别将“circle2”“circle3”图层的传统补间向后移动 5 帧，如图 3.38 所示。

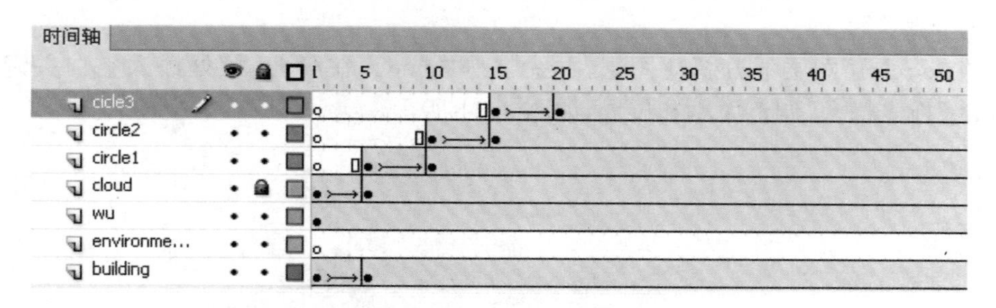

图 3.38　时间轴面板(27)

15. 按【Ctrl+Enter】键测试影片，观看圆环按钮的制作效果，保存文件。

子任务 2：添加人物

操作步骤：

1. 在“circle3”图层上新建图层“family”，在第 20 帧处插入空白关键帧，将库中的“family.png”图片拖入舞台并调整合适的位置，并转化影片剪辑元件，命名为“family”，如图 3.39所示。

图 3.39　舞台显示效果(5)

2. 将“family”图层的第 30 帧转化为关键帧，创建第 20～30 帧的传统补间动画，并设置第 20 帧中“family”元件实例的 Alpha 值为 45%，完成人物的淡入效果，时间轴面板如图 3.40所示。

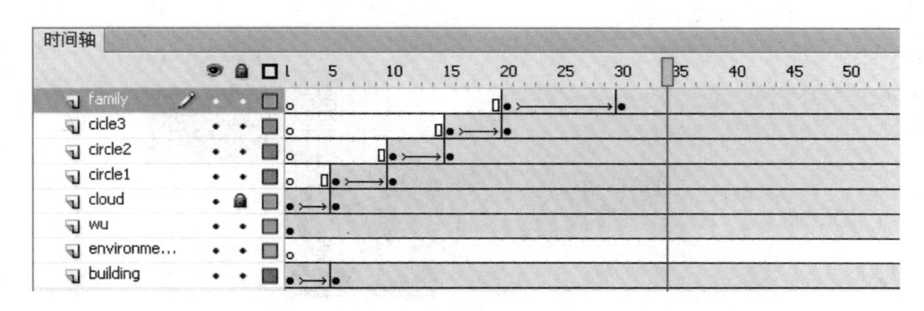

图 3.40　时间轴面板(28)

子任务 3:添加藤蔓

操作步骤:

1. 在"circle1"图层下方新建图层,并命名为"vine",在第 30 帧处插入空白关键帧,将"vine. png"拖入舞台,调整大小和位置,如图 3.41 所示。

图 3.41 舞台显示效果(6)

2. 在"vine"图层上方新建图层,命名为"mask",在第 30 帧处插入空白关键帧,并在舞台上绘制矩形,并使矩形覆盖藤蔓。如图 3.42 所示。

图 3.42 绘制矩形

3. 将矩形转化为影片剪辑元件,命名为"box"。

4. 将"mask"图层的第 40 帧转化为关键帧,创建第 30～40 帧的传统补间动画,并将第 30 帧的"box"移至藤蔓右侧,如图 3.43 所示。

图 3.43 移动矩形

5. 在“mask”图层上右击鼠标，选择“遮罩层”快捷菜单命令，完成藤蔓逐渐出现的效果。时间轴如图 3.44 所示。

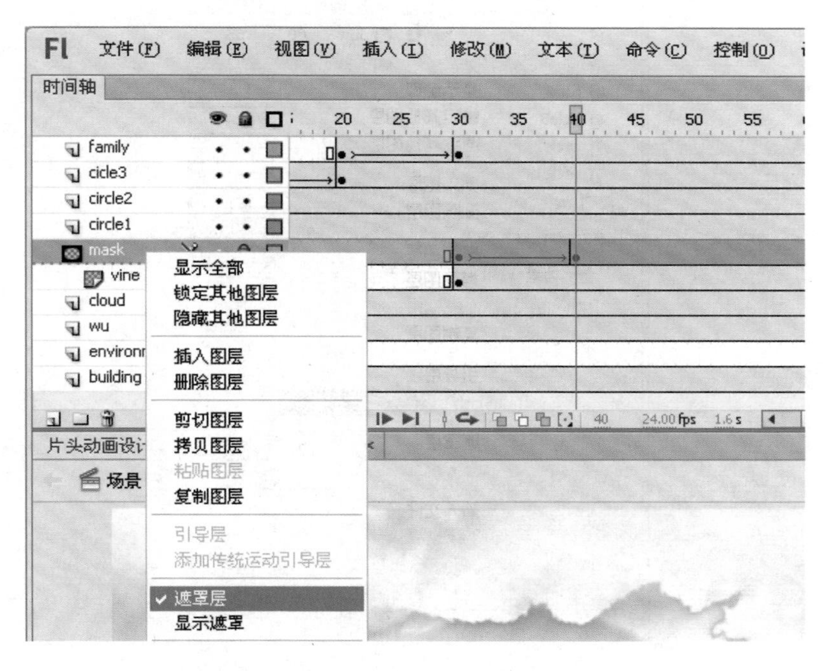

图 3.44　设置遮罩层

子任务 4：制作树叶飘落的过渡效果

操作步骤：

1. 在“family”图层上面新建图层“leaf1”，在第 100 帧处插入空白关键帧，将“leaf1.png”拖入舞台，放到合适的位置并转化为影片剪辑元件，命名为“leaf1”。如图 3.45 所示。

图 3.45　舞台显示效果(7)

2. 将第 110 帧转化为关键帧，创建第 100～110 帧之间的传统补间动画。

3. 选择“leaf1”图层，右击鼠标选择“添加传统运动引导层”，如图 3.46 所示。为“leaf1”添加运动引导层，在引导层的第 100 帧处插入空白关键帧，使用“铅笔工具”，在属性面板中选择“平滑”选项，在场景中绘制运动路径。如图 3.47 所示。

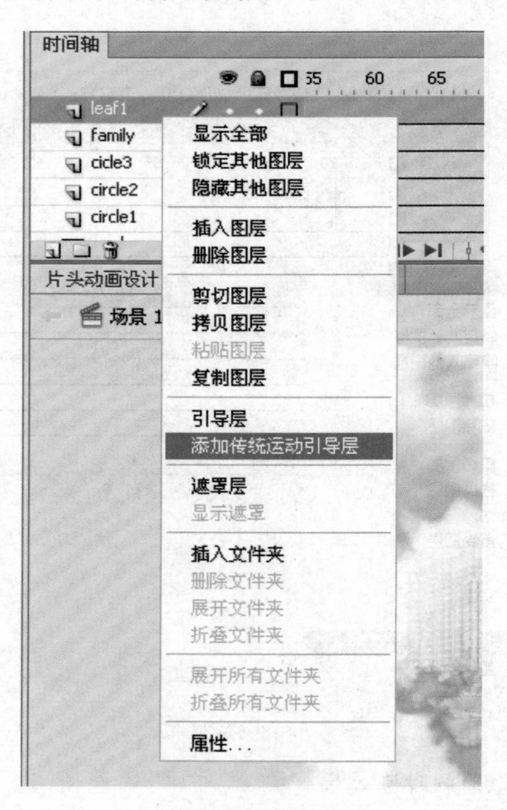

图 3.46 添加运动引导层

图 3.47 绘制引导线

4. 选择“leaf1”的第 100 帧，使用“选择工具”，将叶子吸附到引导线的右端，选择第 110 帧，将叶子吸附到引导线的左端，如图 3.48 所示。其时间轴如图 3.49 所示。

5. 在引导层的上面新建一层，命名为“leaf2”，在第 105 帧处插入空白关键帧，将“leaf2.png”拖入舞台，以同样的方法创建第 105～115 帧的引导线动画。效果如图 3.50 所示。

6. 新建图层，命名为“leaf3”，在第 110 帧处插入空白关键帧，将“leaf3.png”拖入舞台，

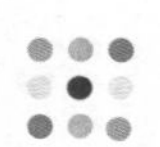

以同样的方法创建第110～120帧之间的引导线运动。如图3.51所示。

图3.48　设置动画的起始位置

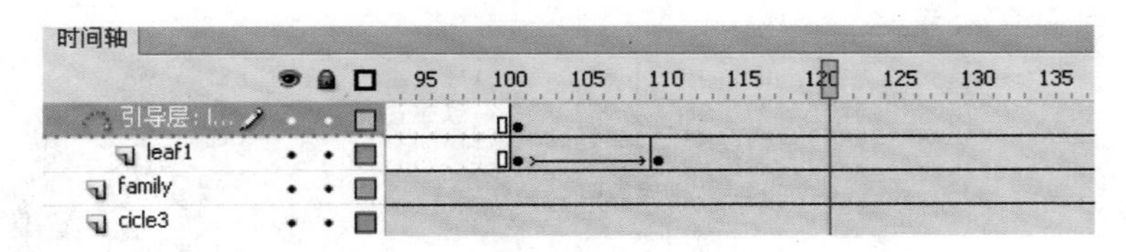

图3.49　时间轴面板(29)

图3.50　舞台显示效果(8)

图3.51　舞台显示效果(9)

7. 新建图层，命名为“leaf4”，在第115帧处插入空白关键帧，将“leaf4.png”拖入舞台，以同样的方法创建第 115～125 帧之间的引导线运动。完成后的时间轴如图 3.52 所示。

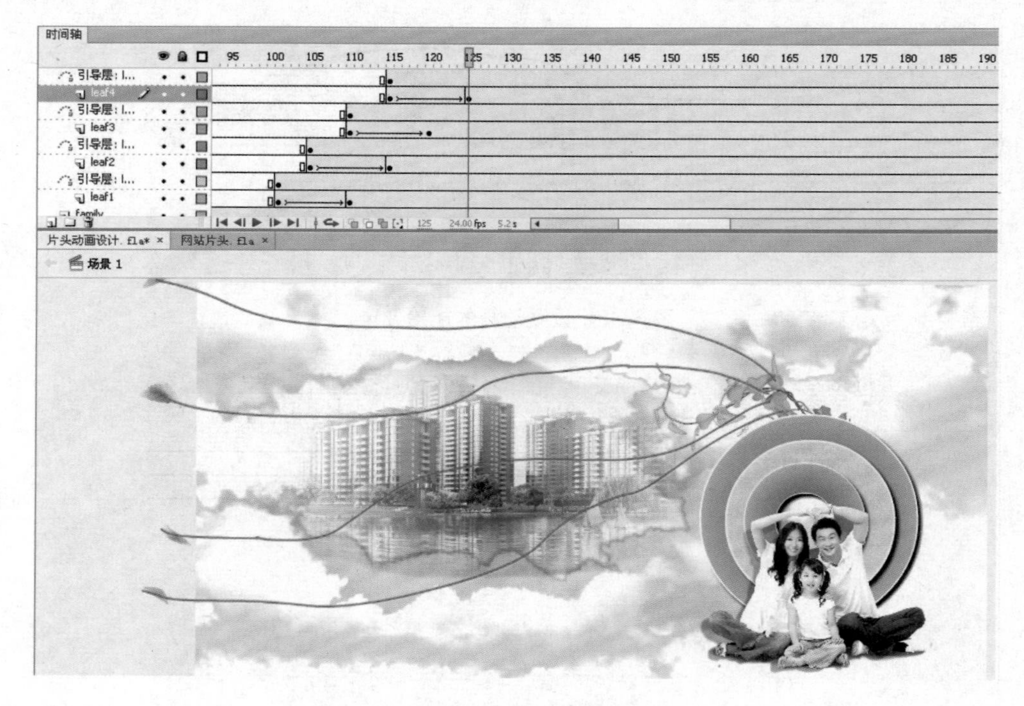

图 3.52　舞台显示效果(10)

8. 以同样的方法(或者使用“复制帧”和“粘贴帧”快捷菜单命令并进行部分调整),在片头动画中加入“leaf5”“leaf6”“leaf7”“leaf8”图层。最终时间轴面板如图 3.53 所示。

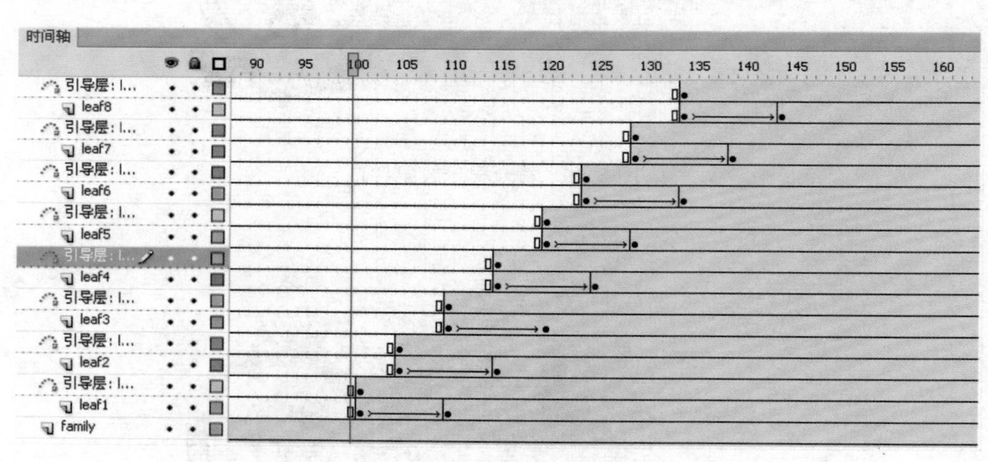

图 3.53　时间轴面板(30)

【任务 4】　添加主题和导航按钮

子任务 1:为系统添加所需字体

本例用到两种特殊字体,“叶根友毛笔行书”和“微软雅黑”,在制作文字之前需要将字体添加到系统中。

操作步骤:

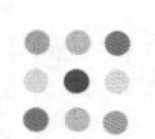

1. 在字体素材文件夹中，复制字体文件。

2. 打开 C:\WINDOWS\Fonts 文件夹，将字体文件粘贴到文件夹中，如图 3.54 所示。

图 3.54　字体文件夹

3. 关闭 Flash 软件，重新启动后可使用新加入的字体。

子任务 2：添加主题

操作步骤：

1. 新建图层，命名为“theme”，在第 5 帧处插入空白关键帧，在舞台中输入文字“水云间”，字体为叶根友毛笔行书，字号为 50，颜色为“#006600”。如图 3.55 和图 3.56 所示。

图 3.55　文字属性面板

图 3.56　舞台显示效果

2. 将“水云间”文字转化为元件，命名为“text”。

3. 打开滤镜属性面板，为文字添加“投影”和“斜角”两个滤镜效果，如图 3.57 所示。

图 3.57　添加滤镜效果

4. 在“theme”图层的第 5～15 帧创建传统补间动画，设定第 5 帧中文字元件实例的 Aphla 值为 0，完成文字的淡出动画，如图 3.58 所示。

图 3.58 Alpha 设置

5. 测试影片并保存文件。

子任务 3：添加导航按钮

操作步骤：

1. 在主场景中选择“插入”/“新建元件”命令，新建按钮元件“button1”。

2. 在“button1”的“弹起”状态帧上输入文字“项目介绍”，字体为微软雅黑，颜色为“#009900”，大小为 18。

3. 在“button1”的“指针经过”“按下”状态帧处插入关键帧，选择“指针经过”状态帧中的文字，单击【↓】方向键 1 次，单击【→】方向键 1 次，形成指针经过时的弹跳效果。

4. 在“点击”状态帧中，插入关键帧，绘制矩形覆盖该帧中的文字。如图 3.59 所示。

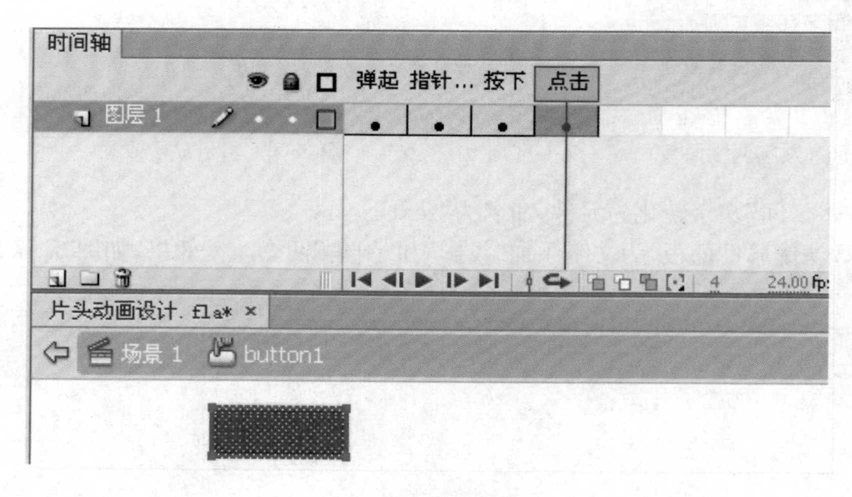

图 3.59 按钮制作

5. 按【Ctrl+L】键打开库面板，在“button1”元件上右击鼠标，选择“直接复制”快捷菜单命令，如图 3.60 所示。

6. 在打开的对话框中选择按钮，并命名为“button2”，如图 3.61 所示。

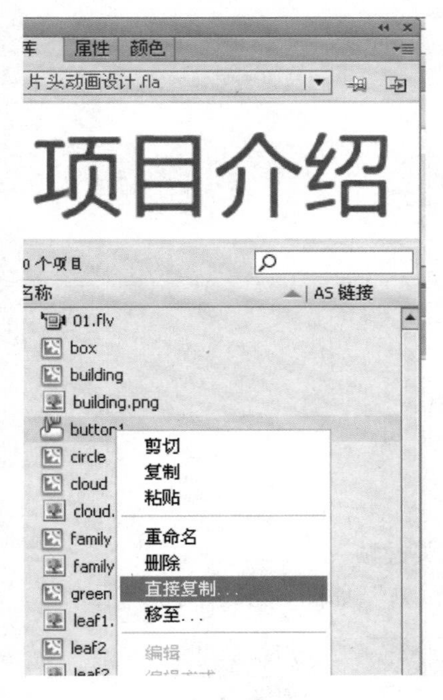

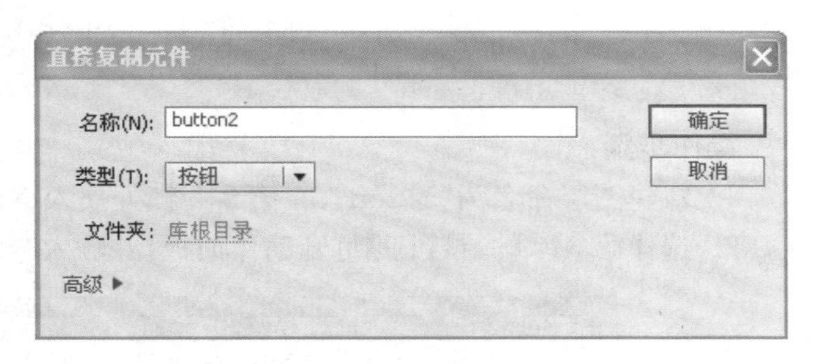

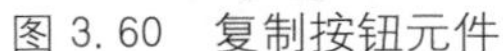

图 3.60　复制按钮元件

图 3.61　直接复制元件对话框

7. 双击库中的“button2”元件，进入元件的编辑状态，将“弹起”“指针经过”“按下”3 个状态帧中的文字改为“公司公告”，完成“button2”按钮制作，如图 3.62 所示。

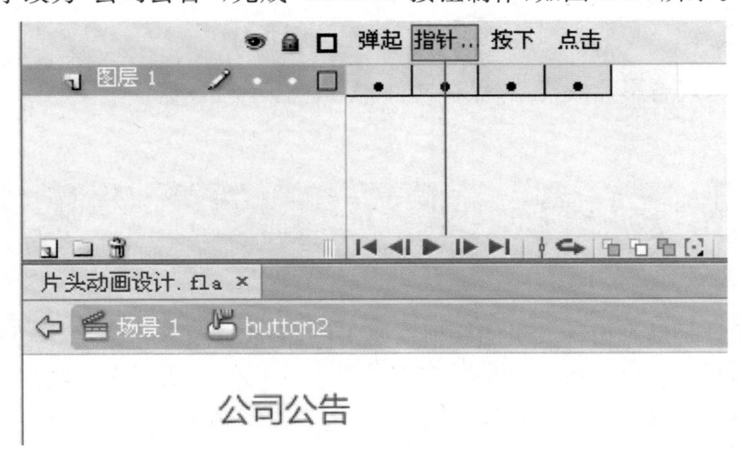

图 3.62　编辑按钮元件

8. 以直接复制的方法制作“button3”，文字为“社会责任”。

9. 返回主场景，在“theme”图层上新建一层，命名为“button”，在第 5 帧处插入空白关键帧，将按钮元件“button1”“button2”“button3”拖放到舞台。

10. 选择 3 个按钮，按【Ctrl＋K】键打开对齐面板，取消选择“与舞台对齐”的复选框，选择“底端对齐”“水平居中分部”，如图 3.63 所示。

图 3.63　舞台显示效果(12)

子任务 3：片头停止制作

操作步骤：

1. 新建图层命名为“action”，在第 340 帧处插入空白关键帧。
2. 选择第 340 帧，按【F9】打开动作面板，并输入“stop();”，如图 3.64 所示。

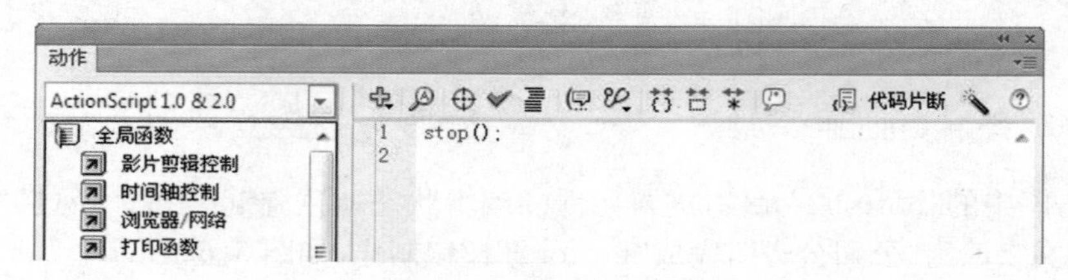

图 3.64　动作面板(1)

3. 测试影片，观看影片效果，并保存文件。

3.5 项目总结

片头动画设计是动画设计人员的一项重要工作，完成这项工作之后，会发现很多东西依然是有套路可循的。制作人员可以平时先将一些模式化的元素制作和收集起来，如动态背景、文字特效等，在需要制作时可直接调用。

3.6 知识点详解

3.6.1 引导层动画

引导层动画是在制作 Flash 动画影片时常用到的一种动画技术。引导层动画是在运动对象的上方添加一个运动路径的层，然后在该层中绘制对象的运动路径，使对象沿该路径运动。在播放时，引导层是隐藏的，在引导层内可以绘制线条，也可以使用打散的文字。

1. 引导层分类

(1) 普通引导层

普通引导层图标显示为 ，在普通图层上右击鼠标，在快捷菜单中选择“引导层”即可创建，普通引导层在使用中起到辅助静态定位作用，不起引导运动的作用。

(2) 运动引导层

运动引导层图标显示为 ，在使用中起到引导对象运动的作用。

2. 创建运动引导线动画

在选定图层的标签上单击鼠标右键，在弹出的快捷菜单中选择“添加传统运动引导层”选项。这时在时间轴窗口中多出一层，这便是运动引导层。如图 3.65 所示。

图 3.65　快捷菜单

Flash CS6 中补间动画兼具了引导线动画的功能，简单的路径动画可用补间动画来完成，复杂的可以选择引导线动画来完成。

3. 将一个普通引导层变为运动引导层

将一个普通层用鼠标拖放到引导层的下面，并向右拖动，使普通层在引导层的图标由 变为 ，松开鼠标普通引导层就变成了运动引导层。如图 3.66 和图 3.67 所示。

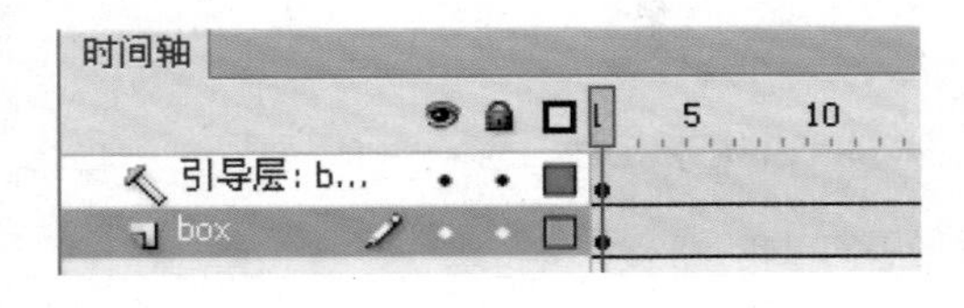

图 3.66　普通引导层

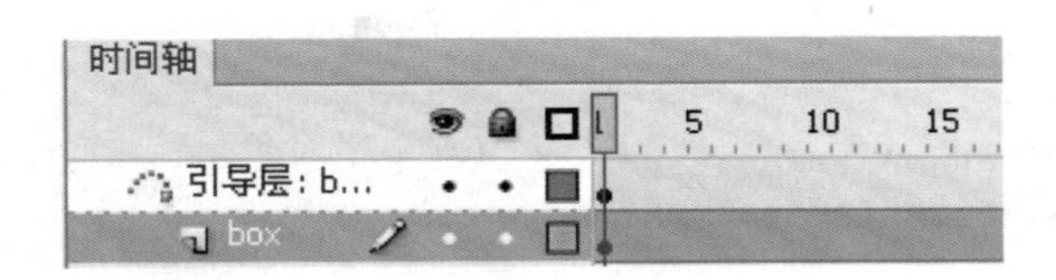

图 3.67　运动引导层

3.6.2 遮罩动画

遮罩动画也是在制作 Flash 动画影片时常用到的一种动画技术。遮罩动画是由遮罩层和被遮罩层组成的，遮罩层之下的一层是被遮罩遮住的，只有在遮罩层上的填充色块下的内容才是可见的，而遮罩层的填充色块本身则是不可见的。遮罩层的工作原理，如图 3.68 和图 3.69所示。

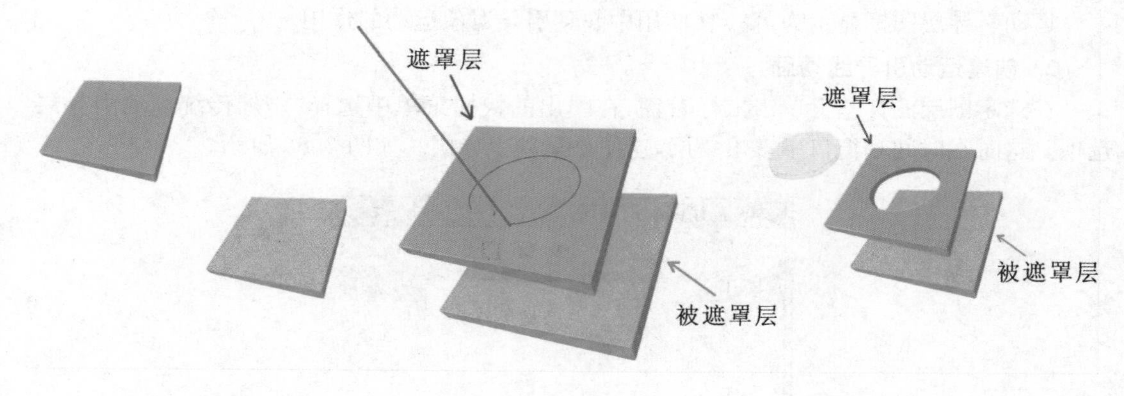

图 3.68 遮罩工作原理

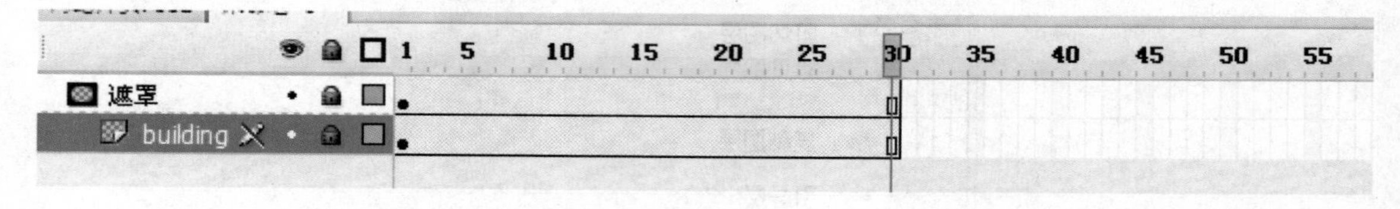

图 3.69 时间轴显示

遮罩项目可以是填充的形状、文字对象、图形元件、影片剪辑元件的实例或由线条转化的填充。如图 3.70 所示。

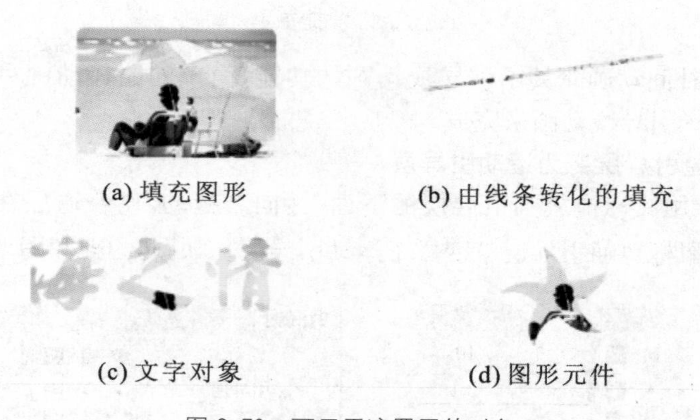

图 3.70 可用于遮罩层的对象

可以将多个图层组织在一个遮罩层之下来创建复杂的效果。如图 3.71 所示。

图 3.71　多图层遮罩

1. 遮罩动画制作步骤

以星型花卉为例。

(1) 新建图层,命名为“flower”,将花卉图片导入调整到合适的位置。如图 3.72 所示。

(2) 新建图层,命名为“mask”,绘制星形遮罩形状。如图 3.73 所示。

图 3.72　被遮罩层

图 3.73　遮罩层

(3) 在“mask”图层上右击鼠标,在快捷菜单中选择“遮罩层”,或打开图层属性,选择“遮罩层”。如图 3.74 和图 3.75 所示。

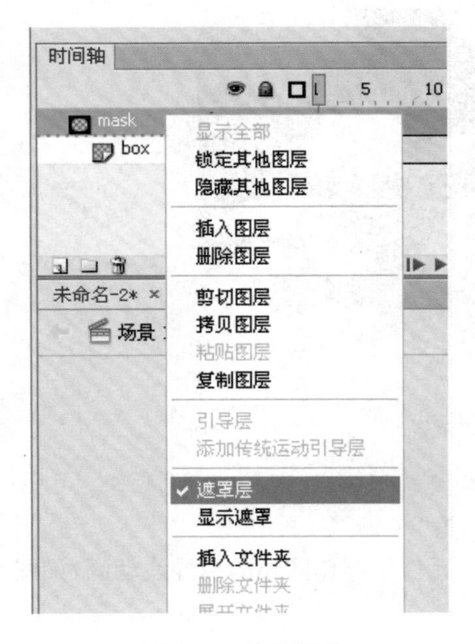

图 3.74　快捷菜单

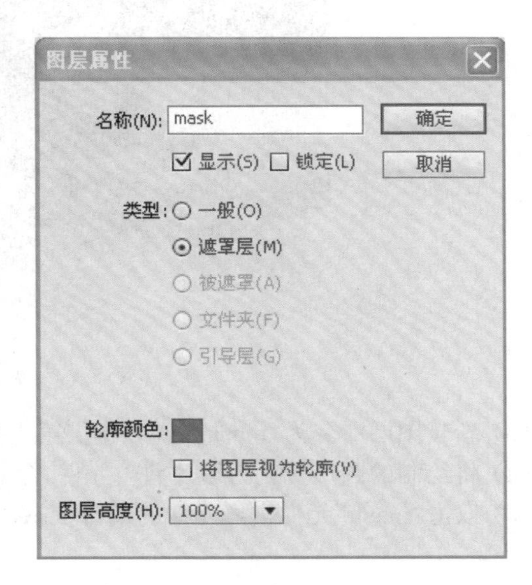

图 3.75　图层属性

(4) 遮罩效果如图 3.76 所示。

图 3.76　完成效果

2. 运动遮罩动画

可以在遮罩层、被遮罩层中分别或同时使用各类补间动画和引导线动画等动画手段，来创建运动遮罩动画。当使用影片剪辑实例作为遮罩时，可以在影片剪辑内制作遮罩层内容的引导线动画。以探照灯效果制作为例。

(1) 新建 ActionScript2.0 文件，命名为“light”，设置影片尺寸大小为 550×400 像素，背景为黑色。

(2) 将图层 1 命名为“bg”，将背景图片导入舞台，并在 35 帧处插入帧。如图 3.77 所示。

图 3.77　被遮罩层

(3) 新建图层命名为“mask”，并在本层第 1 帧绘制圆形，如图 3.78 所示。

(4) 将绘制的圆形转化为影片剪辑元件，命名为“mask”。

(5) 双击“mask”元件进入元件的编辑状态，在元件中制作圆形的引导线动画，如图 3.79 所示。

(6) 返回主场景，将“mask”层设置为遮罩层。

图 3.78　遮罩层

图 3.79　遮罩层的引导线动画

(7) 测试影片,观看成片效果,如图 3.80 所示。

图 3.80　完成效果

3.6.3　在 Flash 软件中使用视频

1. Flash 视频文件导入

选择“文件”/“导入”/“导入到库”或“导入舞台”或“导入视频”命令，可以打开视频导入向导，如图 3.81 所示。

(1) 使用播放组件加载外部视频。导入视频并创建 FLVPlayback 组件的实例以控制视频播放。可以将 Flash 文档作为 SWF 发布并将其上载到 Web 服务器时，还必须将视频文件上载到 Web 服务器或 Flash Media Server，并按照已上载视频文件的位置配置 FLVPlayback 组件。

(2) 在 SWF 中嵌入 FLV 或 F4V 并在时间轴中播放。将 FLV 或 F4V 嵌入到 Flash 文档中。这样导入视频时，该视频放置于时间轴中可以看到时间轴帧所表示的各个视频帧的位置。嵌入的 FLV 或 F4V 视频文件成为 Flash Professional 文档的一部分。

将视频内容直接嵌入到 Flash Professional SWF 文件中会显著增加发布文件的大小，因此，这种方式仅适合于小的视频文件。此外，在使用 Flash 文档中嵌入的较长视频剪辑时，音频与视频的同步(也称作音频/视频同步)会变得不同步。

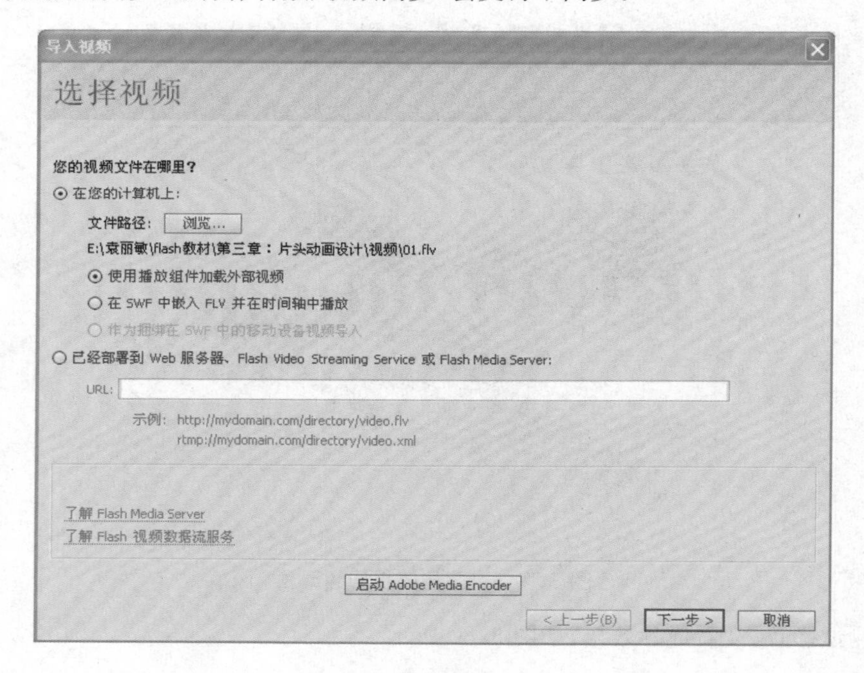

图 3.81　导入视频对话框

(3) 作为捆绑在 SWF 中的移动设备视频导入。作为捆绑在 SWF 中的移动设备视频导入与在 Flash Professional 文档中嵌入视频类似，将视频绑定到 Flash Lite 文档中以部署到移动设备。

2. 视频文件格式

若要将视频导入到 Flash 中，必须使用以 FLV 或 H.264 格式编码的视频。视频导入向导(“文件”/“导入”/“导入视频”)检查您选择导入的视频文件；如果视频不是 Flash 可以播放的格式，则会提醒您。如果视频不是 FLV 或 F4V 格式，则可以使用 Adobe® Media® Encoder 以适当的格式对视频进行编码。

导入视频剪辑后，便无法对其进行编辑。您必须重新编辑和导入视频文件。在通过 Web 发布您的 SWF 文件时，必须将整个视频都下载到观看者的计算机上，然后才能开始视频播放，所以应避免导入过长的视频文件。

3. 视频文件导出

(1) 在库面板的视频文件上右击鼠标选择“属性”快捷菜单命令，打开属性面板，视频属性面板如图 3.82 所示。

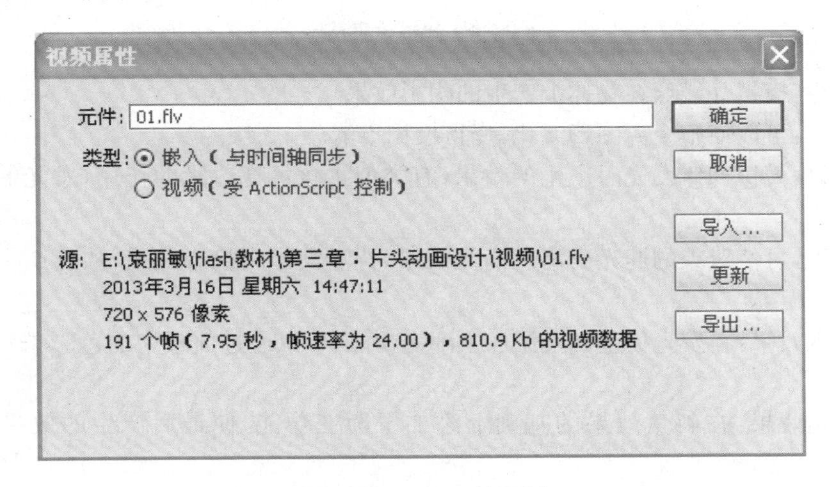

图 3.82　视频属性面板

(2) 单击“导出”按钮。

3.6.4　Flash 软件中的滤镜效果

Flash 软件中的滤镜功能适用于文本、影片剪辑和按钮。滤镜功能在对象的属性面板中，如图 3.83 所示。

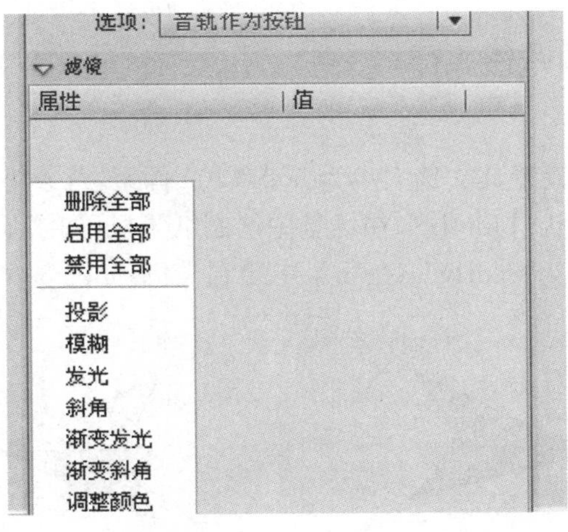

图 3.83　滤镜效果添加

Flash 提供了 7 种滤镜效果，如图 3.84 所示。

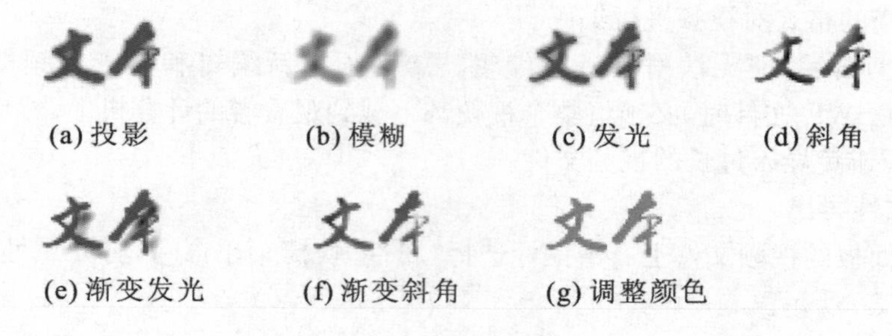

图 3.84　滤镜效果展示

投影效果：模拟光线照在物体上产生的阴影效果。

模糊效果：可以使整个源图形柔化，变得模糊不清。

发光效果：模拟物体发光时产生的效果，有类似柔化填充边缘的作用，发光的颜色可以自行设置。

斜角效果：可使对象的迎光面出现高光效果，背光面出现投影效果，从而产生一个虚拟的三维效果。

渐变发光效果：在发光的基础上添加了渐变功能，可以通过面板中的色彩条对渐变色进行控制。

渐变斜角效果：在斜角效果的基础上添加了渐变功能，使最后产生的效果变化更加多样。

调整颜色效果：可以通过拖动各项目的滑块或直接修改数值，来改变对象的亮度、对比度、饱和度和色相。

3.7 拓展案例

【案例 1】 纸飞机椭圆路径飞行

主要制作步骤：

1. 新建 Flash 文档，设置其文档大小为 550×400 像素，背景为浅黄色。
2. 插入新元件，命名为“bluefly”，在场景中绘制纸飞机，如图 3.85 所示。
3. 插入新元件，命名为“redfly”，在场景中绘制飞机，如图 3.86 所示。

图 3.85　蓝色箭头

图 3.86　红色箭头

4. 在主场景中新建一层，命名为“fly1”，创建关于“bluefly”的第 1～20 帧的传统补间动画。再新建一层，命名为“fly2”，创建关于“redfly”的第 1～20 帧的传统补间动画。如图 3.87所示。

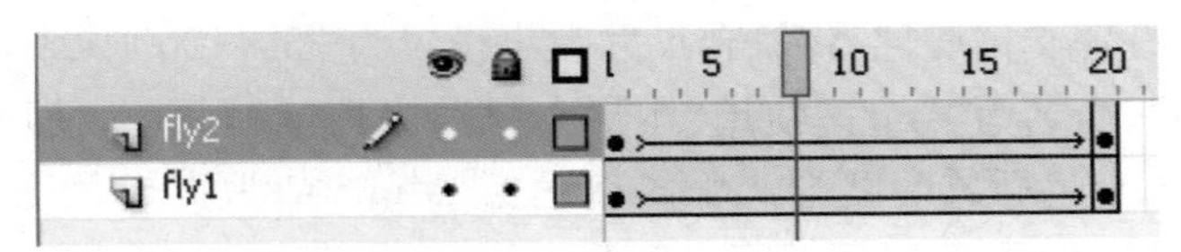

图 3.87　时间轴面板(31)

5. 新建图层，命名为“line”，在第 1 帧中绘制椭圆。并将图层拖至“fly1”图层的下方。

6. 选择“fly2”图层，右击鼠标选择“创建传统运动引导层”快捷菜单命令，为“fly2”图层添加运动引导层，复制“line”图层的第 1 帧，在运动引导层的第 1 帧处粘贴，锁定并隐藏“line”图层，用橡皮将运动引导层中的椭圆擦去一段，打破椭圆的闭合性。如图 3.88 所示。

图 3.88　制作椭圆路径

7. 将图层“fly1”也拖动至运动引导层下方，并分别调整“fly1”和“fly2”图层的第 1 帧和第 20 帧，将红蓝纸飞机分别吸附在线段的两端。时间轴面板如图 3.89 所示。

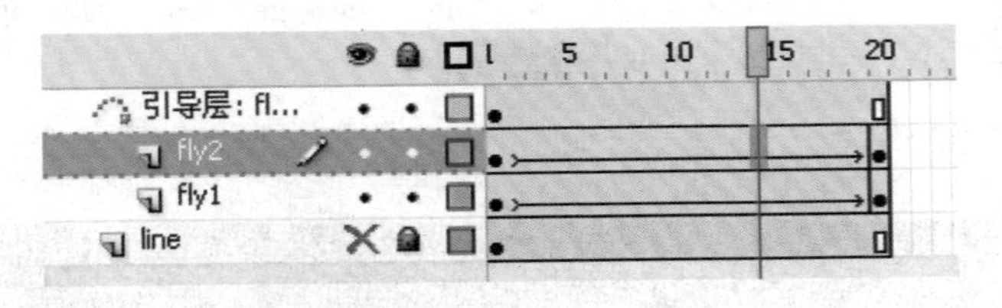

图 3.89　时间轴面板(32)

8. 同时选中“fly1” 和“fly2”两图层中的第 1～10 帧中的任何一帧，在属性面板中，勾选“调整至路径”。如图 3.90 所示。

9. 测试并发布影片。

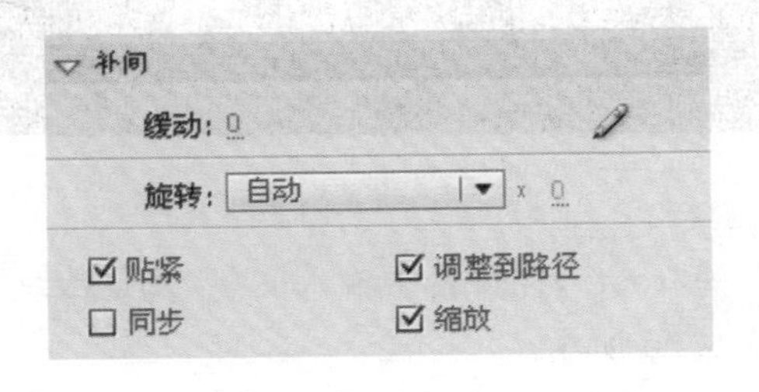

图 3.90　调整到路径

【案例 2】 星星写字动画效果的制作

主要制作步骤：

1. 新建文件，设置文档属性，将舞台尺寸大小设置为 550×200 像素，背景颜色为黑色。

2. 插入新元件，命名为“star”，使用“矩形工具”，去掉笔触颜色，使用“线性渐变填充”，色标均为白色，第 1 个色标透明度为 0，第 2 个色标 Alpha 值为 100，第 3 个色标 Alpha 值为 0，在舞台中绘制矩形，如图 3.91 和图 3.92 所示。

3. 使用【Ctrl+T】键打开变形面板，选择 45°复制并旋转，如图 3.93 所示。

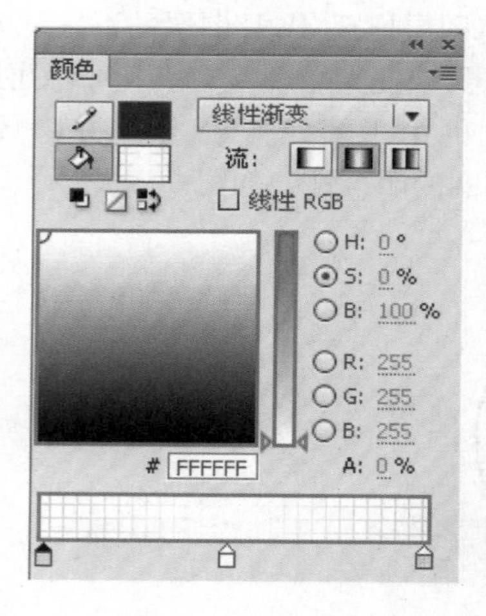

图 3.91 颜色面板

图 3.92 绘制效果

图 3.93 旋转并复制

4. 插入新元件，命名为“旋转”，将“star”拖入舞台，制作星星在第 1～15 帧的旋转动画，旋转方式为顺时针旋转一次。如图 3.94 所示。

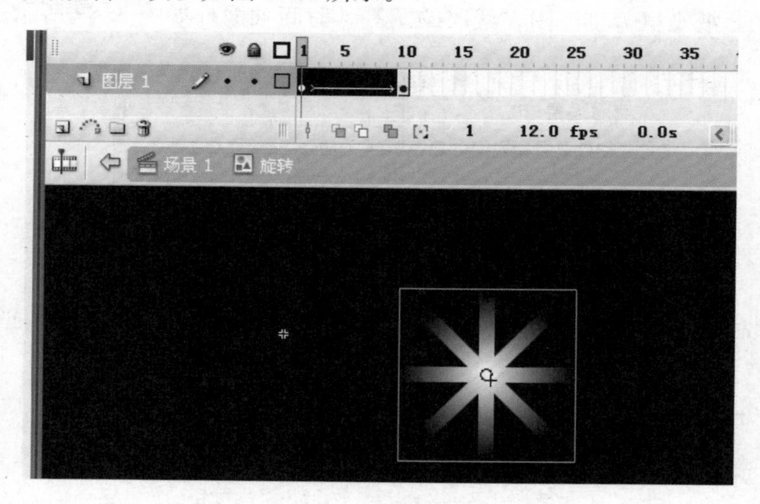

图 3.94 星星自旋转动画

5. 插入新元件，命名为“text”，在舞台中输入文字“我是传奇”，字体为“华文彩云”，大小为 90，颜色为白色。如图 3.95 所示。

6. 插入新元件，命名为“Fill”，将“text”元件拖入舞台，按两次【Ctrl+B】键将文字打散，

图 3.95　输入文字

并为文字填充蓝色，如图 3.96 所示。

图 3.96　文字填充

7. 返回主场景，将图层 1 命名为“text”，将“text”元件拖入舞台，使文字居中，锁定图层。

8. 插入新图层，命名为“star1”，将元件“旋转”拖入舞台，在第 30 帧处插入关键帧，创建第 1～30 帧的动作补间动画。单击“添加运动引导层”按钮，在引导层第 1 帧中拖入“text”元件，并与“text”图层中的文字重合，隐藏“text”图层，将引导层中元件打散，且在文字上用“橡皮”打开一些小口，备引导运动使用。如图 3.97 所示。

图 3.97　文字型引导线

9. 将“star1”中的星星，吸附到“我”字的线段两端，测试观看效果。

10. 在引导层的下面，插入新图层，命名为“star2”，将“旋转”元件拖入舞台，在第 30 帧处插入关键帧，创建第 1～30 帧的动作补间动画，将元件吸附到“是”字线段的两端，测试观看效果。

11. 以同样的方法加入“star3”“star4”“star5”“star6”等。

12. 插入新图层，命名为“Fill”，创建第 1～15 帧和第 15～30 帧的动作补间动画，并设置第 1 帧和第 30 帧中元件的 Alpha 值为 0。最终时间轴面板如图 3.98 所示。

13. 测试并发布影片。如图 3.99 所示。

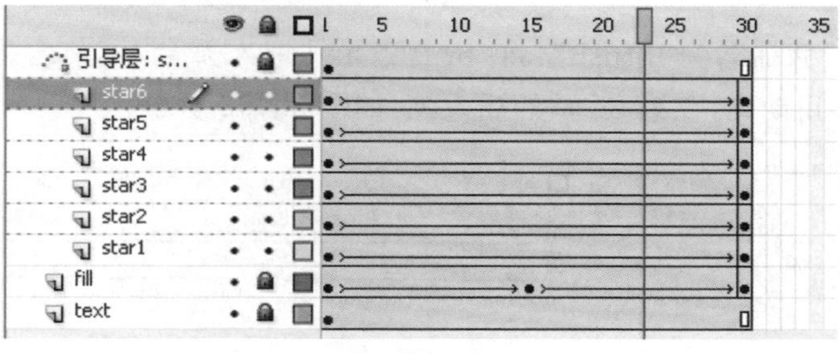

图 3.98　时间轴面板(33)

图 3.99　最终显示效果

【案例 3】　手写字效果的制作

下面制作一个毛笔写字的动画。如图 3.100 所示，一支毛笔将“小花”两个字逐个写出，本动画通过引导层动画和逐帧动画实现。

图 3.100　手写字

主要制作步骤：

1. 新建一个 Flash 文档，设置其尺寸大小为 550×200 像素，背景为绿色。

2. 将“brush.png”导入到库中。

3. 将图层 1 重命名为“text”，在场景中输入文字“小花”，在 35 帧处插入帧，如图 3.101 所示。

图 3.101　输入文字

4. 新建图层，并命名为“brush”，将“brush”元件拖入舞台，调整合适的大小，并创建第 1～25帧的传统补间动画，在第 35 帧处插入帧，如图 3.102 所示。

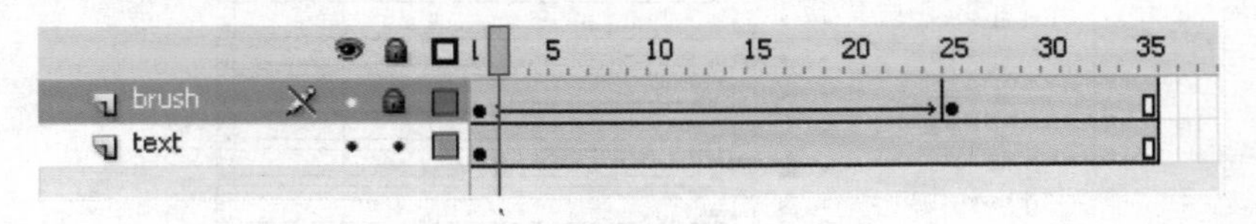

图 3.102　时间轴面板(34)

5. 为“brush”添加运动引导层，使用“铅笔工具”，选择“平滑”选项，绘制路径如图 3.103 所示，将毛笔的变形中心移至笔尖处，并吸附到路径的两端。本部分绘制的直线必须平滑，避免出现拐点，如果毛笔不能按绘制的路径行走，可尝试选中“brush”层的第 25 帧，将毛笔从起始端，按绘制路径走一遍，到结束点停止。

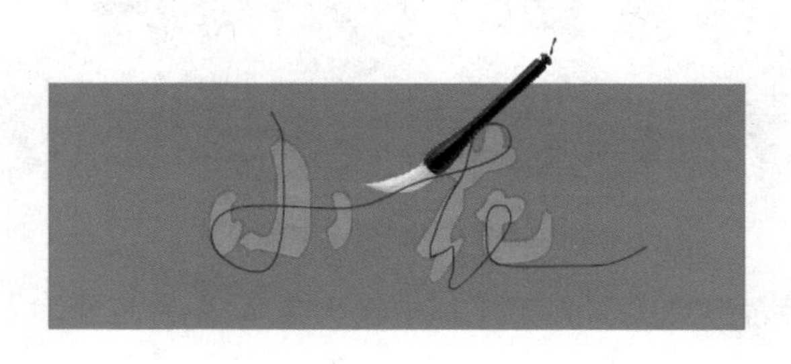

图 3.103　引导线吸附设置

6. 锁定“brush”层和引导层，将“text”层第 1 帧中的文字打散，并将第 2～25 帧转化为关键帧，选择第 1 帧，删除文字，选择第 2 个关键帧，删除大部分文字，依此类推，根据毛笔所在位置进行擦除，直至第 25 帧不擦除任何内容。第 5、10、15、20 帧的内容如图 3.104 所示。此时时间轴如图 3.105 所示。

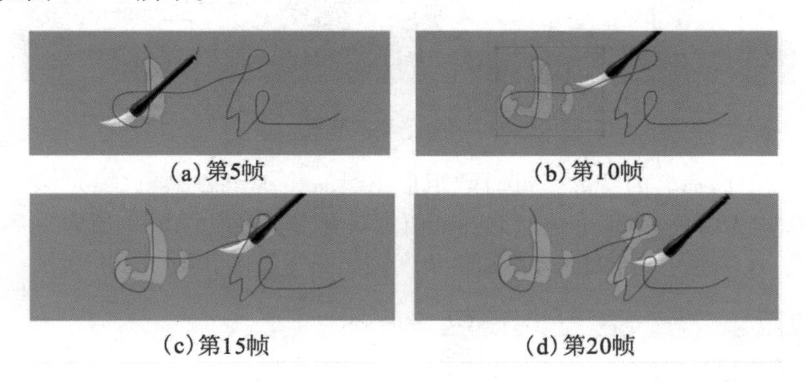

图 3.104　引导线各帧效果

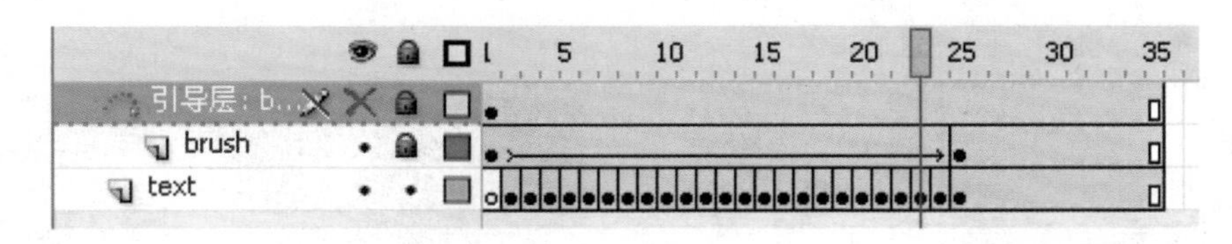

图 3.105　时间轴面板(35)

7. 测试并发布影片。

【案例 4】　划光文字效果

下面制作一个常用的文字动画效果，划光文字。如图 3.106 所示，文字上会有一道光线闪过。

主要制作步骤：

1. 新建一个 Flash 文档并设置其尺寸大小为 550×200 像素，背景为蓝色。

图 3.106　划光文字效果

2. 将图层 1 重命名为“text”，在第 1 帧中输入文字“信翔电视台”，并在第 25 帧处插入帧。如图 3.107 所示。

图 3.107　输入文字

3. 插入新元件，命名为“light”，选择“矩形工具”，去掉笔触颜色，填充颜色设置为线性渐变，3 个色标均为白色，第 1 个色标 Alpha 值为 0，第 2 个色标 Alpha 值为 100，第 3 个色标 Alpha 值为 0。在场景中绘制矩形，并旋转角度。如图 3.108 和图 3.109 所示。

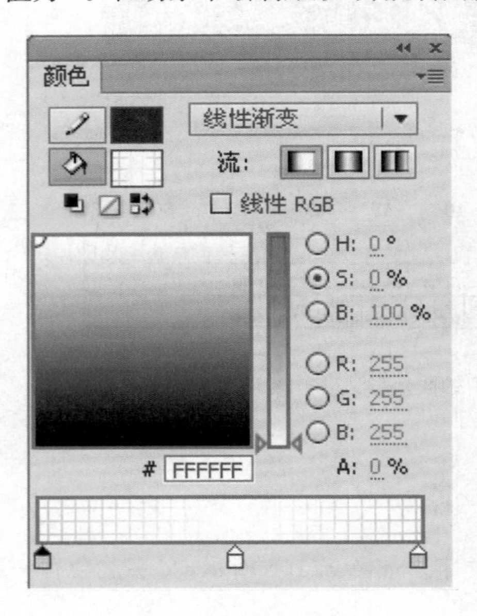

图 3.108　颜色面板

图 3.109　绘制光线

4. 新建图层，并重命名为“light”，将“light”元件，拖入舞台，并创建第 1～10 帧和第 10

~20 帧的动作补间动画，将第 1 帧和第 20 帧中“light”元件置于文字左侧，将第 10 帧中“light”元件置于文字右侧。如图 3.110 所示。

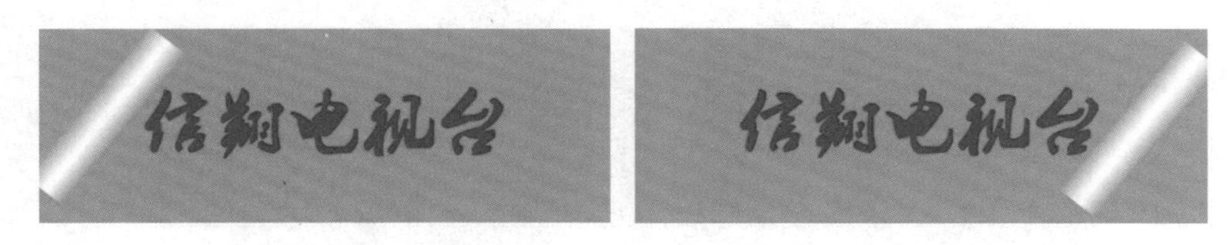

图 3.110　光线动画起始位置

5. 新建一层命名为“zhezhao”，复制“text”层的第 1 帧，在“zhezhao”层第 1 帧处粘贴，在“zhezhao”层上右击鼠标，在快捷菜单中选择“遮罩层”。如图 3.111 所示。

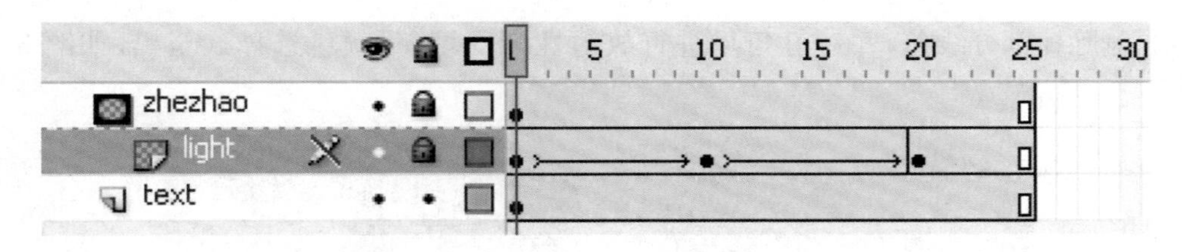

图 3.111　设置遮罩层

6. 保存并测试影片。

【案例 5】　闪闪红星效果

下面制作一个闪闪红星的动画效果。如图 3.112 所示，红星的后面有闪闪光线，本动画通过使用线条转化为填充后在遮罩层使用来实现。

1. 新建文件，设置舞台尺寸大小为 550×400 像素。

2. 插入新元件，命名为“star”，使用“线条工具”绘制直线，并将变形中心置于直线的底端，如图 3.113 所示。

图 3.112　闪闪红星效果

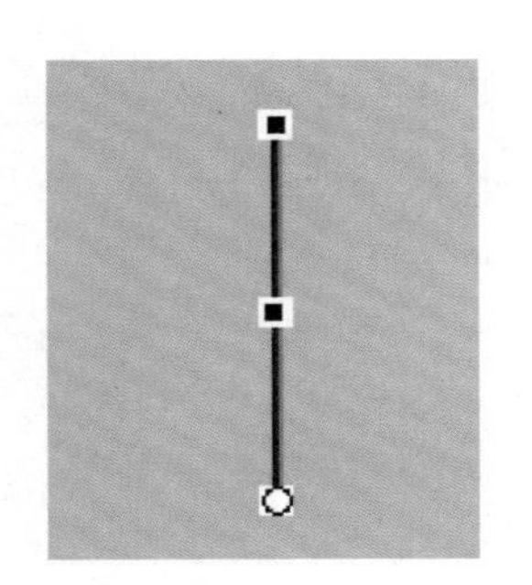

图 3.113　调整注册点位置

3. 使用变形面板，输入 72°，对直线进行旋转并复制，如图 3.114 所示。并绘制成五角星的形状。

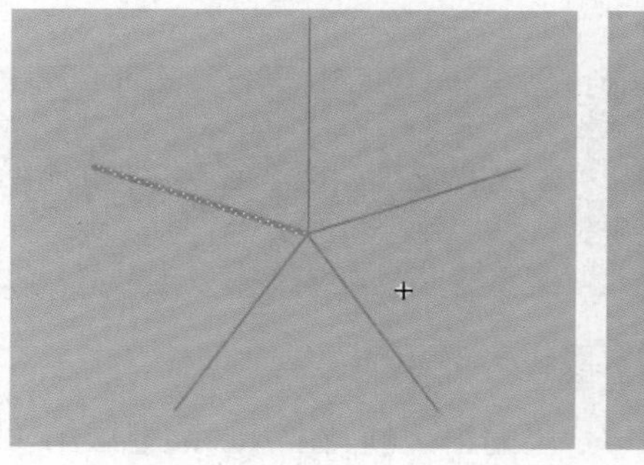
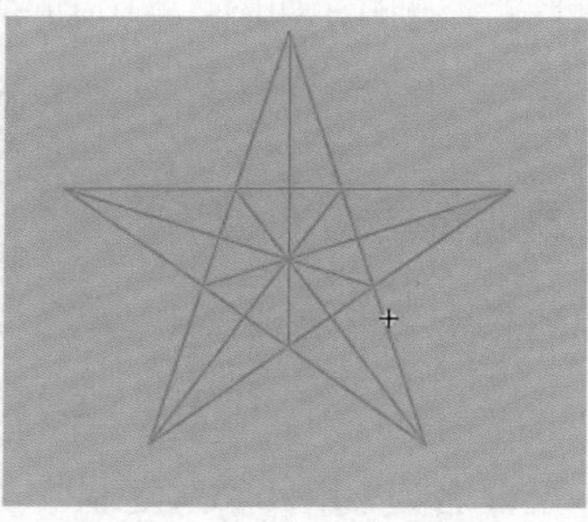

图 3.114　绘制五角星

4. 删除掉部分线条，并对五角星进行放射性渐变填充，颜色选择红至黑，如图 3.115 所示。

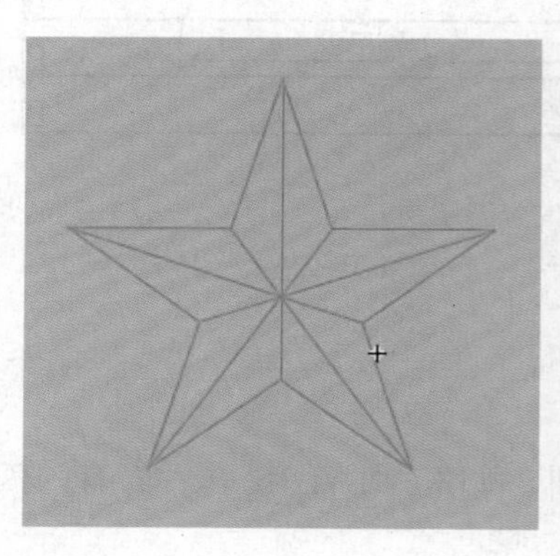

图 3.115　填充效果

5. 五角星的每个角选择一个面，将填充的红色调暗，产生背光面效果，并使用橡皮擦工具擦除线条，如图 3.116 所示。

图 3.116　调整填充

6. 插入新元件，命名为“light”，使用“直线工具”，选择黄色，粗细为 3 像素，绘制直线后将变形中心移至左上方，如图 3.117 所示。

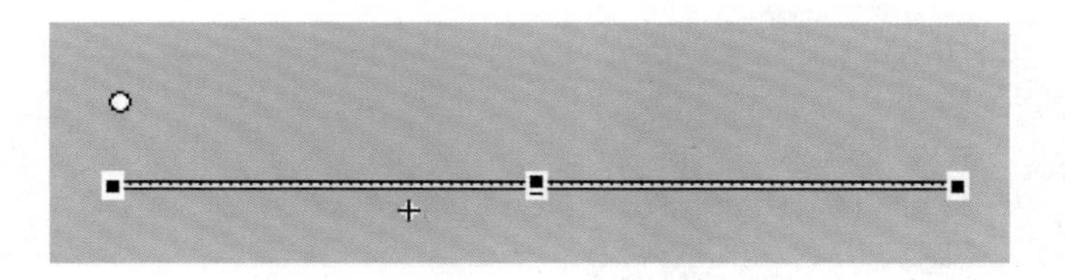

图 3.117　调整注册点位置

7. 使用变形面板，输入 15°进行旋转并复制，如图 3.118 所示。选中全部线条，使用“修改”/“形状”将线条转化为填充命令，可以将所选对象转化为填充。

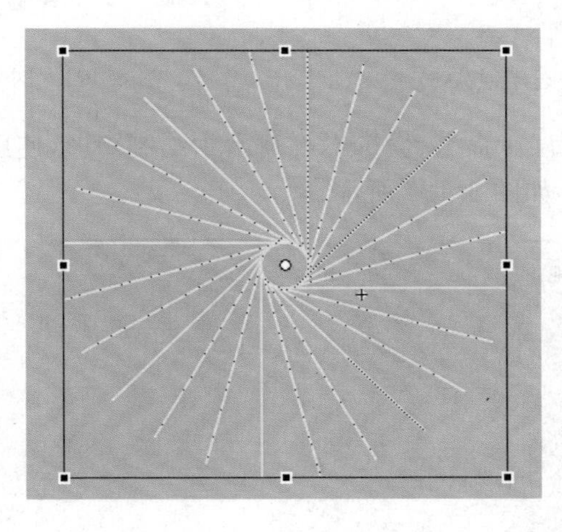

图 3.118　将线条转化为填充

8. 插入新元件，命名为“shine”，将图层 1 重命名为“light1”，将元件“light”拖入舞台中，建立第 1～15 帧的动作补间动画，并在属性面板中选择，顺时针旋转 1 次。新建图层命名为“light2”，复制“light1”图层的第 1 帧，并在“light2”图层第 1 帧处粘贴，并对场景中的光线进行水平翻转，建立第 1～15 帧的动作补间动画，并在属性面板中选择，逆时针旋转 1 次。如图 3.119所示。

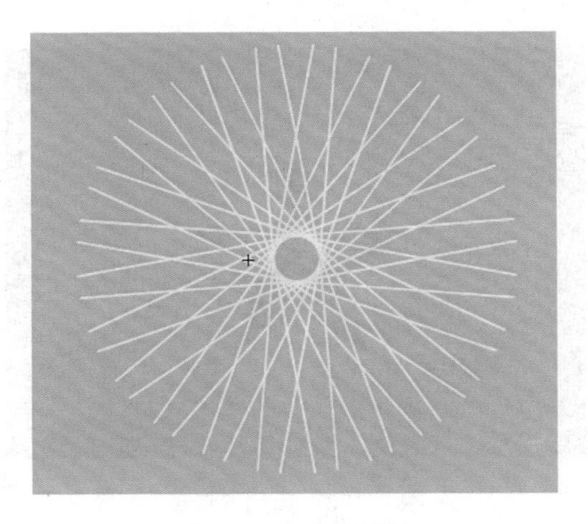

图 3.119　水平翻转

将“light2”设置为遮罩层，如图 3.120 和图 3.121 所示。

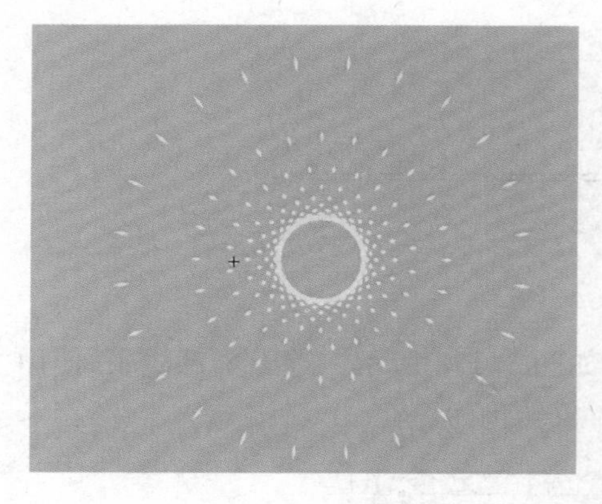

图 3.120　设置遮罩效果

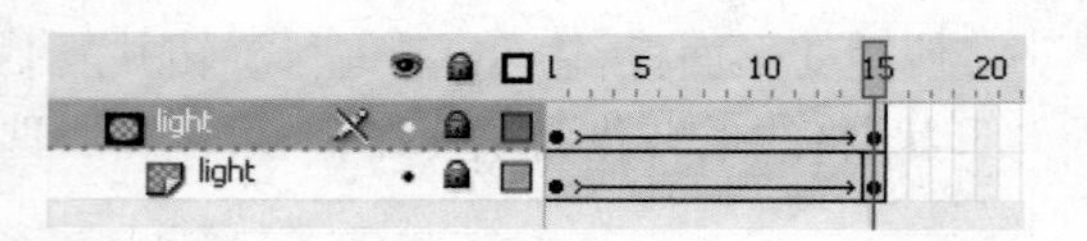

图 3.121　时间轴面板(36)

9. 返回主场景，将图层 1 命名为"bg"，在舞台中绘制矩形，使用浅灰至深灰的放射状渐变，在第 40 帧处插入帧。如图 3.122 所示。

图 3.122　绘制背景

10. 在场景中新建图层，命名为"star"，并将"star"元件拖至舞台中央，在第 40 帧处插入帧。如图 3.123 所示。

图 3.123　添加五角星

11. 在"bg"图层和"star"图层中间，新建图层"shine"，将 shine 元件放入舞台中央，在第 40 帧处插入帧。如图 3.124 所示。主场景的时间轴，如图 3.125 所示。

图 3.124　添加光线

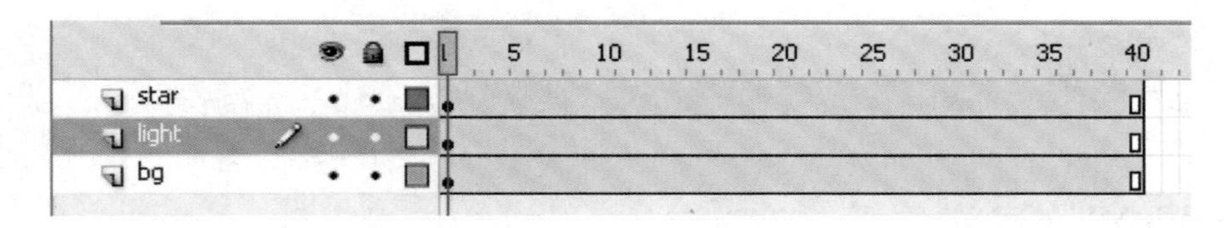

图 3.125　时间轴面板(37)

12. 保存并测试影片。

习　　题

1. 填空题

(1) Flash CS6 中的引导层分为：______和______。

(2) Flash CS6 中，遮罩层由______和______两部分组成。

(3) 若要将视频导入到 Flash 中，必须使用以______或______格式编码的视频。

(4) Flash 中的滤镜功能适用______、______和______。

(5) Flash CS6 中可导出______格式的视频。

2. 单项选择题

(1) 在使用中起到辅助静态定位作用，不起引导运动作用的图层称为(　　)。

A. 普通引导层　B. 运动引导层　C. 遮罩层　D. 被遮罩层

(2) 不能用于遮罩层的项目是(　　)。

A. 图形元件　B. 影片剪辑元件　C. 形状　D. 线条

(3) 在遮罩动画中决定显示内容的形状的是(　　)。

A. 普通引导层　B. 运动引导层　C. 遮罩层　D. 被遮罩层

(4) 打开属性面板的快捷键是(　　)。

A.【Ctrl＋Enter】　B.【Ctrl＋Shift＋T】　C.【Alt＋Shift】　D.【Ctrl＋F3】

(5) 从中心开始向外画圆的快捷键是(　　)。

A.【Ctrl＋Enter】　B.【Ctrl＋Shift＋T】　C.【Alt＋Shift】　D.【Ctrl＋H】

项目 4 Flash MV 制作

4.1 项目描述

1. Flash MV 的定义

MV 是 Music Video 的简写，是用视频影像来表现音乐的艺术形式，其主题是音乐，制作手法来源于传统电影电视制作技法，符合影视欣赏的要求，其极大地丰富了音乐的表现力，且伴随着电视等信息技术的发展成为了一个崭新的艺术类别。

《蝴蝶仙子》是系列动画片《童心看世界》第一集《蝴蝶》的插曲，本项目即为该动画片插曲 MV 的制作。本项目采用 Flash 动画展示歌曲的优美意境，表现美丽的蝴蝶仙子在花丛中翩翩起舞，描写蝴蝶的成长启人深思。本项目可以通过按钮控制影片播放，伴随着音乐同步出现歌词和画面。

4.2 教学目标

能力目标

1. 能理解歌曲进行 MV 构思，设置多个场景；
2. 能根据需要进行动画素材的准备；
3. 能根据 MV 意境，编写剧本；
4. 能学会 MV 的优化与管理；
5. 能将音频应用到 Flash 软件中。

知识目标

1. 掌握各类图形的导入与编辑制作方法；
2. 掌握声音的导入与编辑制作方法；
3. 掌握场景的编辑方法；

4. 掌握元件的使用技巧。

情感目标

1. 培养学生的联想思维和创新意识；
2. 增强学生的团队协作意识；
3. 提高声画艺术鉴赏力。

4.3 设计理念

Flash MV 是 Flash 制作方法的集中体现，无论你能想到什么创意，都能用 Flash 软件做出来，唯一的问题是你的想象力够不够丰富。歌曲《蝴蝶仙子》歌词与旋律表现了蝴蝶的姿态、成长、活动环境，Flash 动画的设计要围绕这些要素展开，形象与色彩设定要符合绿色生命、积极向上的主题，动画要符合音乐的节奏。场景一般为 3 个，分别是开场部分、MV 主体和结尾部分。

4.4 制作任务

【任务 1】 赏析音乐《蝴蝶仙子》

《蝴蝶仙子》简谱如图 4.1 所示。

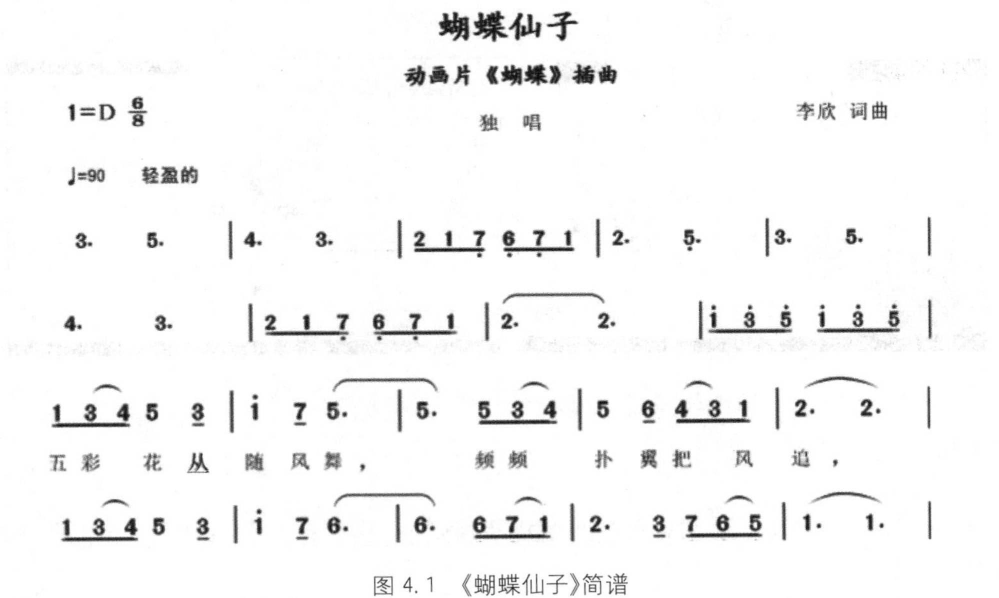

图 4.1 《蝴蝶仙子》简谱

本任务是赏析，所以请大家认真听、多思考、大胆去想象。

思考提示：

歌曲采用 8/6 拍写成，具有轻盈的舞蹈特性，旋律婉转悠扬，伴奏内敛安静以钢琴与弦乐为主。请思考歌曲描写了什么，并分析歌词，如歌词“卵中生来虫儿变”（蝴蝶的完全变态）、“频频扑翼把风追”（蝴蝶的飞行特点）。

歌词如下：

五彩花丛随风舞，频频扑翼把风追。

卵中生来虫儿变，蝴蝶仙子翩翩飞。

啦啦啦，眷恋花的芬芳，啦啦啦，深爱叶的青翠。

蝴蝶啊，蝴蝶，你最美，

蝴蝶啊，蝴蝶，你最美，你最美。

歌曲描写了蝴蝶的生理特点，蝴蝶一生发育要经过完全变态——卵、幼虫、蛹、成虫 4 个阶段。蝴蝶的前后翅不同步扇动，因此蝴蝶飞翔时波动很大，姿势优美，所谓“翩翩起舞”，就来源于蝴蝶的飞翔。歌曲还以拟人的手法表现了蝴蝶仙子的可爱、美丽。

请根据旋律、歌词展开联想，展开动画创意，设想应该用什么样的动画环境、什么样的动画角色和采用什么动画节奏。

【任务 2】 欣赏 MV 精品《平沙落雁》《子衿》《我相信》

子任务 1：欣赏 MV《平沙落雁》

了解 MV《平沙落雁》曲目的历史形成与内涵特点。《平沙落雁》是一首古琴曲，其意在借大雁之远志，抒写逸士之心胸。分析 MV《平沙落雁》的段落场景、角色、音画节奏。该 MV 有片头场景、介绍场景等，较全面；国画风格与角色设计符合音乐的意境；动画节奏、场景切换与音乐合拍。要重点体会动画的节奏就是音乐的节奏，该 MV 具有中国画风的唯美风格。如图 4.2 和图 4.3 所示。

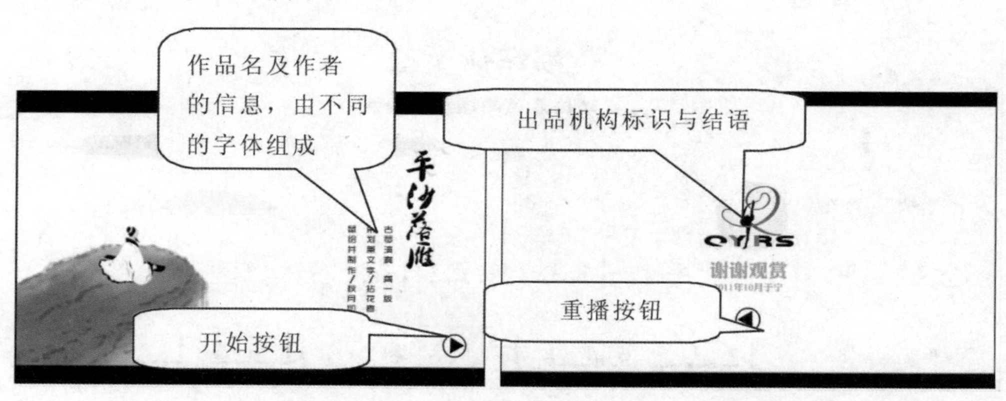

图 4.2 片头与结尾场景的构成

子任务 2：欣赏 MV《我相信》

思考提示：

分析动画角色特点。该 MV 角色造型及动画诙谐，并且有主角、配角，角色动作节奏快且符合音乐的节奏。如图 4.4 所示。

分析场景的特点。该 MV 有多个场景，随着情节改变，场景设计有创意并富有动感。如

图 4.5 所示。

图 4.3 国画的风格与人物角色

图 4.4 诙谐的人物

图 4.5 丰富变化的场景

子任务 3:欣赏 MV《子衿》

思考提示:

了解《子衿》的历史地位与内涵特点。《子衿》是《诗经》中的一首,描写渴望与意中人来往相见的感情,表达了深沉的思念。分析《子衿》MV 的场景设计、角色、文字动画、音画节奏。如图 4.6 和图 4.7 所示。

MV《子衿》的角色、场景设计优美,色彩渲染的很震撼,有中国侠客的浪漫,符合音乐的意境；特别是文字动画很精彩，动画节奏、场景切换与音乐合拍。应注意到两只蝴蝶角色的象征意义(象征了一对恋人)。如图 4.8 所示。

图 4.6　国画风格的构图与飘渺的人物角色

图 4.7　结尾处的两只蝴蝶，有化蝶长相守的意味

图 4.8　古风文字动画，更兼苍凉的场景

【任务 3】　动画素材的准备

子任务 1：对音乐的处理

从网络上下载所需要的音乐是非常方便的，但是往往获得音乐格式或长短与所需要的存在一定差异。下载的音乐有些也是 mp3 格式，但是在导入 Flash 的过程中也会出现无法导入的提示框，这是因为这种声音文件不是标准的 mp3 音频格式，或者 Flash 不支持这种音

频格式，所以就需要使用声音处理软件来把它转换为标准的 mp3 格式。在这里推荐使用 Goldwave 软件，编辑音乐的长短和保存为所需格式。

本项目使用的音乐是作者亲自录制的音乐，已经保存在该项目的素材文件夹中。

子任务 2：编写剧本

这一步主要是确定故事情节，进行动画形象的设计。

《蝴蝶仙子》MV 分为片头、主体和结尾 3 部分，场景也以此进行了划分，歌曲主体部分主要围绕蝴蝶的一系列活动展开，通过简单的构思，确定情节。歌曲描写了可爱的蝴蝶，MV 的主角当然就是蝴蝶，这首歌曲是为动画片制作的插曲，我们就用动画中的小蝴蝶做了主角形象。另外还要有许多翩翩起舞的蝴蝶，其他角色或者构成元素是环境中的花、草、蓝天白云等。如图 4.9～图 4.11 所示。

图 4.9　蝴蝶仙子

图 4.10　蝴蝶

图 4.11　美丽的花图片

主要为如下场景：

1. 蓝天绿地上，鲜花怒放，音乐渐渐响起。

2. 三只蝴蝶在花丛中翩翩起舞。

3. 在鲜绿宽大的叶子上，卵最终长大变成了美丽的蝴蝶。

4. 美丽的蝴蝶扇动着翅膀，象征着美好。

总之，制作前的构思是必不可少的，也是极为重要的，不能省略，只有进行充分的构思，并详细设计场景、角色和动画，有的放矢，才能更好的完成 MV 的制作任务。

子任务 3：对图片的处理

在音乐和剧本都确定之后，可根据故事情节去搜集一些相关的图片，搜集的图片要考虑能表现音乐的主题，其次是构思和创意，以及色彩的协调一致。对位图进行处理的常用软件是 Photoshop，而矢量图则使用 Illustrator 居多。

具体要求和方法如下：

1. 图片要清晰，分辨率不能低于 640×480 像素。

2. 图片素材要符合音乐意境与动画创意，比如绿草地、鲜花、蝴蝶，尽量要准备的多，以便根据设计取舍。

3. 可以下载 PSD 格式文件，分层文件中有大量现成的素材，如免费网站 http://sc.chinaz.com/psd/。

4. 下载的 gif、png 格式文件，支持透明背景，或者转换为矢量文件，非常便于接下来的制作。

5. 还可以在光盘素材库中搜集素材。

6. 准备合适的字体，如动画片头中使用了汉仪秀英体简体。

素材示例如图 4.12～图 4.14 所示。

图 4.12　背景图举例

图 4.13　蝴蝶角色、鲜花角色

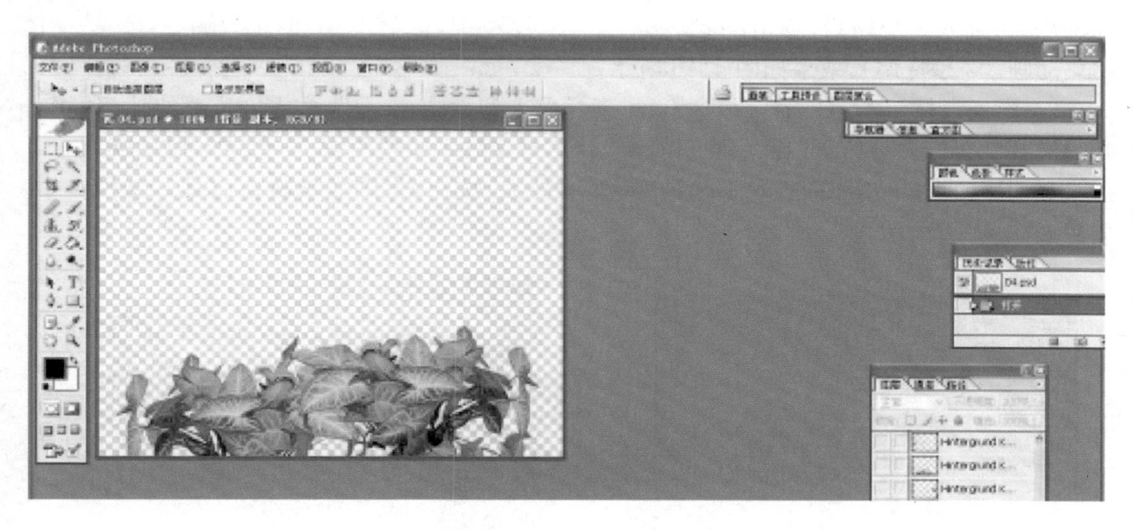

图 4.14　在 Photoshop 中处理素材

【任务 4】 创建文档,设置多个场景

操作步骤:

1. 打开 Flash CS6,新建 Flash(Actionscript2.0)文档,设置舞台尺寸大小为 550×400 像素,背景色为黑色,帧频为 12 帧/秒,效果如图 4.15 所示。

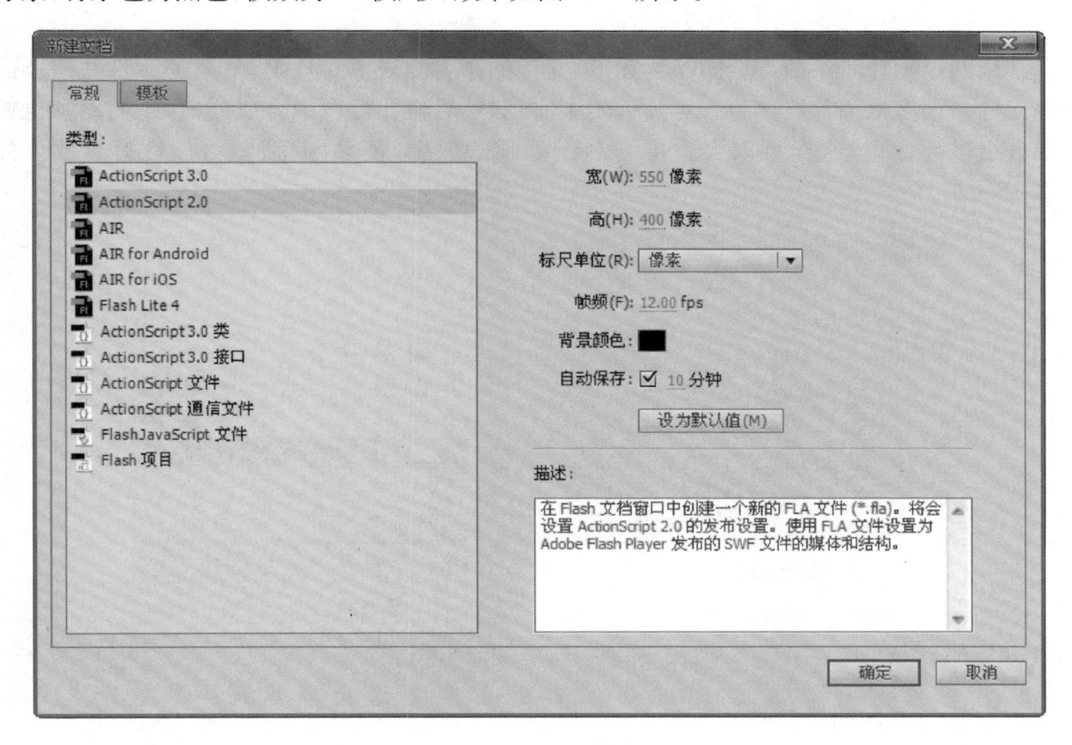

图 4.15　新建文档窗口

2. 选择“窗口”/“其他面板”/“场景”菜单命令打开场景面板,单击左下角“添加场景”按

钮两次，再插入2个场景，双击场景名称分别命名为01、02、03(01是片头场景，02是主体MV动画，03是片尾)，效果如图4.16所示。

3. 导入素材。本项目需要很多素材，素材导入到库中，要分类放置在文件夹中，便于查找。选择“文件”/“导入”/“导入到库”命令，将素材文件夹中的图像、声音导入到文档中。

4. 可以通过单击库面板左下角的“新建文件夹”按钮，将同类素材拖放某一文件夹中。效果如图4.17所示。

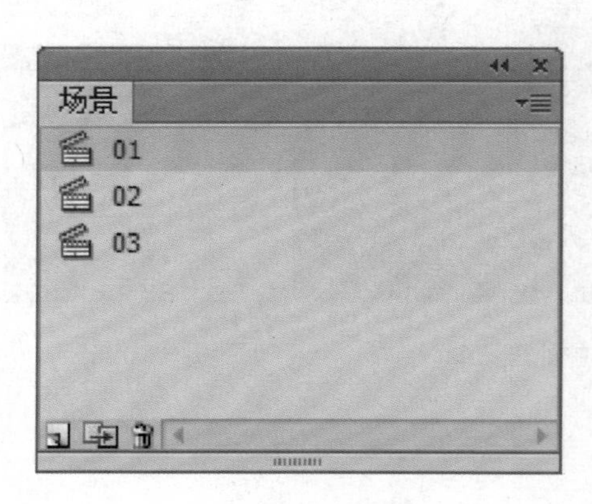

图4.16 场景面板

图4.17 命名要规范并按照规律，且导入素材要分类

【任务5】 制作MV中的元件

常用的动画片段一般都会转换为元件，元件的命名要规范易理解，复杂的元件往往还嵌套着元件。很多动画片段都要在影片剪辑中实现，然后再在舞台中合成，舞台中的动画也要分层分组进行管理，这样可以大大提高制作动画的效率，使动画整洁，可读性好。效果如图4.18所示。

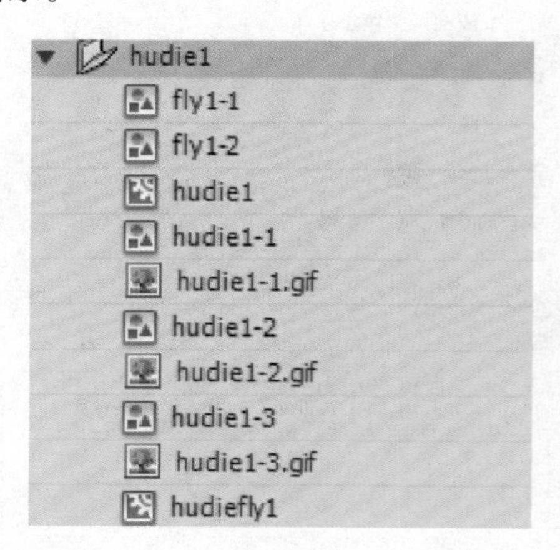

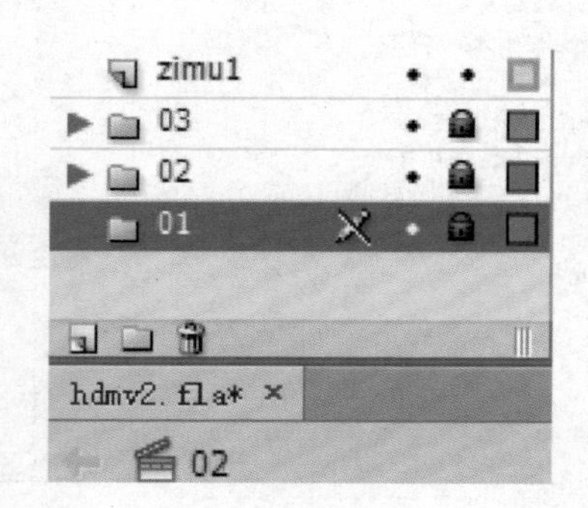

图4.18 元件和图层的管理

子任务1：制作蝴蝶飞舞动画

我们来制作一只蝴蝶飞行的动画，它将作为一个动画元素出现在场景中。

1. 按【Ctrl+F8】键创建影片剪辑元件，并命名为“hudie1”。将图片素材“hudie1. png”从库里拖拽到该元件窗口中，选中该素材后执行“修改”/“位图”/“转换位图为矢量图”命令，使用"选择工具"选中背景,并按【Delete】键删除,效果如图 4.19 所示。

图 4.19　hudie1.png

2. 使用"套索工具",选择蝴蝶的躯干,按【F8】键转换为图形元件,并命名为"hudie1-1"。分别选择左右翅膀,使用同样的方法,将其转换为图形元件"hudie1-2""hudie1-3"。查看元件如图 4.20 所示。

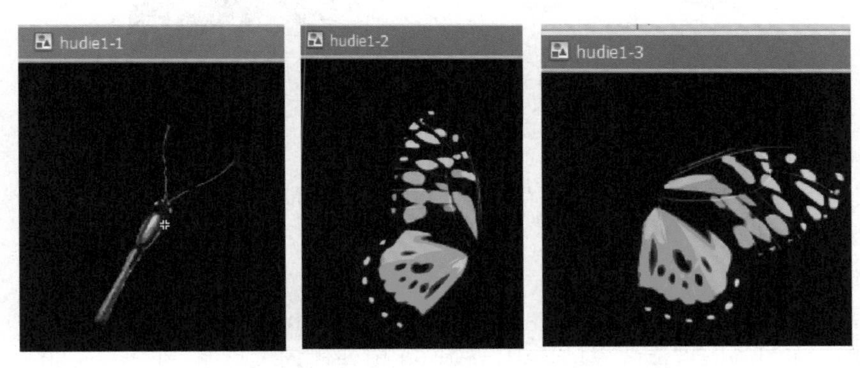

图 4.20　"hudie1-1""hudie1-2""hudie1-3"元件

3. 在第 2 帧上插入关键帧,使用"任意变形工具"调整左右翅膀的形状,如图 4.21 所示。

图 4.21　"hudie1"元件的第 1 帧和第 2 帧

4. 采用同样的制作思路,再制作另外两个影片剪辑《hudie2》和《hudie3》,效果如图 4.22 和图 4.23 所示。

图 4.22 《hudie2》影片剪辑

图 4.23 《hudie3》影片剪辑

子任务 2:制作蝴蝶引导动画

接下来我们制作场景中飞来飞去的蝴蝶,也就是让影片剪辑《hudie1》《hedie2》《hudie3》分别做曲线运动,也就是引导动画。

操作步骤:

1. 按【Ctrl+F8】快捷键创建影片剪辑元件,命名为《hudiefly1》。

2. 将库中的"hudie1"拖放到场景中,在第 60 帧处插入关键帧,在第 1~60 帧间创建传统补间动画。在时间轴的图层 1 上右击,选择"添加传统运动引导层"快捷命令,在该引导层上绘制曲线,作为蝴蝶的运动路线。最后将图层 1 的首尾关键帧中的蝴蝶元件吸附到引导线上。这样蝴蝶飞过去的动画就做好了,效果如图 4.24 所示。

3. 新建图层,在第 61 帧处插入关键帧,将库中的"hudie1"拖放到场景中,调整方向偏向左,在第 110 帧处插入关键帧,在第 61~110 帧间创建传统补间动画。同样方法,创建传统运动引导层,制作蝴蝶飞回来的引导动画。效果如图 4.25 和图 4.26 所示。

4. 采用同样的制作思路,再制作另外两个影片剪辑《hudiefly2》和《hudiefly3》。

子任务 3:制作按钮

为了更好地对动画进行控制,需要有开始、重播等控制动画播放的按钮,如在 01 场景中要有开始按钮,03 场景要有重播按钮。

01 场景是整个 MV 的开头部分,用于显示歌曲名称等信息。当动画播放到 01 场景的最后一帧会停止,用户单击按钮后切换到 02 场景继续播放 MV 主体。

操作步骤:

1. 按【Ctrl+F8】快捷键创建按钮"start"按钮元件,在"弹起"关键帧上绘制 1 个三角形,然后在"指针经过""按下""点击"3 个帧处分别插入关键帧。效果如图 4.27 所示。

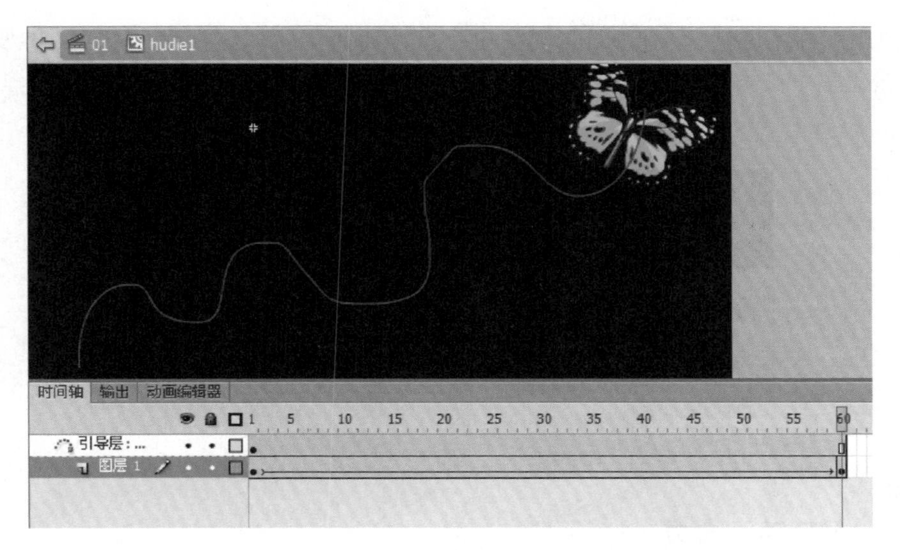

图 4.24 传统运动引导动画

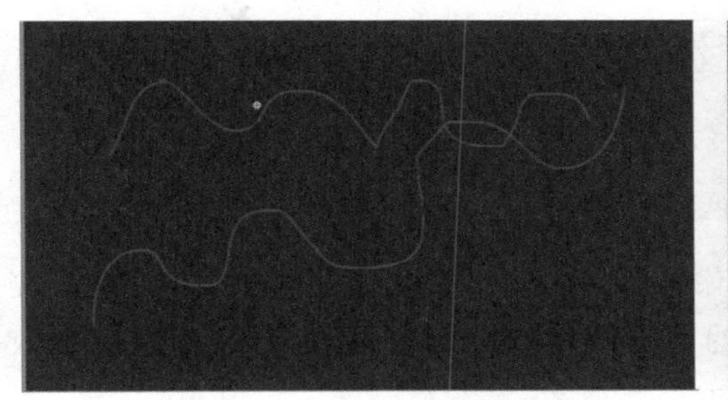

图 4.25 场景中的两条引导线和吸附的蝴蝶

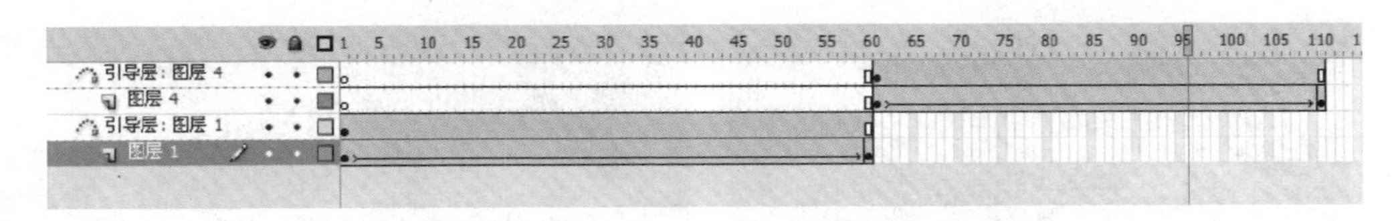

图 4.26 "hudie1"元件的时间轴

2. 选择"指针经过"关键帧，调整三角形的颜色与前一帧不同。效果如图 4.28 所示。

图 4.27 按钮弹起状态

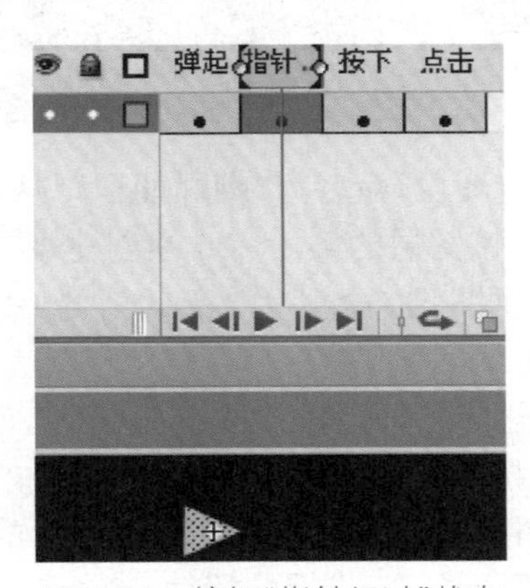

图 4.28 按钮"指针经过"状态

3. 使用同样的方法，创建“replay”按钮。当按钮为文本时，注意“点击”状态要绘制矩形，并且覆盖整个文本。效果如图 4.29 所示。

图 4.29 “replay”按钮元件

【任务 6】 MV 动画合成

子任务 1：片头的合成

操作步骤：

1. 将图层 1 命名为“背景”，从库中将“bg01.jpg”拖放到舞台，对齐，在第 25 帧处插入帧，最后锁定图层。

2. 新建图层，命名为“歌曲名”，使用“文本工具”输入“蝴蝶仙子”，格式为汉仪秀英体简体、48 点、白色。将该文本转换为《曲名》影片剪辑元件，并设置投影滤镜，滤镜距离为 1 像素。并在该图层的第 1～20 帧创建文字的淡入效果的传统补间动画，其属性色彩效果中的 Alpha 值从 6%变为 100%，如图 4.30 所示。

图 4.30 《曲名》影片剪辑元件的动画效果

3. 新建图层，命名为“蝴蝶仙子”，从库中将“02.png”拖放到场景，并转换为“xianzi”图形元件。在该图层的第 1～20 帧创建蝴蝶仙子的淡入动画。效果如图 4.31 所示。

4. 新建图层，命名为“音效”，选中第 1 帧，在属性面板的声音名称列表框中选中“11.wav”。

5. 新建图层，命名为“按钮”，在第 25 帧处插入关键帧，将按钮元件“start”拖入。单击此关键帧，按“F9”键打开动作面板，添加“stop()；”命令，如图 4.33 所示。单击“start”按钮实例，在动作面板中添加如图 4.34 所示的代码，以使其在被点击的跳转到 02 场景。

6. 按【Ctrl+Enter】快捷键，测试影片。

图 4.31 《蝴蝶仙子》影片剪辑元件的动画效果

图 4.32 插入声音设置

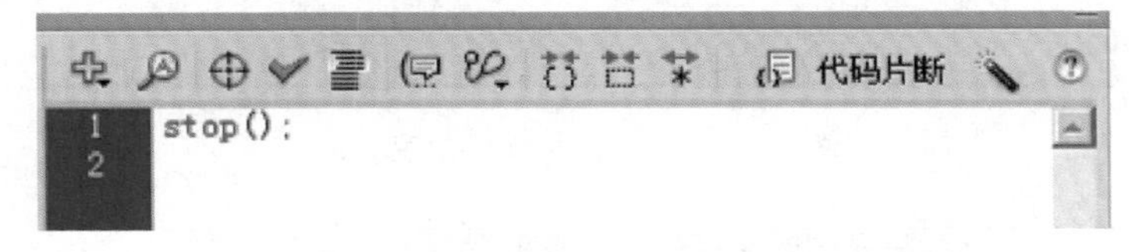

图 4.33 写在第 25 帧上的代码

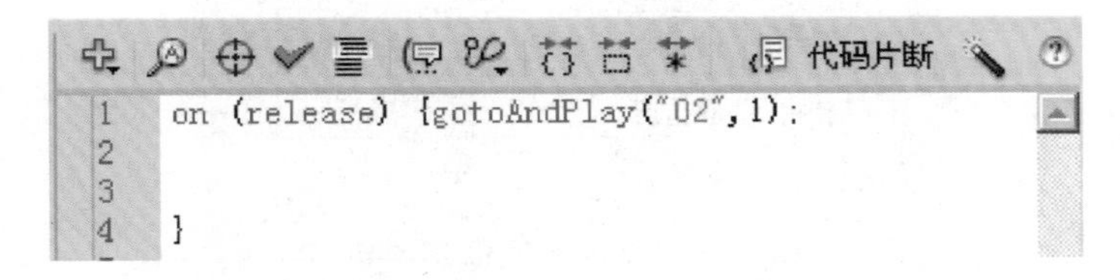

图 4.34 按钮实例上的代码

子任务 2:02 场景主体 MV 的动画合成

操作步骤：

1. 添加音乐。将图层 1 命名为“音乐”，单击第 1 帧，在属性面板的声音名称中选择“hdxz.mp3”，把音乐添加到时间轴中。选择效果列表中的“淡入”，单击后面的 编辑效果封套按钮，调整淡入所用时间长度，如图 4.35 所示。同步类型选择“数据流”，如图 4.36 所示。最后，在第 690 帧处插入帧。

2. 添加帧注释。选择“控制”/“播放”菜单命令，播放动画，监听音乐，并在每一句歌词的起始位置设置帧注释。具体做法是：新建图层，命名为“注释”，通过监听，第 1 句歌词“五彩花丛随风舞”的起始帧为 189 帧，则在 189 帧处插入关键帧，在属性面板的标签名称处输入“//1”，如图 4.37 所示。使用同样的方法，找出后面几句的起始帧分别为第 245、296、352、407、460、514、580、644 帧。

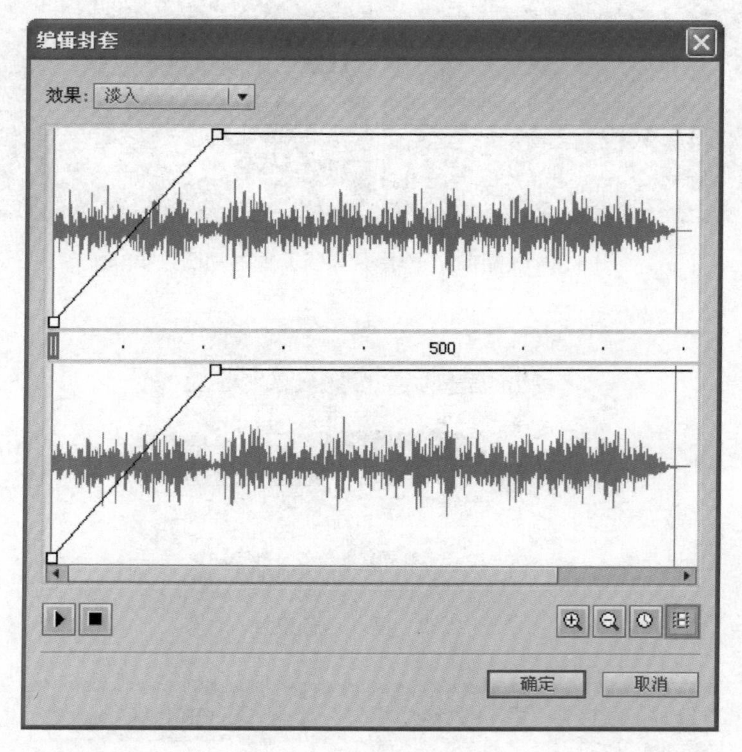

图 4.35　淡入效果编辑封套窗口

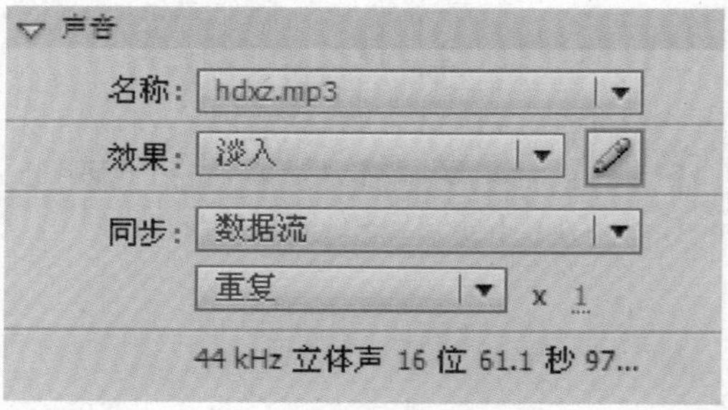

图 4.36　声音设置

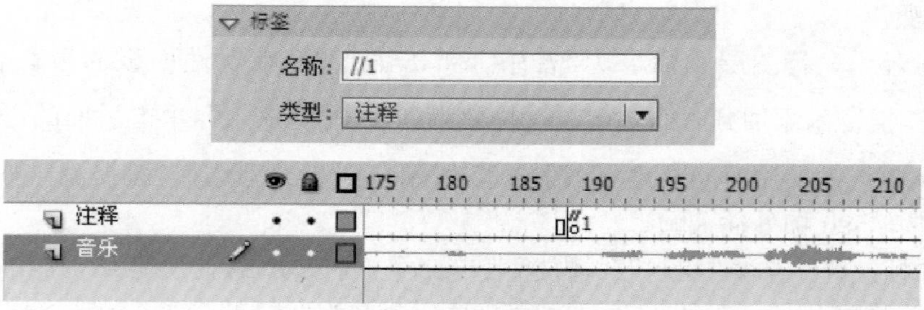

图 4.37　添加帧注释

3. 添加歌词。根据前面的帧注释作为参考，就可以很方便地制作歌词的动画了。例如第 1 句歌词动画是由主时间轴的第 189～244 帧来完成，既可以创建元件也可以直接在主时间轴上来做。

4. 根据剧本制作符合歌曲意境的动画。根据歌曲通过画面展示情节，如图 4.38 所示。

图 4.38 MV 主体部分的几个主要场景

子任务 3：片尾场景 MV 的制作

场景 03 紧随主体之后，用于交代作者等信息，同时设置“Replay”按钮，可以重新播放 MV。如图 4.40 所示。

具体动画可以参考完成效果进行制作。其中，“Replay”按钮实例的动作命令如图 4.41 所示。

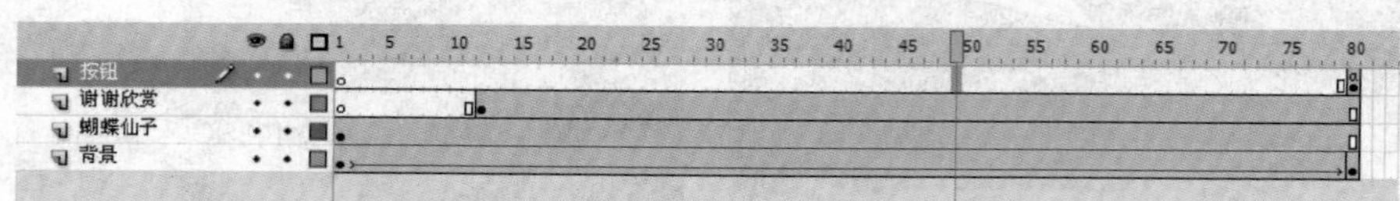

图 4.40　03 场景动画效果图

```
1  on (release) {
2      gotoAndPlay("01", 1);
3  }
```

图 4.41　写在"REPLAY"按钮实例上的命令

【任务 7】 调试并发布 MV 作品

操作步骤：

1. 选择"文件"/"发布预览"命令，或者直接按【F12】键，进行测试预览。如果发现错误的元件动作，继续对 Flash 文件进行修改。

2. 测试预览都无误后，选择"文件"/"发布设置"命令，进行发布设置，如图 4.42 所示。

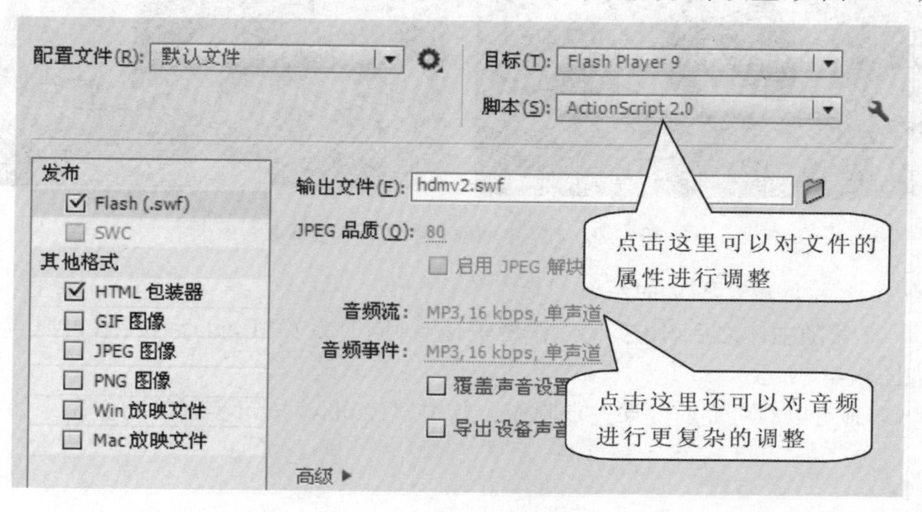

图 4.42　发布设置对话框

图 4.43　发布设置对话框

4.5　项目总结

Flash MV《蝴蝶仙子》的制作在内容上重创意，结构上重完整，元件的制作也是层层深入并相互联系的。整个动画的合成虽然较为复杂，但都以歌曲的进行为线索，各个角色的设计及出场退场皆以歌曲内容为准，除了功能性较强的01、03场景简单一些，02场景再复杂也并不难制作，大家可以发挥创意，制作出更优美巧妙的动画，毕竟音乐能给人以无限的想象空间。

通过本项目的学习我们将提高视听语言的鉴赏水平，掌握一般MV制作的思路和方法，掌握较为复杂的影片剪辑、角色的制作，理解场景设置与控制的规律，学会图形的编辑、按钮的使用与音频的编辑设置。

4.6　知识点详解

4.6.1　MV 的制作流程

制作MV作品是一项艰巨的工程，整个过程如图4.44所示。制作一个好的MV作品，首先要选好音乐，然后根据音乐的主题来编辑剧本，设计好剧情之后再搜集相关的图片资料，做好前期的动画素材准备之后，就可以使用Flash软件来制作作品了。在整个过程中，前期的准备显得尤为重要，特别是编写剧本这一环节，关系到作品的质量。

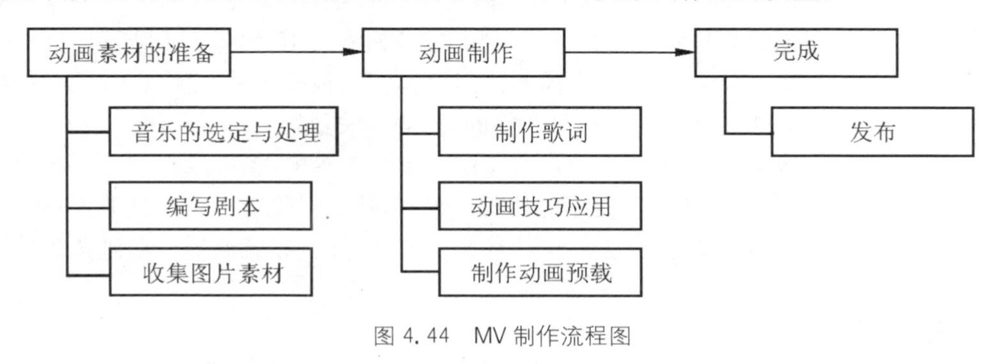

图 4.44　MV 制作流程图

4.6.2 Flash 软件中声音的运用

Flash 是互联网上应用最广的多媒体软件，在网络中的运用相当普及，它拥有图画、文字、声音多媒体动态表现能力和极强的交互性，使人们在网络世界中可以最大限度地演绎对现实生活的理解。一个精美的 Flash 作品不仅要有好的动画效果，更要有好的音响效果，声音会渲染场景，烘托气氛，最大限度地表现动画效果意境，使 Flash 作品内涵更加丰富多彩，更具有感染力，使作品主题发挥得淋漓尽致。

1. Flash 支持的音频的格式

在 Flash 中导入的音频大小将直接决定 Flash 文件的大小，因此必须平衡音质和文件大小之间的关系。通常对于发布在网络上的 Flash 作品，应该采取较低的位数及采样率，缩短其在网络上下载的时间。对于发布在光盘类用于本地浏览的媒体，则可以适当提高位数及采样率。Flash 软件本身没有录制音频的功能，也不能进行复杂的剪辑、混音，因此要使用音频只能由外部导入。音频可以使用专用音频处理软件剪辑，也可以从网上下载素材。Flash 软件支持的音频格式见表 4.1。

表 4.1 Flash 支持的音频的格式

文件格式	简介
WAV	是微软公司开发的声音文件格式，使用 PCM 无压缩编码，文件的质量极高，数据量非常大
MP3	体积小、音质高的特点使得 MP3 成为网上最流行的音乐格式。MP3 音频压缩技术是一种失真压缩，相对于无损格式，MP3 回放质量较低
AIFF①	是 Apple 公司开发的声音文件格式，是 Apple 电脑的标准音频格式，支持多种压缩方式与 CD 采样质量
QuickTime 声音影片②	是 Apple 公司创立的音视频格式，是一种优良的视频编码格式

注：①、②要求系统中安装 QuickTime 6 或更高版本。

2. 导入与加载音频

(1) 运行 Flash 程序，打开一个需要使用音频的 Flash 项目，执行“文件”/“导入”/“导入到库”命令，在弹出的对话框中选择要导入的音频文件，如图 4.45 和图 4.46 所示。

(2) 在场景中新建一个图层，然后在需要使用声音的位置插入关键帧，将音频文件拖动到场景中即可，如图 4.47 中的图层 3 就是专门的音频文件图层。

在 Flash 动画中使用声音，既可以将声音应用到单个图层中，也可以将声音分布放置在不同图层，实现多种合成音乐效果。为了方便编辑控制，建议将每个声音单独放置在一个图层。当音频文件被放置到场景中去之后，若不做特殊操作处理，它就会随着动画按照关键帧的时间位置进行播放。

3. 音频参数设置

音频文件的大小将影响的 Flash 播放文件的大小，所以要为动画选择合适的音频格式。

图 4.45　导入音频文件“11.wav”

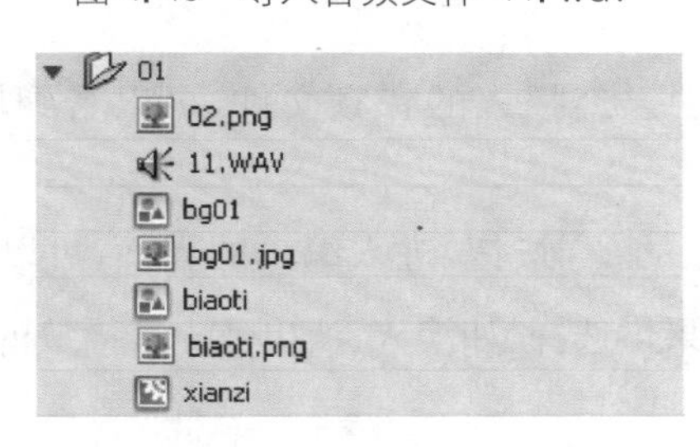

图 4.46　“11.wav”成功导入到库中

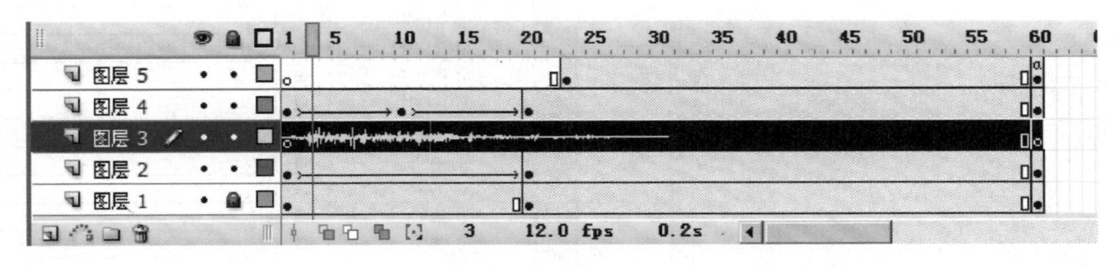

图 4.47　音频文件被添加到了图层中

双击在库中的音频文件，弹出“声音属性”对话框，可以看到文件名、文件信息、更新、导入、测试、停止、压缩压缩格式的功能设置。如图 4.48 所示。

压缩的方式有以下几种：

(1) 默认值：按照场景设置音频属性；

(2) ADPCM 格式：声音波形数据的有损压缩，兼顾了网络传输与声音的品质；

(3) MP3 格式：压缩比较大，保持了较好的音质，适合于网络应用；

(4) “Raw”格式：不对导入的音频做处理；

(5) “语音”格式：达到最大的压缩比，声音品质也最差。

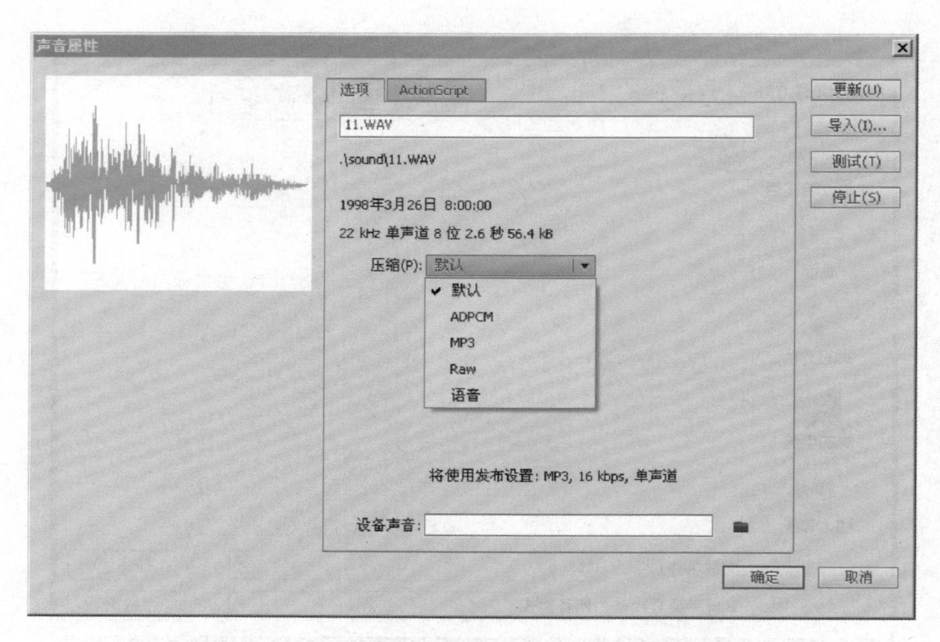

图 4.48　声音属性设置对话框

4. 音频的属性与编辑

(1) 在场景的图层中选中已经插入的音频文件,可以看到属性面板中的相应设置,如图 4.49所示。

(2) 点击音频属性面板上的 按钮,进入编辑的界面,可以进行简单编辑与效果设置。Flash 软件提供了多种声音效果供选择,如淡入、淡出及声音播放的声道控制。如图 4.50 所示。

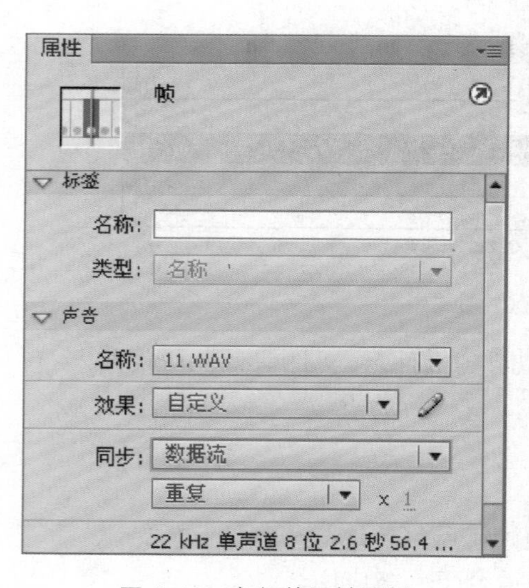

图 4.49　音频的属性面板

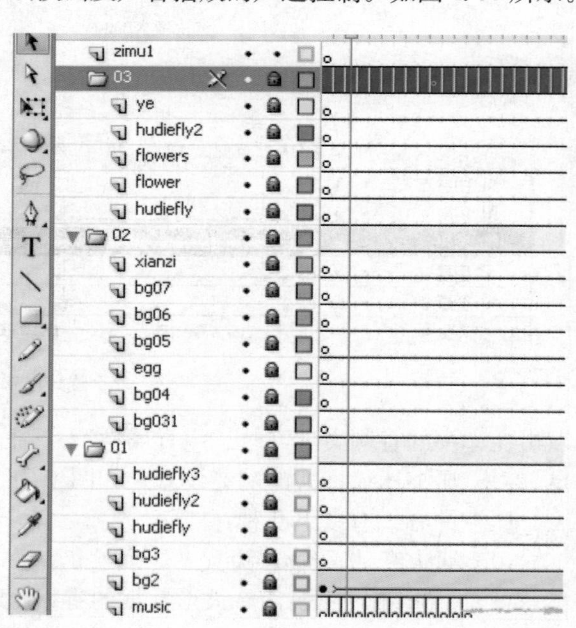

图 4.50　音频的编辑窗口

5. 音频事件设置

为使声音和影片播放时间一致，需要在音频的“属性”面板中选择不同的同步类型，如图 4.51所示。

(1) 事件：将声音和触发事件同步播放。事件声音独立于时间轴，即使动画播放完毕，声音还会接着播放。

(2) 开始：与事件很接近，针对相同的声音在不同开始帧的情况，只会播放先开始的声音文件。

(3) 停止：将指定的声音设置为静音。

(4) 数据流：在动画被下载的同时播放的声音，常用作动画的背景音乐。优点是在网络上播放 Flash 动画时，无须下载完整的声音数据，缺点是在网络不畅时，会出现断续现象。

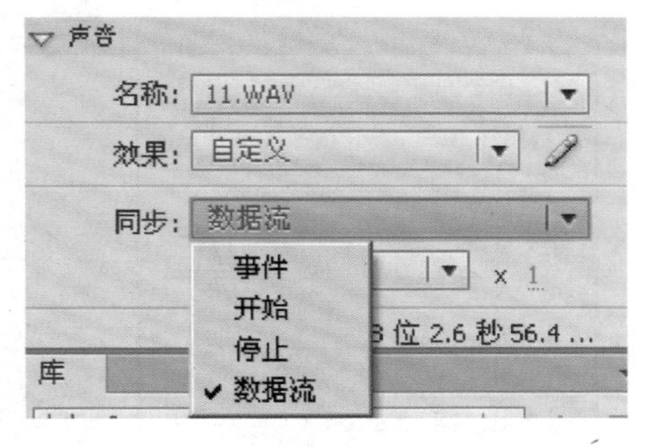

图 4.51 音频的属性面板设置

(5) 在选择“重复”选项的情况下，将重复播放该声音，在其右侧还可以输入数值，设置重复播放的次数。如果选择“循环”选项，即代表无限次的重复播放该声音。

4.7 拓展案例

【案例】 为按钮添加音效

主要制作步骤：

1. 打开 Flash CS6 程序，选择“文件”/“新建”命令，新建一个 Flash(ActionScript 2.0)文档，文档的场景大小是 550×400 像素，背景白色，每秒 24 帧。如图 4.52 所示。

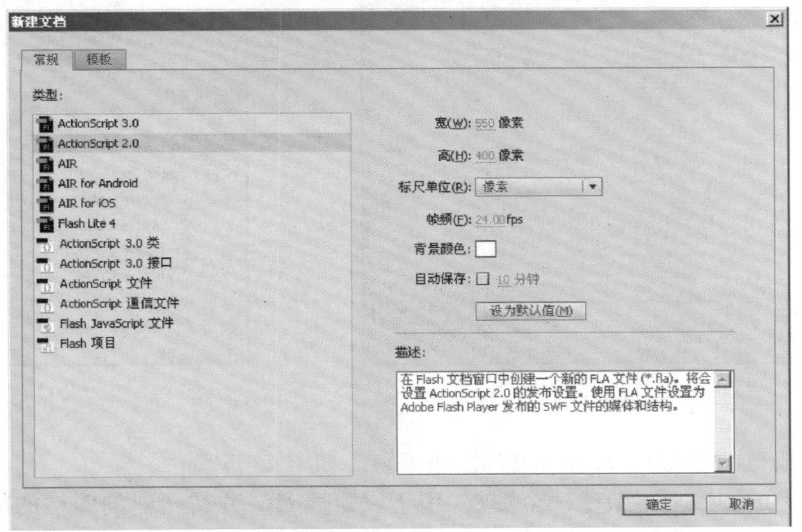

图 4.52 新建文档

2. 选择“窗口”/“公用库”/“Buttons”命令，打开外部库并将“buttons bubble 2”按钮用鼠标拖动到库中，如图 4.53 所示。

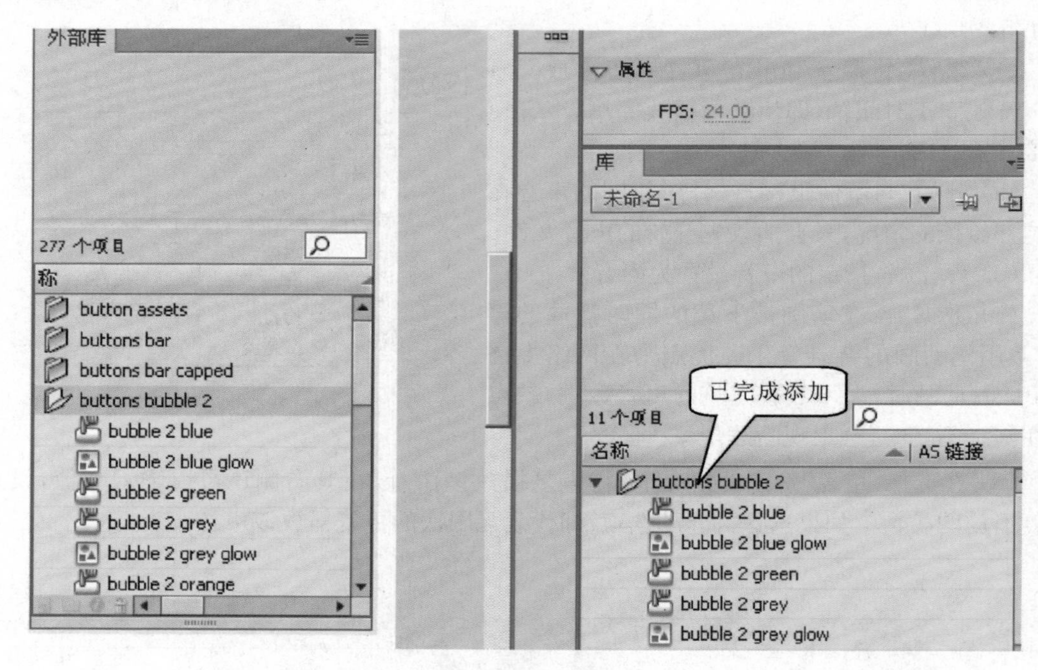

图 4.53 外部库面板与库面板

3. 选择“文件”/“导入”/“导入到库”命令，将音频文件“10.wav”导入。如图 4.54 和图 4.55所示。

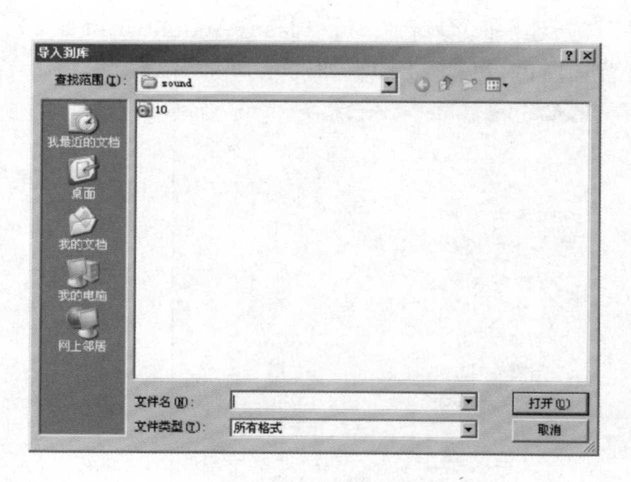

图 4.54 导入到库

图 4.55 音频文件“10.wav”被成功导入

4. 双击按钮“bubble 2 blue”，进行按钮编辑。如图 4.56 所示。

5. 在原有的图层上再新建一个图层，用于设定声音。并在新建的图层的第 2 帧(指针经过)添加关键帧，之后选中帧在属性面板中点击“名称”选项，选择音频文件“10.wav”。如图 4.57 和图 4.58 所示。

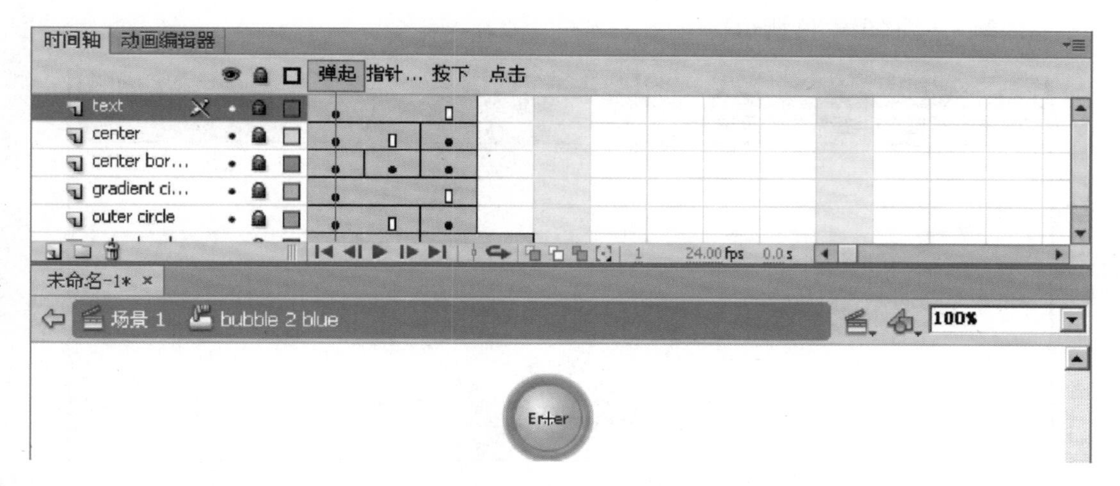

图 4.56　按钮元件的编辑

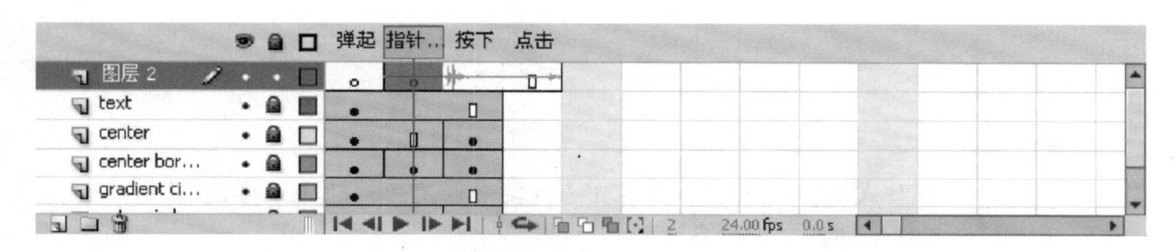

图 4.57　新建图层并添加关键帧

图 4.58　在属性面板中进行设置

6. 经过以上的设定就完成了为按钮添加声音效果的操作，然后将按钮“bubble 2 blue”拖动到场景中去，再执行“控制”/“测试场景”命令，测试效果。大家还可以试试将声音定义到不同的帧上。如图 4.59 所示。

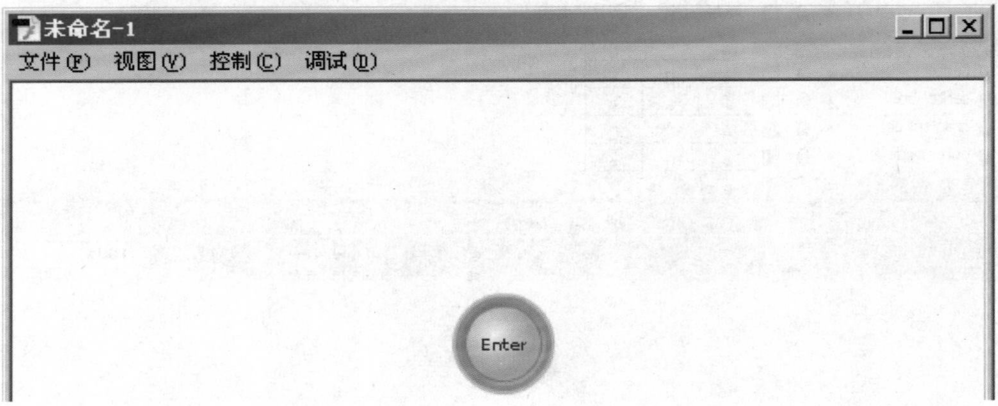

图 4.59　测试按钮试听效果

习　　题

1. 填空题

(1) ______音频格式是适用于网络传播且音质较好应用最广的音频格式。

(2) Flash 中可以 4 种声音同步类型:______、______、______、______。

(3) 网上绝大多数音乐类型的可接受采样率是______ kHz。

(4) 在 Flash 中,有两种类型的声音:______、______。

(5) Flash 提供了多种声音效果供选择,如:______、______、______。

2. 选择题

(1) 在 MP3 压缩对话框中的音质选项中,如果要将电影发布到 Web 站点上,则应选择(　　)项。

A. 中　　B. 最佳　　C. 快速　　D. 以上选项都可以

(2) 简单地制作音效,可以让声音逐渐变小,直到消失。这种效果称为(　　)。

A. 左声道　　B. 右声道　　C. 淡出　　D. 从左到右淡出

(3) 如果要向 Flash 中添加声音效果,最好导入(　　)位的声音。

A. 4 位　　B. 8 位　　C. 16 位　　D. 32 位

(4) 在安装了 QuickTime4 或更高版本的情况下比在没有安装的情况下,多出来的文件格式是(　　)。

A. 扩展名为.jpg 的文件　　B. 扩展名为.swf 的文件

C. 扩展名为.png 的文件　　D. 扩展名为.aif 的文件

(5) 当 Flash 导出较短小的事件声音(例如按钮单击的声音)时,最适合的压缩是(　　)。

A. ADPCM 压缩选项　　B. MP 压缩选项

C. Speech 压缩选项　　D. Raw 压缩选项

(6) 标准 CD 音频采样率是(　　)。

A. 5 kHz　　B. 11 kHz　　C. 22 kHz　　D. 44 kHz

项目 5　交互演示动画制作

交互动画是指在动画作品播放时支持事件响应和交互功能的一种动画，即动画播放时可以接受某种控制。这种控制可以是动画播放者的某种操作，也可以是在动画制作时预先准备的操作。这种交互性给观众参与和控制动画播放内容提供了手段，使观众由被动接受变为主动选择。最典型的交互式动画就是 Flash 动画。观看者可以用鼠标或键盘对动画的播放进行控制。

交互演示动画，相当于一个咨询人员，向用户提供所需的解答，让用户了解有用的信息。这样，就要求其内容尽可能地丰富详尽，而操作尽可能地简单易行，在制作交互演示动画时，要充分考虑用户的体验。这里不需要太多的理论赘叙，唯一的途径就是多看和多做——多看看别人的成功案例，多动手做一些实例。

5.1　项目描述

本项目是制作石家庄信息工程职业学院北校区的导游演示动画，要求用户通过鼠标的移动和单击，即可了解校园的基本情况。导游界面是整个北校区的地图(图 5.1)，在地图上分布着若干隐形按钮，将鼠标指针移动到按钮上，就会出现对应场所的名称(图 5.2)。单击鼠标，就会出现该设施场所的详细介绍(图 5.3)，单击“返回”按钮，弹出窗口退出。

图 5.1　导游界面

图 5.2　提示名称

图 5.3　校园场所介绍弹出窗口

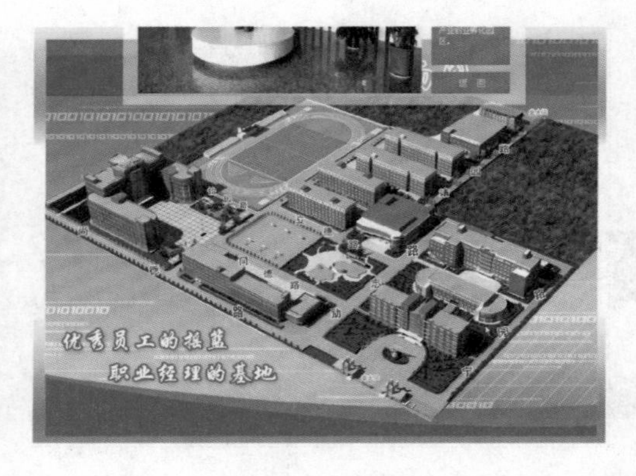

图 5.4　弹出窗口收回

通过本项目的练习，学习者可以掌握 Flash 交互演示动画的制作方法，体会ActionScript 在动画中的作用。

5.2 教学目标

能力目标

1. 掌握 ActionScript 的基础知识；
2. 掌握 ActionScript 的基本语句；
3. 掌握时间轴控制动画的制作。

知识目标

1. 了解 ActionScript 的基本应用；
2. 会使用动作面板；
3. 学会变量的声明、赋值方法；
4. 会用时间轴控制命令；
5. 掌握 onEnterFrame 事件的用法；
6. 掌握常用的鼠标事件。

情感目标

1. 提高独立思考、自主学习的能力；
2. 培养团队协作意识，增强集体荣誉感。

5.3 设计理念

对于交互演示制作，客户一般在开始就对整体效果有了基本的想法，我们只要认真听取就可以了。

在制作交互演示程序时，经常会遇到扩展功能的情况，客户有可能希望在第一次做的时候，只做一部分的演示；第二次做，是在第一次的基础上增加或者删除一些功能或者资料。所以在制作时要做好可扩展性规划。

图片素材一般由客户提供。在这个实例中，客户已经提供了所需的图片素材。在素材中的 Picture 文件夹中，放置了 4 个校园场所的照片，分别是北校区中的国家动漫产业创业孵化园 A 座、孵化园 D 座、小花园、第二教学楼，以及一张地图即“信工北校区地图. gif”和一张装饰图即“边框. gif”。

5.4 制作任务

【任务 1】 设置动画场景

操作步骤：

1. 新建 Flash 文档。打开 Adobe Flash CS6 软件，新建 ActionScript 2.0 文档。选择菜单栏中的“文件”/“保存”命令，将它保存为“sjziei. fla”。

2. 导入素材。选择菜单栏中的“文件”/“导入到库”命令，将 6 个素材图片导入到库中。选择“窗口”/“库”命令，打开库面板，如图 5.5 所示，检查素材是否完整。

3. 整理库里的素材。选择库里的第 1 张位图即“边框. png”，按下【Shift】键，再单击最后 1 张位图即“信工北校区地图. gif”，这样就全部选中了 6 张图片，然后在上面右击，选择“移至新文件夹”快捷命令。并在弹出的“新文件夹”对话框中输入“图像”，单击“确定”按钮。效果如图 5.6 所示。

图 5.5 导入素材后的库 图 5.6 将素材放在文件夹中

4. 设置文档属性。舞台的大小是根据边框图片的大小来设置的。双击图层名称“图层1”,并重命名为“边框”。将库中的图片“边框.png”拖放到舞台上。在图片被选中的情况下,选择菜单“修改”/“文档”命令,在弹出的对话框中,将“匹配”选项设置为“内容”,这样舞台的大小就和舞台上的图片一致了。帧频为24帧/秒,单击“确定”按钮。设置界面如图5.7所示。此时,不但舞台的大小和边框图片一致,而且图片也已经自动与舞台对齐了。

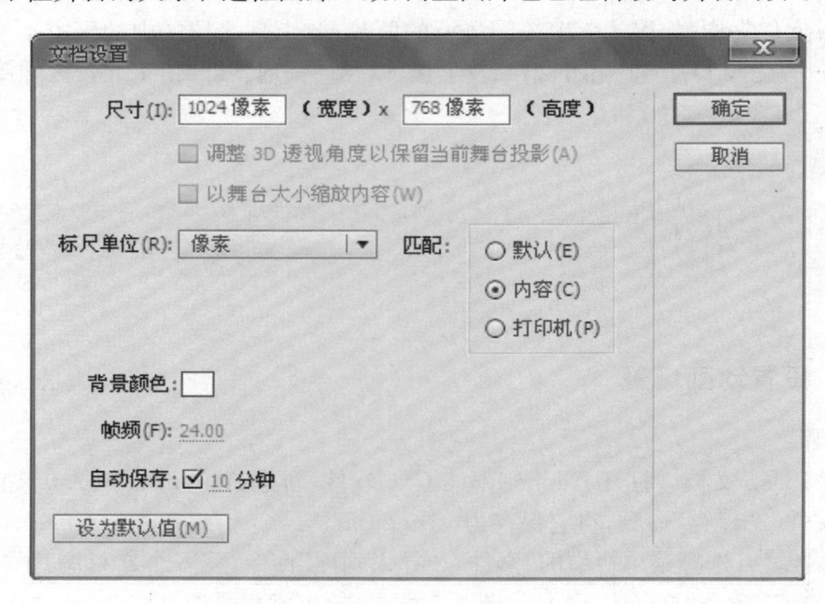

图5.7 文档设置

5. 添加地图。将“边框”图层锁定,单击时间轴面板中的“插入图层”按钮创建一个新图层,命名为“地图”,如图5.8所示。

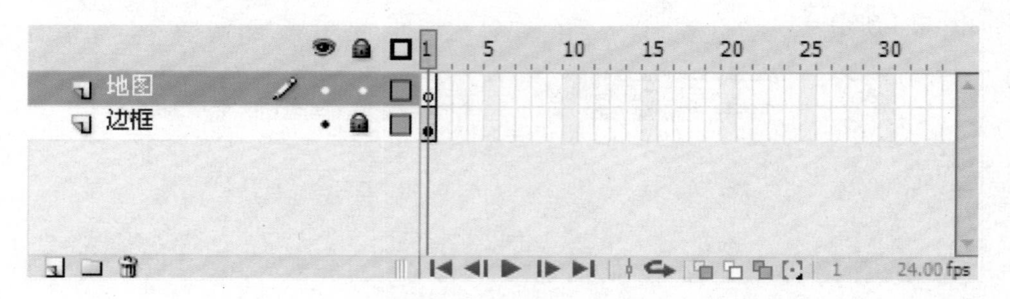

图5.8 创建“地图”图层

将库中的图片“信工北校区地图.gif”拖放到舞台上,使用“选择工具”选中并移动位置,使地图位于边框图片中间的空白区域内部,最后将该图层锁定。效果如图5.9所示。

这样就完成了交互演示场景的制作。

【任务2】 制作校园地图中各个隐形按钮

校园各场所介绍的部分比较复杂,把它分为3个任务来进行制作,分别是制作校园场所介绍隐形按钮、制作校园场所介绍弹出窗口和编写控制程序。本次任务是完成校园场所介绍隐形按钮的制作。

图 5.9　调整地图位置

下面以“国家动漫产业发展创业孵化园”为例，介绍隐形按钮的制作。

操作步骤：

1. 新建图层，更名为“按钮与蒙板”。

2. 选择“钢笔工具”，设置一种笔触颜色，无填充颜色。在该图层中，连续单击绘制一个多边形，将孵化园 A 座轮廓勾画出来。选择“颜料桶工具”，选择一种填充颜色，在多边形中单击鼠标。如图 5.10 所示。

图 5.10　使用“钢笔工具”绘制多边形

3. 使用“选择工具”双击多边形的填充区域，选中多边形，然后按【F8】键，将其转换为按钮元件，元件名称为“隐形按钮”，如图 5.11 所示。

4. 双击舞台上的“隐形按钮”元件实例，打开按钮在位编辑窗口，此时舞台场景呈半透明显示，便于元件的绘制等编辑操作。单击“弹起”帧，然后按住选中的“弹起”帧，将它拖到

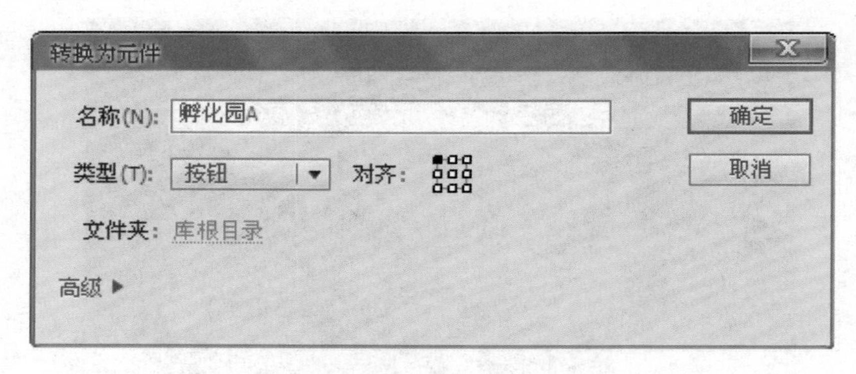

图 5.11　转换为按钮元件

“点击”帧，完成隐形按钮的制作。时间轴如图 5.12 所示。

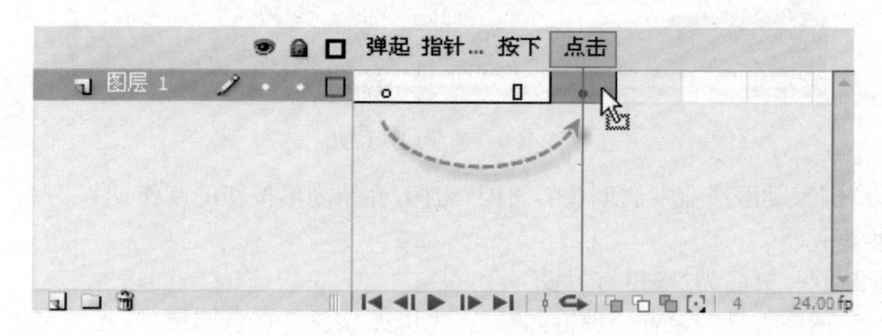

图 5.12　移动关键帧的时间轴

5. 单击“新建图层”按钮，插入图层 2，在“指针经过”帧右击鼠标，在弹出的快捷菜单中选择“插入关键帧”。选择“矩形工具”，设置笔触颜色为黑色(#000000)，填充色为乳白色(#FFFFCC)，选中“对象绘制”选项 ，参照舞台场景的画面，在孵化园 A 座附近绘制矩形。选择“文本工具”，设置为黑体、16 点，在矩形位置单击输入“孵化园 A 座”。最后，删除点击帧。如图 5.13 所示。

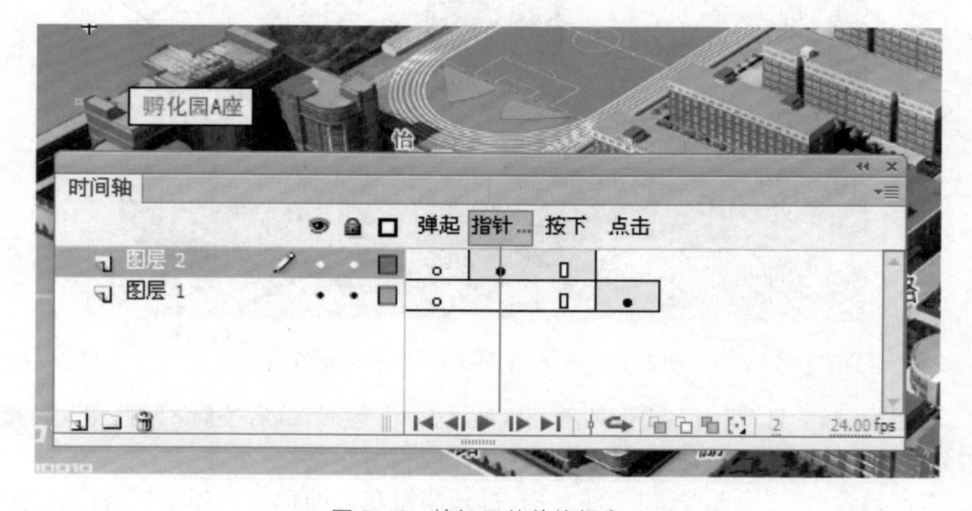

图 5.13　按钮元件的编辑窗口

6. 单击编辑栏中的“场景 1”返回主场景，这时可以看到隐形按钮是以半透明的高亮淡蓝色表示的(图 5.14)。测试影片时，按钮是看不到的，但是可以响应按钮事件，这就是“隐形按钮”。

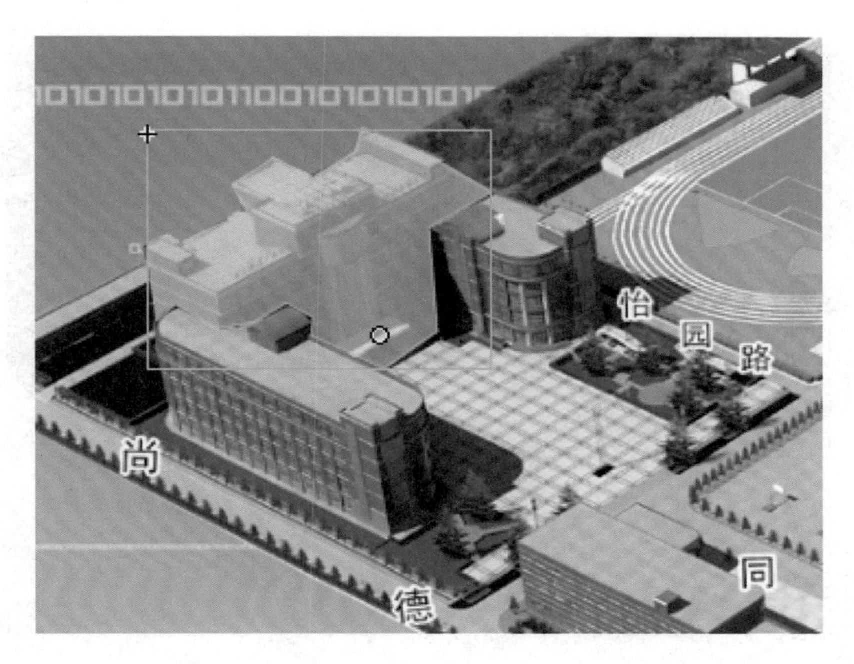

图 5.14　舞台中的隐形按钮

7. 按【Ctrl＋Enter】键测试影片，把鼠标移到孵化园 A 座会出现文字提示。效果如图 5.15所示。关闭 Flash 播放器。

图 5.15　测试影片效果

参照任务 2 中的步骤完成校园地图中其他 3 个隐形按钮的制作，它们分别是“孵化园 D 座”、“小花园”和“第二教学楼”。如图 5.16 所示。这样就完成了校园各场所介绍隐形按钮的制作。

图 5.16　4 个隐形按钮

【任务 3】 制作校园各场所介绍的弹出窗口

接下来制作的是校园场所的介绍内容。在显示校园场所介绍时，舞台上的按钮都不复存在，因为如果校园场所介绍和按钮混在一起，那么界面将会变得非常混乱。所以，可以让介绍内容在第 2 帧中显示。

操作步骤：

1. 编辑时间轴。首先，分别在“边框”和“地图”图层的第 2 帧处插入帧。然后，在“按钮和蒙板”图层的第 2 帧处右击鼠标，选择“插入空白关键帧”快捷命令，如图 5.17 所示。这样在第 2 帧中，舞台上的按钮就消失了。

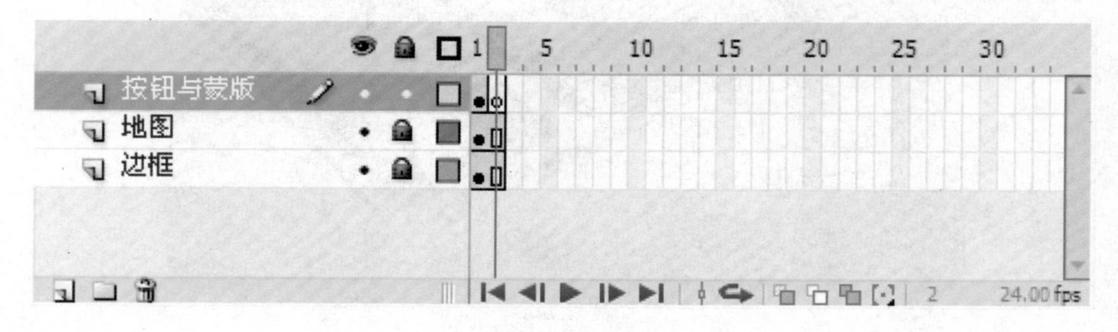

图 5.17　编辑时间轴

2. 制作蒙板。为了避免出现“喧宾夺主”的现象，可以对地图进行“淡化”，最简单的方法就是在地图上遮盖一个半透明的矩形作为蒙板。

在“颜色”面板中，配置半透明的灰色(#666666)作为填充颜色。如图 5.18 所示。

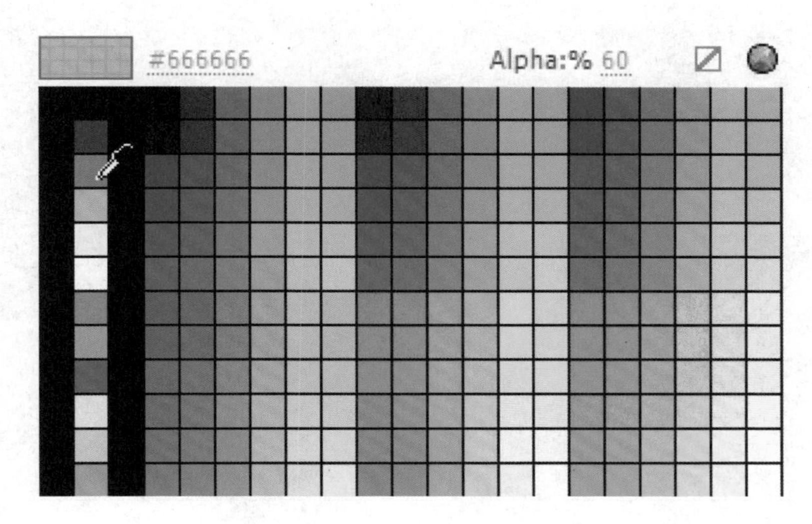

图 5.18 设置半透明灰色

选择“矩形工具”绘制一个半透明的矩形，刚好覆盖住地图，如图 5.19 所示。这样既可以看到地图，又不会让地图过于鲜艳。

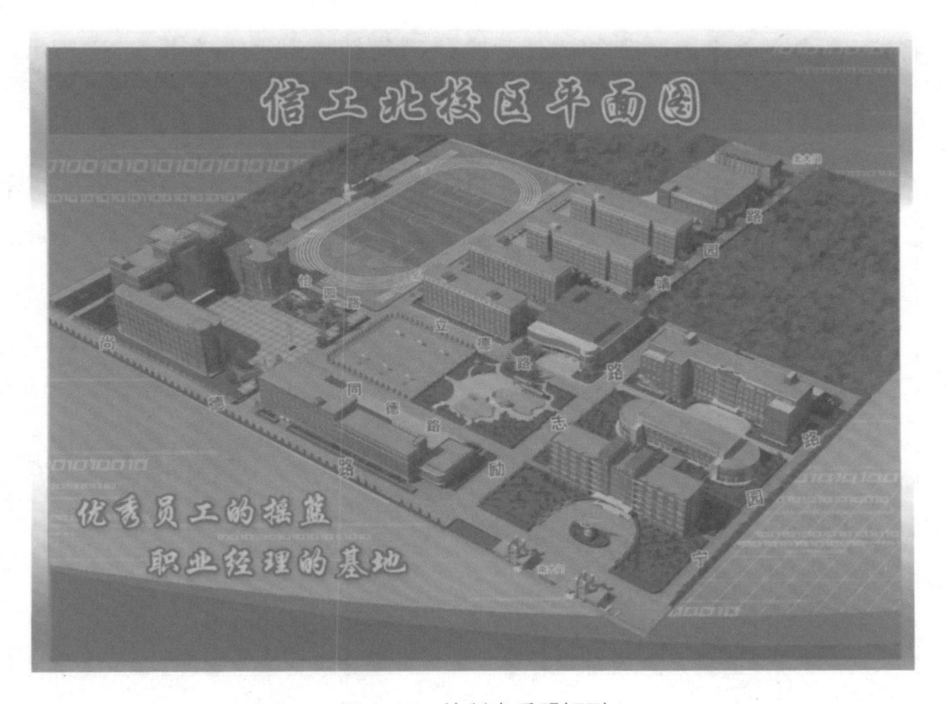

图 5.19 绘制半透明矩形

3. 将“按钮和蒙板”图层锁定。创建一个新图层“校园介绍”，用来放置校园场所介绍的弹出窗口。使用“矩形工具”绘制如图 5.20 所示的框架。先使用半透明的白色绘制一个

720×430 像素的矩形，然后在它的右部绘制两个褐色（#A34F37）不透明的矩形。上边的矩形用来放置介绍文字，下边的矩形用来制作“返回”按钮。

图 5.20　绘制校园场所介绍框架

4. 将整个框架的 3 个矩形都选中，然后按【F8】键转换为元件，如图 5.21 所示，元件命名为“显示区域”，类型为“影片剪辑”，单击“确定”按钮完成转换。

图 5.21　转换为影片剪辑元件

5. 编辑校园场所介绍内容。双击舞台上的“显示区域”实例，进入元件编辑窗口。使用“文本工具”在下边的褐色矩形上添加一个文本，写入“返回”两个字。使用“选择工具”将下面的矩形和文字都选中，按【F8】键，将它转换为按钮元件，这样就完成了背景的制作。如图 5.22所示。

图 5.22　创建按钮

6. 将放置背景的图层重命名为“背景”，锁定。然后，创建 3 个新图层，如图 5.23 所示，从下往上依次为“背景”、“图片”、“介绍”和“动作”。

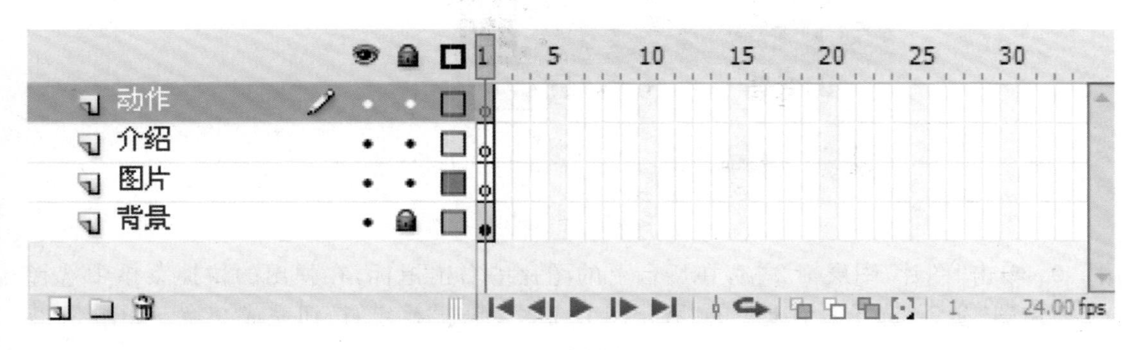

图 5.23　创建新图层

7. 放置图片。选中“图片”图层，放置校园场所的照片。第一个校园场所是“孵化园 A 座”。将库中的图片“孵化园 A. jpg”拖放到“图片”图层中，放置在背景左边的半透明白色区域。

然后，选中“介绍”图层，使用“文本工具”，在背景右上部的褐色矩形中写入白色的介绍文字，完成后的外观如图 5.24 所示。

图 5.24 添加图片和文字

8. 有了一个图片和一个文本之后，就可以快速创建其他图片和文本了。选中“图片”和“介绍”图层的第 2～4 帧，在选中的帧上右击鼠标，选择“转化为关键帧”，如图 5.25 所示，在两个图层中铺满关键帧。

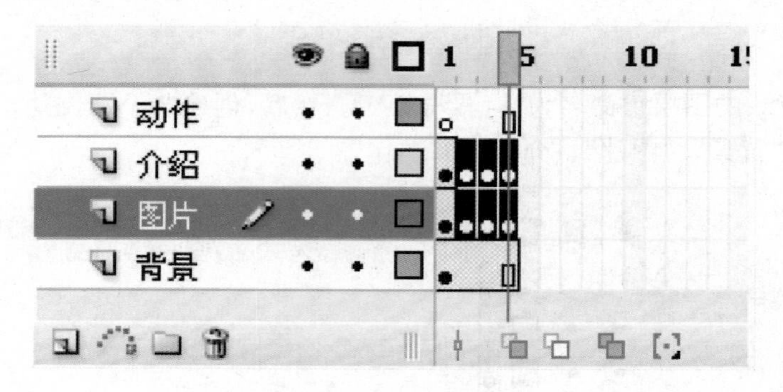

图 5.25 编辑时间轴

9. 单击“图片”图层第 2 帧，在舞台上的图片中右击鼠标，在弹出的快捷菜单中选择“交换位图”命令，选择对话框中的“孵化园 D. jpg”，单击“确定”按钮完成交换。如图 5.26 所示。

10. 替换文字。接下来把“介绍”图层第 2 帧的文字替换成“孵化园 D”的介绍文字。选择“文本工具”，单击舞台中第 2 帧的文字，进入编辑状态，进行修改。效果如图 5.27 所示。

11. 使用同样的方法，修改第 3 帧和第 4 帧中的照片和文字，这样就完成了影片剪辑《显示区域》的制作。

图 5.26　选择新的位图

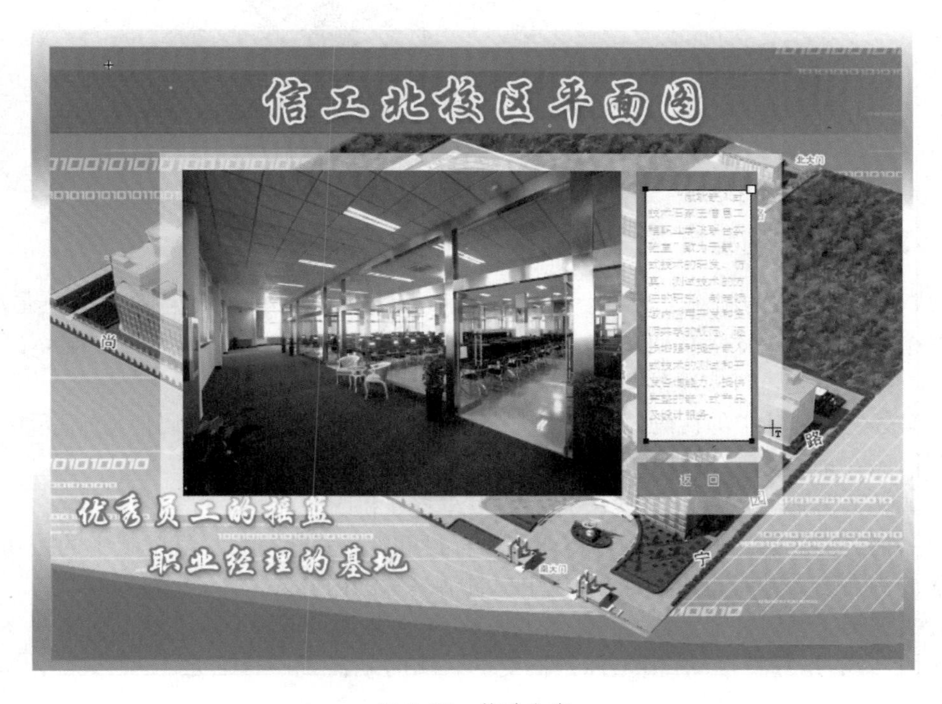

图 5.27　修改文字

12. 单击“场景 1”按钮，返回主场景。按照规划，显示区域一开始是在舞台外边的。如图 5.28 所示，选中舞台上的“显示区域”，将它向上拖放到舞台的外部。

图 5.28　移动到舞台外

【任务 4】　编写控制程序

完成了视觉元素的制作之后，就可以通过编写程序代码来进行交互控制了。在本项目中，有两个地方是需要添加代码的，一个是在主时间轴中，一个是在元件实例“显示区域”的时间轴中，接下来是进行实际的操作。

1. 编写主时间轴中的代码。主时间轴中有两个帧，第 1 帧中的代码使得“显示区域”飞出舞台外，停在某处，第 2 帧中的代码使得“显示区域”飞进舞台内。

2. 在编写之前，先分析一下这段程序的工作过程和原理。

首先，播放头在第 1 帧时必须停下来，这样才可以让用户去触发第 1 帧中的按钮事件。同样，播放头在第 2 帧时也应该停止，让用户看清演示的内容。

其次，在第 1 帧时，“显示区域”要飞出去；在第 2 帧时，“显示区域”要飞回来。飞行时，“显示区域”做的是垂直运动，横坐标是不变的。这时就需要一个变量 EndY，来给“显示区域”指示飞行终点的纵坐标。

第三，在第 1 帧中，需要在 4 个隐形按钮上添加代码。单击按钮以后，“显示区域”就会跳转到不同的帧，显示相应的校园场所介绍，然后让主时间轴的播放头跳到第 2 帧，播放“显示区域”飞入的动画。4 个隐形按钮的响应事件是类似的。

另外，还需要在“显示区域”的内容添加自动运动的代码，这样“显示区域”就会自动地移

动到指定的位置。

有了这些思想准备,就可以开始编程了。

3. 命名“显示区域”实例。使用“选择工具”选中舞台外的“显示区域”元件实例,单击属性面板上的实例名称输入框,输入 Show_mc,如图 5.29 所示。

4. 为主时间轴第 1 帧添加动作脚本。在主时间轴上,插入图层,命名为“动作”,选中第 1 帧,按【F9】键打开动作面板,如图 5.30 所示,在脚本窗口中添加如下代码:

```
stop();
var EndY = -550;
```

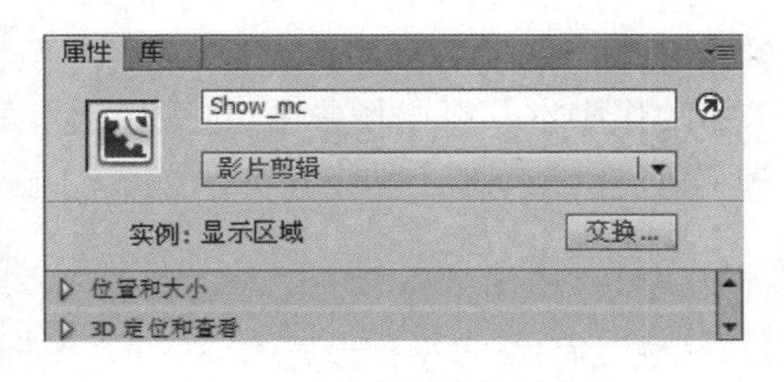

图 5.29 命名影片剪辑实例

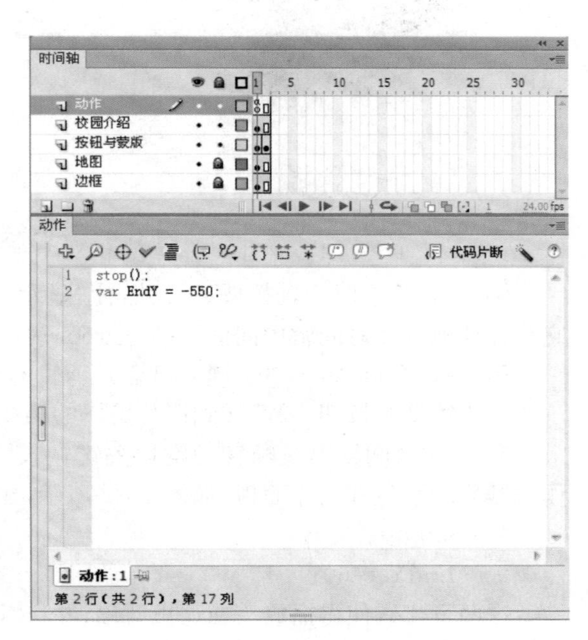

图 5.30 为第 1 帧编写代码

语句说明如下:

第 1 行:在这里暂停,这样用户可以触发第 1 帧中的各个按钮。

第 2 行:设置变量 EndY 的值。这个变量告诉 Show_mc 跑到哪里去。至于 Show_mc 怎么跑过去,所需的代码将会在 Show_mc 的内部编写。将目标纵坐标设置为−550,就可以让“显示区域”飞出舞台了。

5. 为隐形按钮添加脚本。4 个隐形按钮上的脚本相似,以第 1 个隐形按钮为例进行介绍。单击场景中孵化园 A 座上面的隐形按钮,如图 5.31 所示,在动作面板的脚本窗口中添加如下动作脚本:

```
on (release) {
_root.play();
_root.Show_mc.gotoAndStop(1);
}
```

语句说明如下:

第 1 行:on 是鼠标响应事件函数,在按钮实例上添加命令必须放在 on 函数里。release 是事件类型。当用户鼠标单击释放该按钮式,执行大括号({})中的命令。

图 5.31　为隐形按钮添加命令

第 2 行：让主时间轴播放下一帧，让“显示区域”飞进舞台。play()是时间轴控制命令，它能让播放头在时间轴中向前移动。_root 表示主时间轴的路径。

第 3 行：告诉 Show_mc 跳转到影片剪辑的第 1 帧。也就是显示孵化园 A 座的内容。

对于第 2 个按钮，要跳转到影片剪辑的第 2 帧，其他两个按钮以此类推。

6. 将主时间轴第 2 帧转为空白关键帧，并添加动作脚本。在主场景中，选中图层“动作”的第 2 帧，打开动作面板，如图 5.32 所示，在脚本窗口中添加如下动作脚本：

```
stop();
EndY =60;
```

这两行代码使得播放头在这里暂停，并将“显示区域”的目标纵坐标设置为 60，让它飞行到舞台上。

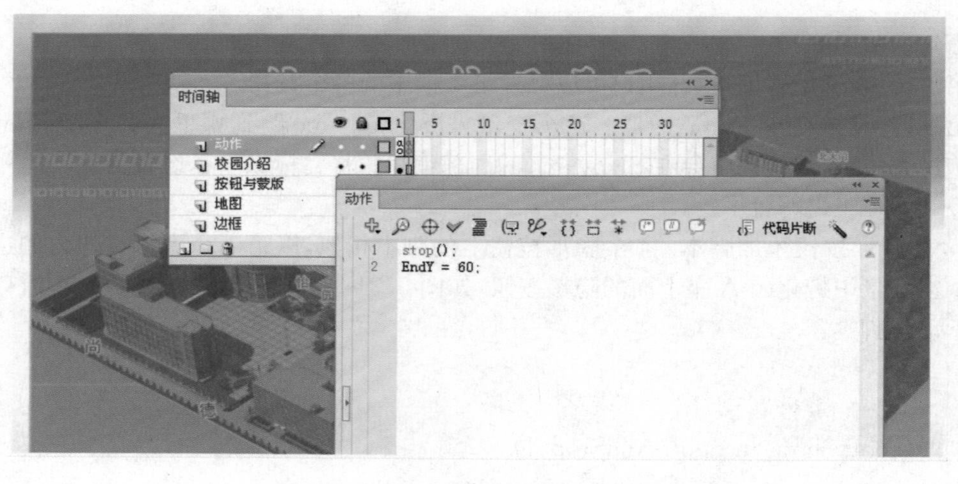

图 5.32　为主时间轴第 2 帧添加命令

7. 接下来要在影片剪辑“显示区域”中进行编程，实现影片剪辑的自动飞行。使用“选择工具”双击舞台外的影片剪辑实例“显示区域”，进入该元件的编辑窗口。

单击“返回”按钮，在打开的动作面板中输入如下代码：

```
on (release) {
this. _parent. prevFrame()
}
```

这部分代码按照按钮的单击事件，然后让一级对象，也就是主时间轴后退一帧，回到原来的导航状态，其中，this. _parent 是指主时间轴的相对路径，可以通过“插入目标路径”按钮 ⊕ 自动生成路径。

8. 添加影片剪辑帧代码。如图 5.33 所示，选中图层“动作”第 1 帧，在动作面板的脚本窗口中添加如下代码：

```
stop();
var Speed = 0.2;
onEnterFrame = function () {
this. _y = Math. round(this. _y * (1-Speed)+this. _parent. EndY * Speed);
};
```

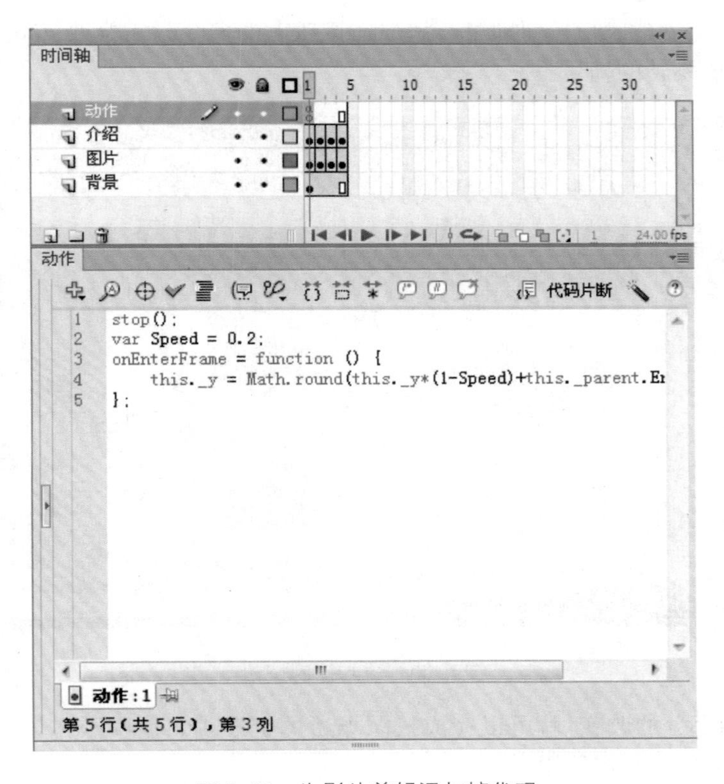

图 5.33　为影片剪辑添加帧代码

第 1 行让影片剪辑在第 1 帧暂停，第 2 行使用变量 Speed 来设置速度。这个值的取值范围为 0～1。值越大，影片剪辑移动得越快。后面是 onEnterFrame 事件，它以帧频重复调用大括号中的命令，让影片剪辑运动到舞台上。其中，this. _y 表示影片剪辑的纵坐标，Math. round()是四舍五入函数，用来获得将 this. _y * (1－Speed)＋this. _parent. EndY * Speed 的值向上或向下舍入为最接近的整数。

9. 按【Ctrl ＋ Enter】键测试影片，这时已经可以看到基本的成果了。

另外,按照前面的规划,这个演示程序需要具备可扩展性的,也就是说以后可以很方便地添加更多的校园场所介绍内容。要扩展的地方有两个,一是影片剪辑“显示区域”中的校园场所介绍,另一个是主时间轴中的隐形按钮。

对于扩展“显示区域”中的校园场所介绍,只需增加影片剪辑的帧,将处理好的素材导入替换即可。时间轴如图 5.34 所示。

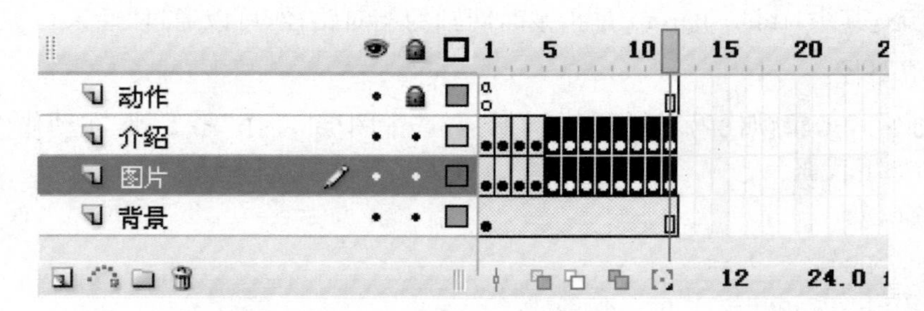

图 5.34 扩展帧序列

对主时间轴中的隐形按钮,图 5.35 标出了校园内各个场所的名称(参见素材文件),只需按照前面的方法创建隐形按钮即可。添加在按钮上的命令只需修改 gotoAndStop()函数的参数,也就是要跳转的帧号。

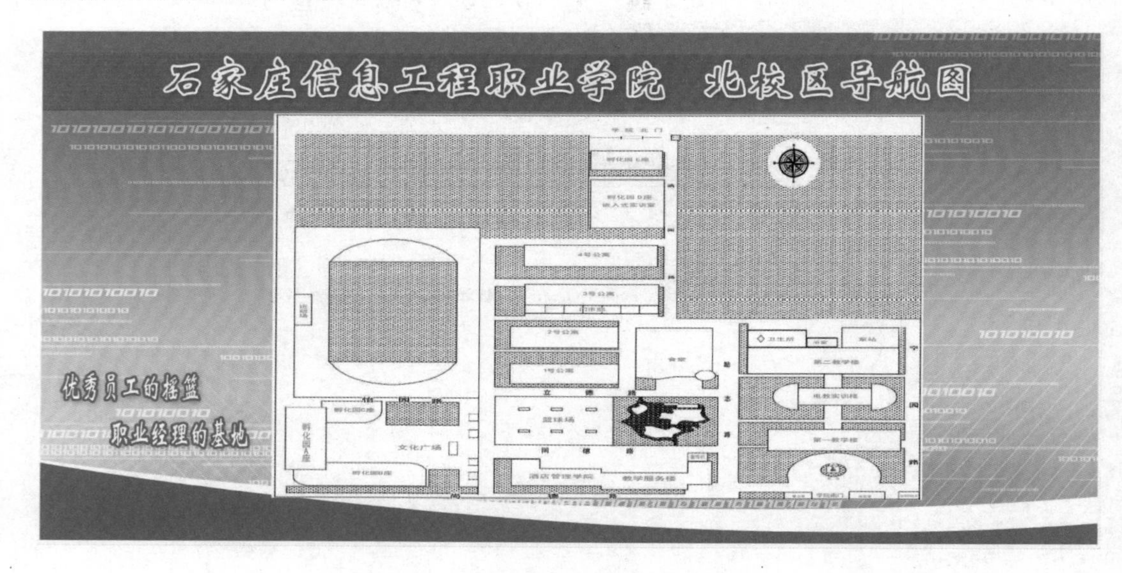

图 5.35 添加控制按钮

通过以上两部分的改变,就可以完成校园场所的扩展了。这些操作说明可以写入一个文档,留备以后维护的时候使用。

5.5 项目总结

交互演示可以让用户了解所需的信息。这种演示需要用户动手来触发解答,以此获取回答的结果。当然,还有另一类演示,就是进行连续放映,也可以向用户传递信息。不过这种演示并不是交互的,而是类似动画短片的形式。本项目只讨论前者。

5.6 知识点详解

5.6.1 ActionScript 的概念

ActionScript 是 Flash 中的脚本撰写语言,也称“动作脚本”。使用 ActionScript 可以让应用程序以非线性方式播放,并添加无法以时间轴表示的有趣的或复杂的功能。通俗地讲,就是通过编程手段利用一系列的代码来控制 Flash 的动画效果。

Flash 包含多个 ActionScript 版本,以满足各类开发人员和回放硬件的需要。

ActionScript 3.0:执行速度极快,需要深入了解面向对象的编程概念,不能包含 ActionScript 的早期版本。

ActionScript 2.0:容易学习,适合计算量不大的项目,更适于面向所设计的内容。

ActionScript 1.0:最简单,与 2.0 可共存于同一个 Flash 文件中。

5.6.2 ActionScript 的编辑器

动作面板是 Flash 中添加 ActionScript 的工具,下面来认识一下动作面板。

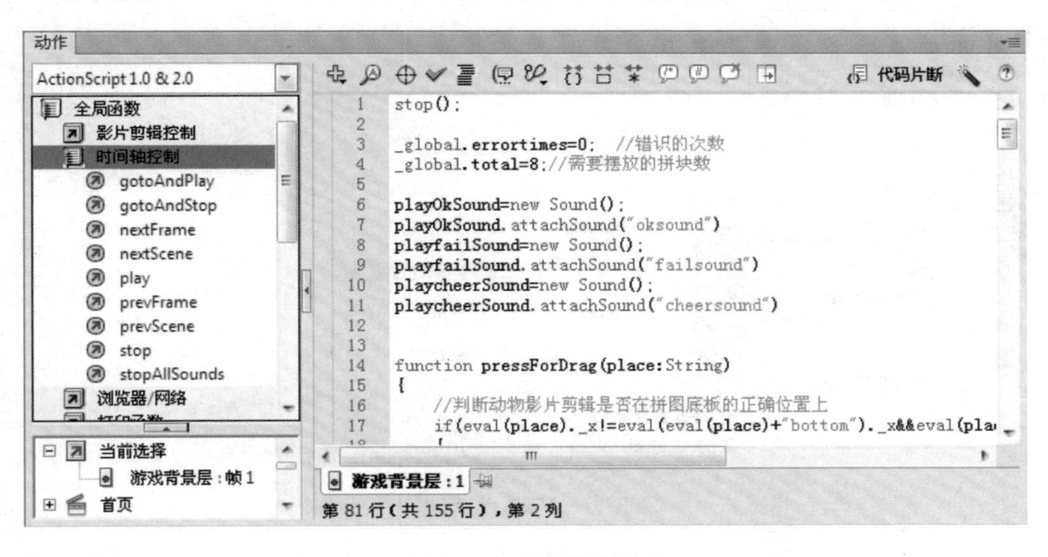

图 5.36　动作面板(2)

选择“窗口”/“动作”菜单命令,或按【F9】快捷键,可以显示动作面板,如图 5.36 所示。

动作面板的 ActionScript 编辑器环境由两大部分组成。右侧部分是脚本窗口,这是键入代码的区域；左侧部分是一个动作工具箱，每个 ActionScript 的语言元素在该工具箱中都有一个对应的条目。

在脚本窗口的上方，还有若干工具按钮。表 5.1 中介绍了几个常用的工具按钮。

表 5.1　动作面板中常用工具按钮

按钮	作用
	向脚本添加项目，相当于菜单式的脚本工具箱
	查找和替换按钮
	插入目标路径
	检查语法，帮助找出语法错误
	自动套用格式，自动分析脚本按规范的方式缩进和换行
	显示代码提示，可以提示内置对象方法和属性的用法和格式
	是 Flash 内置的脚本参考文件，是最好的 ActionScript 教材

为了帮助编程基础较弱的初级用户，Flash CS6 提供了脚本助手。脚本助手的应用方式和上面讲述的标准模式类似，对动作给予提示。当按下"脚本助手"按钮时，脚本窗口会变成如图 5.37 所示的"脚本助手"模式。

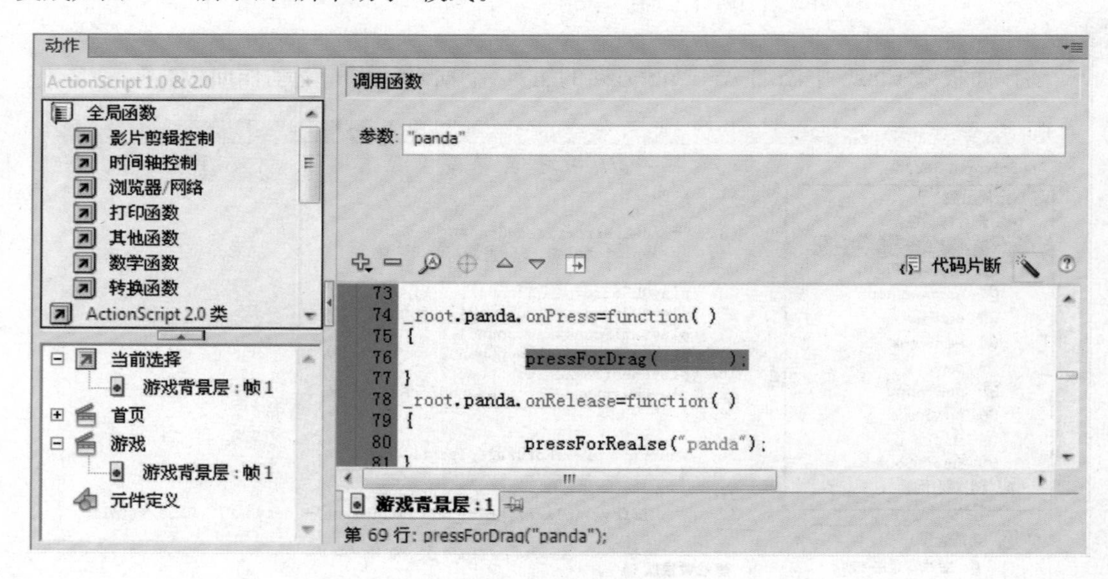

图 5.37　"脚本助手"模式

随着选定动作的不同，动作面板的参数区显示也不尽相同，参数的设置方法也有区别。但是只要掌握了每个动作的参数要求，设计的方法也就不难掌握了。

在切换到"脚本助手"模式时，Flash 会编译现有代码。如果代码出错，就不能切换到"脚本助手"模式。只有修复当前所选代码后，才能使用"脚本助手"。

5.6.3 ActionScript 的形式

实例：使用 ActionScript 2.0 画一个真正符合 $y=\sin\alpha$ 的曲线。效果如图 5.38 所示。

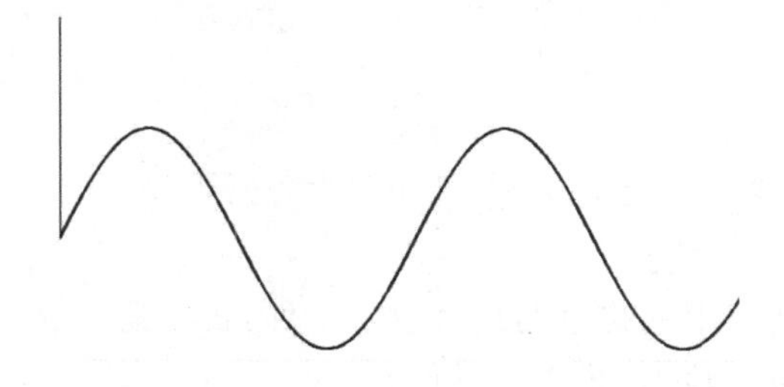

图 5.38 绘制 y=sinα 曲线的动画

制作步骤：

1. 新建 Flash 文档，尺寸大小为 600×400 像素，背景色为白色。
2. 按【F9】键打开动作面板，在右侧的代码编辑器中输入如图 5.39 所示的代码。

```
1  //设初始值
2  var x=0;
3  //创建一个空的影片剪辑mcs
4  _root.createEmptyMovieClip("myMc",1);
5  //画线的样式（粗细,颜色,透明度）
6  _root.myMc.lineStyle(2,0x000000,100);
7  //这个函数的作用是画出图形
8  _root.myMc.onEnterFrame=function(){
9  //画线
10     this.lineTo(x,-(100*Math.sin(0.02*x)-200));
11         if(x<600){
12             x+=5;
13         }
14 }
```

图 5.39 动作面板(3)

3. 最后，按【Ctrl+Enter】快捷键测试影片，会看到慢慢画出的正弦曲线。

动作脚本解释如下：

ActionScript 是从上至下一行一行地写的。前面的代码我们可以这样理解：初始化>创建一个演员>让演员站好位置>准备好笔>在演员身上画线>反复地画，在使用 ActionScript 作动画前，要先做个这样的规划，即确定“算法”。

每行由各种“元素”组成。这些“元素”都有自己的名字和规则。比方说关键字、格式等，即符合“语法”。了解这些基本知识，是学习 Flash 的一个最基本步骤。

5.6.4 ActionScript 的存放位置

1. 时间轴的关键帧

可以把脚本加在时间轴的任何一个关键帧上。这里要养成一个习惯，把脚本独立地放在一个层中，这个层什么元件都不放，仅是脚本的载体。这样今后修改脚本就方便了。

2. 特定的元件

在影片剪辑、按钮元件实例上都可以加脚本，这两个元件触发脚本的"事件"不同。

ActionScript 的形式有两种，一是若干代码片段分布在不同的关键帧、影片剪辑和按钮上；另一种是独立地以一个文件的形式出现，文件扩展名是. as，如果在什么地方需要，就用 #include 包含需添加的脚本文件，比如，#include "[path] filename. as"，这样代码就可以重复利用了。

5.6.5 懂得语法规则，养成良好的编程习惯

运用良好的编程技巧编出的程序要具备以下条件：日后易于管理及更新、可重复使用性及可扩充性好、代码精简程度高、程序执行速度快及源文件(. fla)别人能看懂。要学好 ActionScript 语言编程就应该从养成良好的编程习惯开始。ActionScript 和每一种自然语言一样，具有自己的语法和标点规则。例如，在英语中，句点会结束一个句子，而在 ActionScript 中，分号会结束一个语句。

1. 大写字母和小写字母

在 ActionScript 2.0 中，不仅是关键字，其余各种标识符、大写字母和小写字母也需要严格区分。例如，将 gotoAndStop(10)写成 gotoandstop(10)，则脚本会出错。

2. 点语法

在 ActionScript 2.0 中，点(.)的含义我们可以这样理解："××"中的"××"。它的作用通常有两个：一是用来定位，如_root. s_mc 就是根影片级别上的一个演员 s_mc。二是用来访问对象的属性、调用对象方法等。如_x 是影片剪辑属性，表示影片剪辑在舞台上的 x 轴的位置。表达式 hall_mc. _x 引用影片剪辑实例 hall_mc 的_x 属性。

3. 大括号

ActionScript 的事件处理函数、类定义和函数是用大括号({})组合成块的，如下面的脚本中所示：

```
on(release){
play();
}
```

4. 分号

ActionScript 语句是用分号结束的。例如，上面 sinα 曲线的实例中，每一条语句都是以分号结束的。

5. 小括号

在定义函数或者调用函数时，函数的参数都必须放在小括号内，没有参数的函数，在函数名后直接写小括号即可。例如，上例第 4 行_root. createEmptyMovieClip("mcs",1)脚本中，mcs 和 1 就是 createEmptyMovieClip()函数的两个参数。

6. 注释

ActionScript 中的注释仅仅供开发者做一些注记，并不当作程序的正式组成部分。单行的注释用//开头；多行注释用/ * 开头，用 * /结尾。

7. 保留关键字

保留字是一些单词，因为这些单词是保留给 ActionScript 使用的，所以不能在代码中将

它们用作标识符。保留字包括关键字,关键字是 ActionScript 语句和保留给将来使用的一些单词。这意味着不应将它们用于命名变量、实例、自定义类等;这样做会使您的工作出现技术问题。例如,root 就是一个关键字,那么我们就不能再给一个演员取名叫 root,否则程序就会出错。

表 5.2 列出了 ActionScript 2.0 中的保留关键字,这些保留关键字在用作变量名称时会在脚本中引起错误。

表 5.2 Flash ActionScript 2.0 中的保留关键字

add	and	break	case
catch	class	continue	default
delete	do	dynamic	else
eq	extends	False	finally
for	function	ge	get
gt	if	ifFrameLoaded	implements
import	in	instanceof	interface
intrinsic	le	it	ne
new	not	null	on
onClipEvent	or	private	public
return	set	static	super
switch	tellTarget	this	throw
try	typeof	undefined	var
void	while	with	

5.6.6 数据类型

数据类型就是描述了在变量或动作脚本元素中所包含的信息的种类。

1. 字符串

字符串是由字母、数字和标点符号组合在一起的序列。例如

```
Alert="Are you ready play"
name="apple";
Say="Hello"+name;
trace(Alort);
trace(Say);
trace("我们在学 flash as\n 你喜欢吗?");
```

输出结果:

```
Are you ready play
Hello apple
我们在学 flash as
你喜欢吗?
```

其中,\n 是转义字符,表示换行符。

2. 数值

数值数据类型是双精度浮点数，就是我们数学上的整数、实数，可以进行＋、－、＊、\ 等运算。

3. 布尔值

布尔值也称逻辑值，表现形式是 true 和 false。动作脚本也会根据情况将 true 和 false 转换为 1 和 0。

4. Object 类型

Object 就是对象，这个可以想像成一个“黑匣子”，里面有自己的“属性”，也就是它的特征和方法，说明它可以做的事情，把属性和方法包装在一起就是对象，比如一张桌子就是一个对象，其中桌子的颜色、长、宽、高就是这个对象的属性，桌子可以做讲桌，可以烤火，这些是它的方法，我们有了这个桌子类型，知道了桌子的颜色、长、宽等属性就可以创建一个新的桌子的实例。我们开始的例子是画 sin 曲线，sin 就是 Math 对象的一个方法。

5. MovieClip

MovieClip(影片剪辑)是 Flash 应用程序中可以播放动画的元件。它们是唯一引用图形元素的数据类型。

6. Null 和 Undefined

空值数据类型只有一个值，即 Null。它意味着“没有值”，即缺少数据。Undefined 是未定义的数据类型有一个值，即 Undefined，它用于尚未分配值的变量。

5.6.7 变量

变量，可以理解成一个放东西的“容器”，使用容器前，必须先定义，才可以使用，比如上面的 x，我们定义 var x ＝ 10，并且里面放了个数字 10。声明变量最适合的位置是在预载画面后的第 1 个关键帧，即下载后，画面开始时的帧，命名为“AS”(也可另外取名，该层专门用来放置有关的脚本命令)，并加上注释。

变量的命名规则如下：

(1) 第 1 个字母最好使用英文字母；

(2) 名称必须统一及唯一；

(3) 名称中不要有空格或特别符号；

(4) 名称的大小写要统一，变量不区分大小写，变量 x 和 X 同样有效；

(5) 用多重词语命名，如 myScore、myAge、myID 等；

(6) 先声明后使用，正规的写法为：var myAge＝18。

根据变量的作用范围不同，可以分为以下 3 种：

1. 本地变量

本地变量就是仅仅在所在的代码块中可用的变量。函数体内的变量一般都是这个类型。

2. 时间轴变量

时间轴变量可用于该时间轴上的任何脚本。应用时要注意 3 点：一是用前要初始化；二是其他时间轴引用时要加路径；三是只能在定义后的时间轴上应用。比如你在 10 帧定义了变量 var name＝“张三”；，那么你想在第 5 帧调用 name 就是 Undefined。

3. 全局变量

全局变量是任何时间轴都可以使用的变量,不需要路径。但仍然需要注意,在没有定义前的调用都是非法的。定义格式不能用 var 开始,必须加_global,比如_global. myname。

5.6.8 运算符

1. 数值运算符

算术运算符包括:+、-、*、/、%(取模运算,除后的余数)、++(加 1)、--(减 1)。

比较运算符包括:>、<、>=和<=。

2. 字符串运算符

将两个字符串操作数连接起来,比较运算符:>、>=、===、! =、! ==、<、<=,会比较两个字符串,以确定哪一个字符串按字母数字顺序应排在前面。

3. 逻辑运算符

逻辑运算符包括:&& 逻辑与、|| 逻辑或、! 逻辑非。

4. 按位运算符

按位运算符包括:&、|、^、~ 、<<、>>、>>>。

5. 赋值运算符

赋值运算符是=。

6. 点运算符和数组运算符

例如

```
month. day="Tuesday";
month. ["day"]
```

运算符的优先级和结合规律:括号 > 乘除 > 加减、算术运算 > 比较运算 > 逻辑运算。

5.6.9 函数

简单地说,函数就是命令的集合,就是来完成特定的功能的代码块。

函数分两类,内置函数和自定义函数。比如,通过内置函数 getTimer();可以知道自SWF 文件开始播放时起已经过的毫秒数。自定义函数就是我们自己定义的函数。

定义函数的方法:

```
function myFunction (参数 1,参数 2,……){
……  //您的语句
return //如果要返回一定的值就必须有 return,不需要返回任何值就不需要 return
    了。
}
```

其中,myFunction 就是函数名,它要符合我们介绍的取名规则。

5.6.10 路径

路径就是通向一个位置的路线,分为绝对路径和相对路径。

绝对路径:从_root 开始的路径。

相对路径:以某对象作参照对应的路径。

实例:新建一个元件 mc1,再建一个元件 mc2,把 mc1 拖入里面。我们把 mc2 放在场景中。再新建一个元件 mc3,把 mc3 拖入 mc2。如图 5.40 所示。

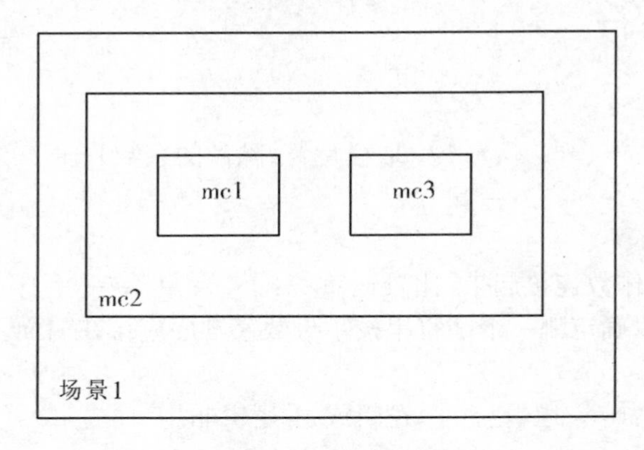

图 5.40 影片剪辑的嵌套关系

对于对象 mc1,引用 mc2 有两种方式,_root.mc2 采用的是绝对路径,而_parent 则采用的是相对路径。

5.6.11 按钮事件

按钮上的“事件”是通过 on 函数来完成的。语法格式如下:

```
on(mouseEvent) {
  //此处是您的语句
}
```

其中,mouseEvent 是一个称为事件的触发器。当事件发生时,执行该事件后面大括号({})中的语句,可以为 mouseEvent 参数指定下面的任何一个值。mouseEvent 参数及说明如表 5.3 所示。

表 5.3 鼠标事件触发类型

mouseEvent 参数	说明
press	当鼠标指针滑到按钮上时按下鼠标按键
release	当鼠标指针滑到按钮上时释放鼠标按键
releaseoutside	当鼠标指针滑到按钮上时按下鼠标按键,然后在释放鼠标按键前滑出此按钮区域
rollout	鼠标指针滑出按钮区域
rollover	鼠标指针滑到按钮上
dragout	当鼠标指针滑到按钮上时按下鼠标按键,然后滑出此按钮区域
dragover	当鼠标指针滑到按钮上时按下鼠标按键,然后滑出该按钮区域,接着滑回到该按钮上
keyPress“< key >”	按下指定的键盘键

5.6.12 时间轴控制命令

1. gotoAndPlay

功能:将播放头转到场景中指定的帧并从该帧开始播放。

格式:

```
gotoAndPlay("newFrame");
gotoAndPlay("sceneTwo", 1);
```

2. gotoAndStop

功能:将播放头转到场景中指定的帧并停止播放。

格式:

```
gotoAndStop("newFrame");
gotoAndStop("sceneTwo", 1);
```

3. nextFrame

功能:将播放头转到下一帧。

格式:

```
nextFrame();
```

4. nextScene

功能:将播放头转到下一场景。

格式:

```
nextScene();
```

5. play

功能:在时间轴中向前移动播放头。

格式:

```
play();
```

6. prevFrame

功能:将播放头转到前一帧。

格式:

```
prevFrame();
```

7. prevScene

功能:将播放头转到前一场景。

格式:

```
prevScene();
```

8. stop

功能:停止当前正在播放的 SWF 文件。

格式:

```
stop();
```

5.7 拓展案例

【案例 1】 动画控制

主要操作步骤：

1. 新建 Flash 文档，使用“文本工具”，在舞台上单击输入“www. sjziei. com”，设置字体和字号。效果如图 5.41 所示。

www.sjziei.com

图 5.41 输入文字

2. 制作小球的引导动画。新建图层并重命名为“球”。使用“椭圆工具”绘制无笔触的圆形，填充颜色为绿色、放射状渐变。使用“选择工具”右击绿球，选择快捷菜单中的“转换为元件”命令，设置为图形，名称为“ball”。完成效果如图 5.42 所示。

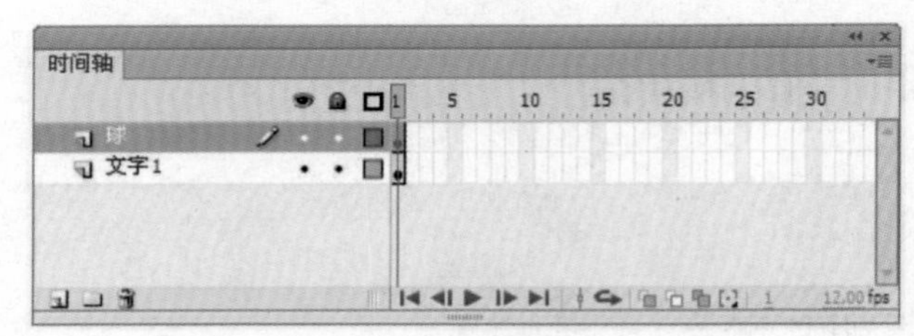

图 5.42 创建小球

3. 创建小球的动作补间动画。在图层“球”的第 30 帧处右击鼠标，选择快捷菜单中的“插入关键帧”命令，在两个关键帧之间右击鼠标，选择快捷菜单中的“创建传统补间”命令。同时，在文字 1 图层的第 30 帧处插入帧。时间轴如图 5.43 所示。

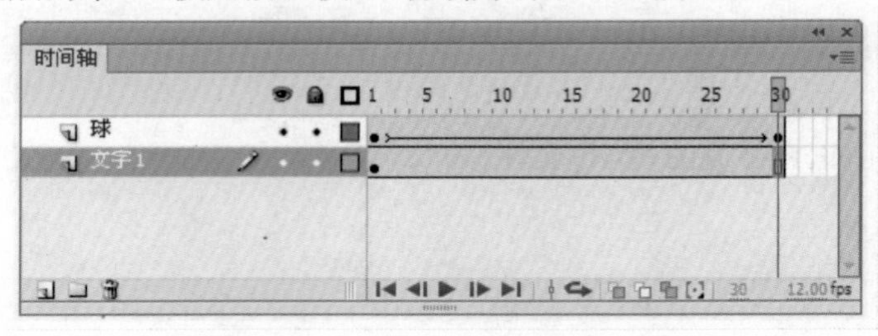

图 5.43 创建补间动画

4. 右击球图层，选择“添加传统运动引导层”快捷命令，创建引导层。单击引导层的第 1 个关键帧，选择“椭圆工具”，笔触设为黑色，填充色设为无，绘制椭圆，如图 5.44 所示。

图 5.44　绘制椭圆

5. 使用“橡皮擦工具”在椭圆上单击鼠标，擦除一点，使椭圆断开。使用“选择工具”，单击球图层的第 1 个关键帧，将绿球放到椭圆左边的端点上，单击第 30 帧，将绿球放到椭圆右边的端点上。效果如图 5.45 所示。按【Ctrl＋Enter】键，测试影片，小球会做逆时针圆周运动，但是它始终位于文字的上面。

图 5.45　椭圆断开

6. 在引导层的上面插入新图层，重命名为“文字 2”，右击文字 1 图层的第 1 个关键帧，选择“复制帧”，右击文字 2 图层的第 15 帧，选择“粘贴帧”命令。时间轴效果如图 5.46 所示。

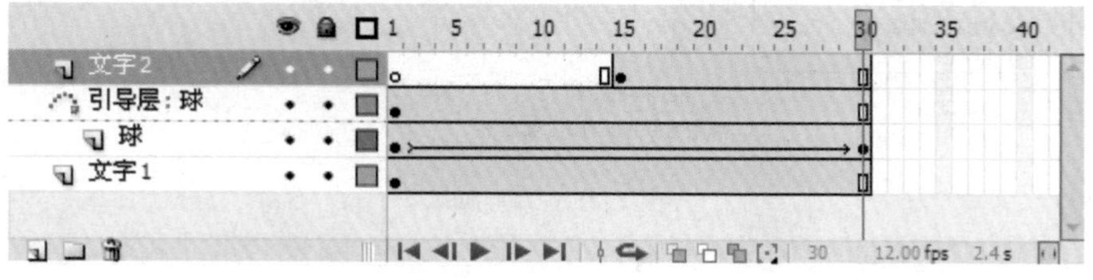

图 5.46　时间轴面板(38)

7. 创建新图层，重命名为“按钮”。选择菜单栏中的“窗口”/“公用库”/“buttons”命令，打开外部库面板，选择“classic buttons”/“Playback”下的“gel Right”按钮和“gel Pause”按钮，分别将它们拖放到舞台合适的位置。外部库面板如图 5.47 所示。

图 5.47　外部库面板

8. 给按钮添加命令。单击舞台上的“gel Right”按钮实例，按【F9】键打开动作面板，如图 5.48 所示，从左侧动作工具箱的“全局函数”/“影片剪辑控制”中，双击“on”函数，在右侧脚本窗口中，在显示的事件类型列表中选择“release”，然后在大括号中添加时间轴控制命令“play()”，位置在“全局函数”/“时间轴控制”命令目录下。

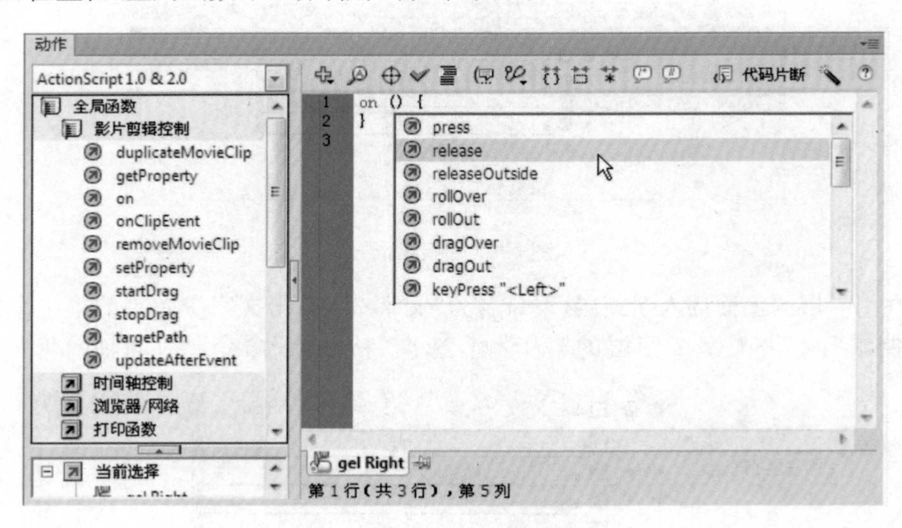

图 5.48　添加脚本

完整的脚本命令如下：

```
on (release) {
```

```
play();
}
```

给“gel Pause”按钮实例添加脚本的方法相同与“release”相同，如下：

```
on (release) {
stop();
}
```

9. 按【Ctrl＋Enter】键测试影片。

【案例 2】 加载动画制作

本案例以完成的 sjziei. fla 为基础进行制作。效果如图 5.49 所示。

图 5.49　动画加载

主要操作步骤：

1. 布置场景。打开 sjziei. fla 文档，选择菜单栏中的“窗口”/“其他面板”/“场景”命令，打开场景面板。这时面板中只有一个默认场景，名称是“场景 1”。单击场景面板左下角的“添加场景”按钮创建一个新的场景“场景 2”。如图 5.50 所示。

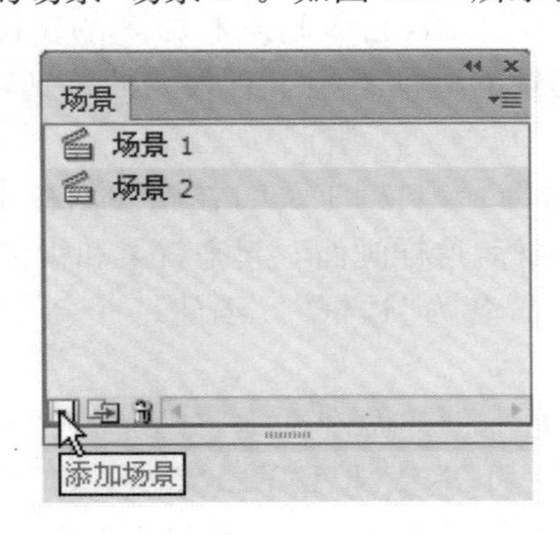

图 5.50　添加场景

2. 双击场景的名称，可以进行重命名，如图 5.51 所示，将场景 1 重命名为“主体”，将场景 2重命名为“加载”。

3. 单击选中场景“加载”，将它拖放到场景“主体”的前面。如图 5.52 所示。

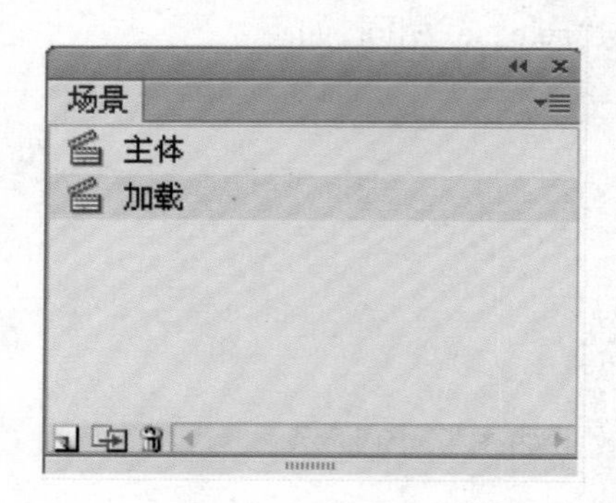

图 5.51　修改名称

图 5.52　拖动场景

4. 制作加载动画。在场景“加载”中，将库中的图片“边框.png”拖放到舞台上，在选中的情况下，设置属性面板中的 X 和 Y 均为 0，这样它就刚好与舞台重合了。如图 5.53 所示。

5. 边框位图矢量化。选中舞台上的图片，选择菜单栏中的“修改”/“位图”/“转换位图为矢量图”命令，打开如图 5.54 所示的对话框进行设置。

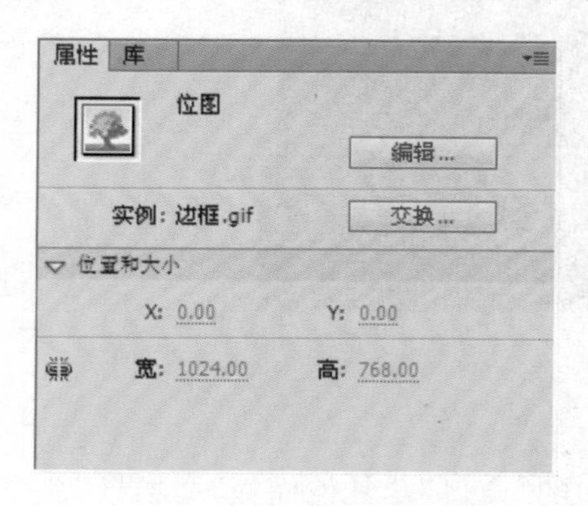

图 5.53　设置图片属性

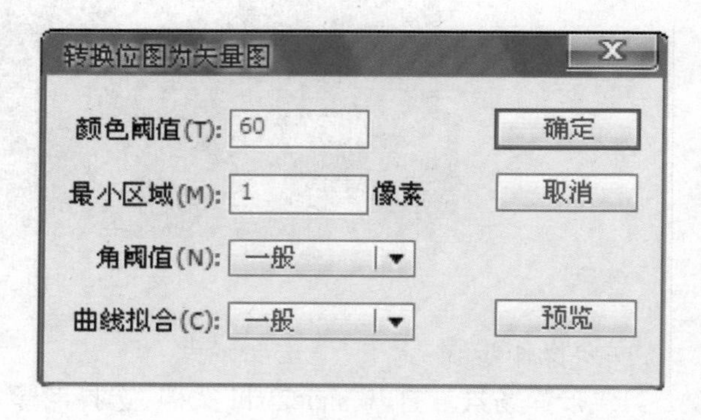

图 5.54　转换为矢量图

这样边框已经成为了一个矢量图，它看起来和原来的位图差不多，但是体积却少了很多。这样做的好处是让两个场景的边框不至于有太大的差别，而且加载画面能更快地显示出来。

6. 填充中间白色矩形。选择“颜料桶工具”，在属性面板中，将填充颜色设置为蓝灰色(#006699)，在边框中间单击鼠标，这样画面看起来就柔和很多。如图 5.55 所示。

7. 将原来的图层锁定，重命名为“边框”。创建一个新图层“标题”，用来放置标题的内容。

8. 使用“文本工具”，在舞台上创建两个文本，分别写入“石家庄信息工程职业学院”和“SHIJIAZHUANG INFORMATION ENGINEERING VOCATIONAL COLLEGE”，并设置为白色。然后，再创建两个文本，分别写入“北校区”和“North Campus”，设置为浅橙色，将文本进行排列，如图 5.56 所示。然后将两个文本全部选中，按【F8】键将其转换为图形元件，名称为“标题”。最后将“标题”图层锁定。

图 5.55　设置蓝灰色

图 5.56　添加标题

9. 创建一个新图层，命名为“黑色标题”，然后在标题图层的第 1 帧处右击鼠标，选择“复制帧”快捷命令，在黑色标题图层的第 1 帧处右击鼠标，选择“粘贴帧”快捷命令，并取消锁定。选择复制后的标题，在属性面板中，将“颜色”设置为“亮度”，并将右边的值设置为 −100%，这样就可以得到一个黑色的标题了，如图 5.57 所示。

10. 为黑色标题制作一个遮罩矩形。加载影片时，这个遮罩矩形会根据加载的进度逐渐向右移动，这样黑色标题的显示区域会逐渐向右退出，这样就可以看见褐色标题逐渐向右扩展了。

图 5.57　修改标题

创建新图层“遮罩”，使用“矩形工具”在其中绘制一个矩形，大小和位置要求刚好完全覆盖住整个黑色标题。

11. 将矩形转换为影片剪辑元件。选中舞台中的该元件，在属性面板中，将它的实例名称设置为 Mask_mc，这样就可以用动作脚本来控制它的位置了。如图 5.58 所示。

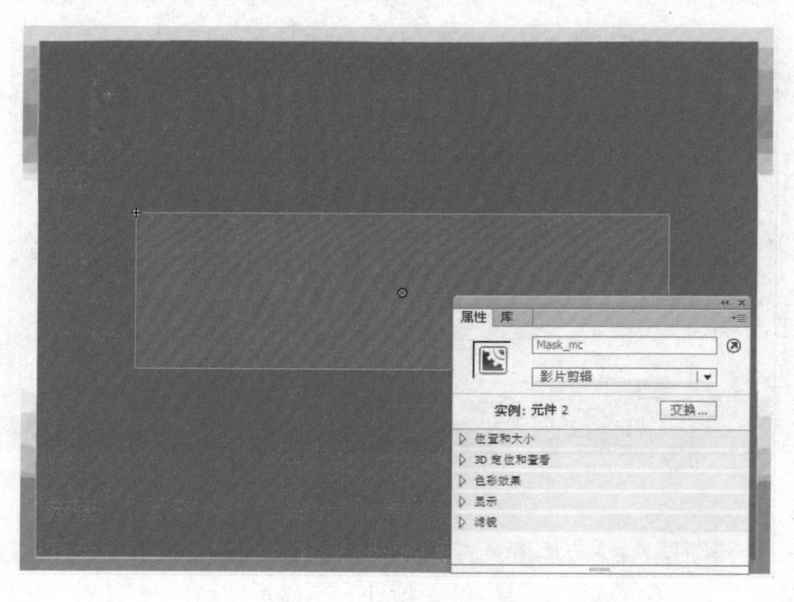

图 5.58　添加遮罩矩形

12. 右击图层“遮罩”，在弹出菜单中选择“遮罩层”命令，就创建了遮罩效果。

13. 添加显示加载进度的文字。创建一个新图层“Loading”，使用“文本工具”在舞台上创建一个文本，并稍微向后拖动。选中文本，打开属性面板，将文本类型设置为动态文本，并在变量输入框中输入“loadingtxt”，如图 5.59 所示。

14. 最后添加控制代码。要控制的对象有两个：第 1 个是用于遮罩黑色标题的矩形，第 2 个是舞台上的动态文本。创建一个新图层，命名为“动作”，选中它对应的帧，如图 5.60 所示，在动作面板中写入动作脚本。

添加的动作脚本内容如下：

```
stop();                                    //1
var X0 = Mask_mc._x;                       //2
var W0 = Mask_mc._width;                   //3
onEnterFrame = function () {               //4
    var loadnum = int(this.getBytesLoaded()/this.getBytesTotal() * 100);   //5
    loadingtxt = "已加载:"+loadnum+"%";                                     //6
    Mask_mc._x = X0+Math.round(W0 * loadnum/100);                          //7
    if (loadnum == 100) {                                                  //8
        delete onEnterFrame;
        play();
    }
};
```

图 5.59　设置文本属性

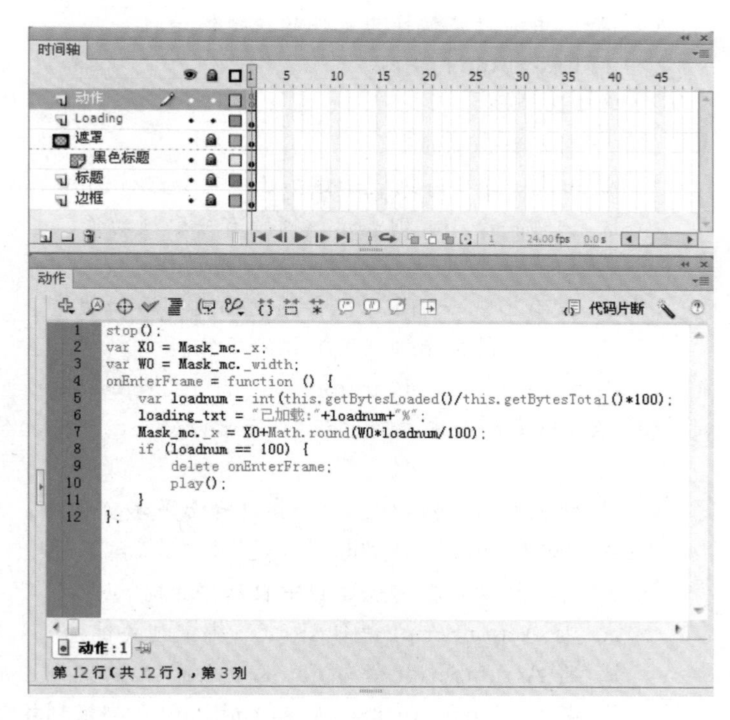

图 5.60　添加控制代码

这段代码内容比较多，在其中已经标注了 9 个注释序号。下面详细介绍这些代码的内容：

注释序号 1：在此处暂停，先不要播放演示动画的主体内容。

注释序号 2：使用变量 X0 来记录遮罩矩形开始时的横坐标。

注释序号 3：使用变量 W0 来记录遮罩矩形的宽度。

注释序号4:添加onEnterFrame事件处理函数,大括号中的命令将以文档的帧频运行。

注释序号5:用变量loadnum记录加载的百分比。其中,getBytesLoaded()函数返回所下载的字节数,getBytesTotal()函数返回所下载的总字节数。

注释序号6:设置动态文本的内容。变量loadtxt的值会显示在舞台的动态文本处。

注释序号7:设置Mask_mc的横坐标,形成加载条逐渐向右运动的动画。

注释序号8:检查loadnum是否等于100,也就是已下载字节数是否等于所要下载总字节数。如果条件不成立,说明还没有加载完毕,那么就根据运行结果来设置遮罩矩形的位置和加载文本的内容;如果条件成立,说明已经加载完毕,将所有逐帧函数删除掉,并继续播放动画主体的内容。

这样就完成了加载动画的制作。

习　题

1. 填空题

(1) 在Flash中,ActionScript可以放在______、______上。

(2) gotoAndStop()表示__________________________。

(3) 路径就是通向一个位置的路线。路径分为______和______。

(4) 将选中的对象转换为元件的快捷键是______。

(5) onEnterFrame表示__________________________。

2. 单项选择题

(1) 下列说法正确的是(　　)。

A. 出现一个小a则表示该帧已经被分配帧动作

B. 出现一个小a则表示该帧没有分配帧动作

C. 出现一个大A该帧才被分配帧动作

D. 没有出现一个小a表示该动画没有添加动作

(2) (　　)是鼠标指针经过按钮的事件。

A. press　　B. rollout　　C. release　　D. rollover

(3) 在Flash的脚本编写过程中,通常以(　　)(符号)作为一句话的结束标志。

A. ;　　B. .　　C. 。　　D. 不需要符号

(4) 按钮元件的4帧中,(　　)在舞台上是不可见的。

A. "弹起"帧　　B. "指针经过"帧　　C. "按下"帧　　D. "点击"帧

(5) 当需要让动画在播放过程中自动停止时,可以(　　)。

A. 将ActionScript语句stop();绑定到关键帧

B. 将ActionScript语句gotoAndStop();绑定到图形

C. 将ActionScript语句gotoAndPlay();绑定到按钮

D. 将ActionScript语句play();绑定到影片剪辑

项目 6　多媒体光盘制作

多媒体光盘制作集动画制作、声音处理、视频编辑、美术设计以及程序编写于一体，通过友好的人机对话界面，交互、动态地表达内容主题，具有强大的艺术感染力与视觉冲击力；辅以虚拟现实技术，更能全方位地展示我们视线之外的物质形态，或者说能真实地显示产品的内部结构或功能原理。越来越多的行业正在采用这一全新的交流方式，在产品介绍、技术手册、商贸演示、教学课件等诸多方面应用这一技术，并获得了成功。

6.1　项目描述

本项目制作的多媒体光盘包括歌曲学唱、连续播放、中文歌词等功能，通过单击下方的按钮完成交互演示。在歌曲学唱部分中，用户选择单击某一句歌词后播放该句歌曲，从而实现学唱功能(图 6.1)。在连续播放部分中，歌曲连续播放，并有跟唱显示功能(图 6.2)。在中文歌词部分，用户则可以看到该首歌曲的中文翻译，把鼠标放在上面，显示对应的英文歌词(图 6.3)，使用户更能理解歌曲的含义。同时，本项目还增加了按钮锁定功能，也就是在动画当前演示部分，对应的按钮是被锁定的。如图 6.4 所示，动画在“中文歌词”状态下，对应的中文按钮对鼠标事件没有响应。

图 6.1　默认显示歌曲学唱功能

图 6.2　连续播放功能界面

图 6.3　显示中文歌词功能界面

图 6.4　显示中文歌词状态下中文按钮不可用

通过该项目的学习，学习者能更深入地学习交互动画的制作方法，例如，隐形按钮的运用、ActionScript 2.0 的用法等，同时还能提高使用 Flash 制作多媒体课件的能力。

6.2　教学目标

能力目标

1. 能使用时间轴控制命令制作复杂、交互的动画；
2. 能导入声音并应用正确的同步类型；
3. 掌握影片剪辑的控制方法；
4. 掌握分析动画的能力。

知识目标

1. 会使用时间轴控制命令；
2. 理解声音的数据流同步类型；
3. 会用影片剪辑类的常用属性和方法；
4. 掌握 on 函数的用法。

情感目标

1. 提高独立思考、自主学习的能力；
2. 培养团队协作意识，增强集体荣誉感。

6.3　设计理念

由于制作的动画中有许多相似的部分，因此尽量将相同的部分制作成元件，然后通过元件复制、元件编辑得到新的元件。

根据学习者的特点，各个物体造型的色彩要鲜艳，以产生强烈的视觉刺激。为了突出重点内容和背景区分，字幕颜色主要选择黑色，或反差大的颜色。

根据模块化的设计思想，要将学习的内容划分成多个独立的部分，并分别放在不同场景中制作。

6.4 制作任务

【任务 1】 设置动画场景

完成本任务后时间轴如图 6.5 所示，舞台场景如图 6.6 所示。

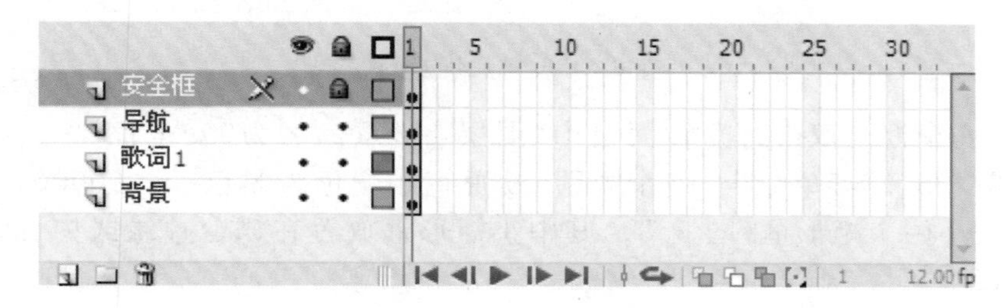

图 6.5 时间轴面板(39)

图 6.6 舞台场景

操作步骤：

1. 新建 Flash 文档。打开 Adobe Flash CS6 软件，新建 Flash 文档(ActionScript 2.0)，选择“修改”/“文档”菜单命令，设置舞台尺寸为 1024×768 像素，帧频为 12 帧/秒，如图 6.7

所示。最后，保存文件为“CAI. fla”。注意，在进行场景布置前，首先要确定舞台大小。

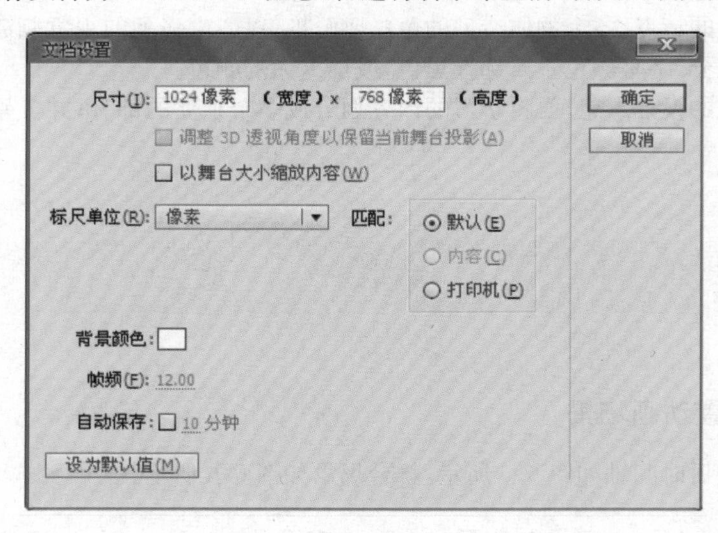

图 6.7 文档属性对话框

2. 制作安全框。双击时间轴面板中“图层 1”，重命名为“安全框”。选择“视图”/“缩放比率”/“25%”菜单命令，缩小视图，设置笔触颜色为黑色(#000000)，填充颜色为无，绘制大小两个矩形框(图 6.8)，其中小矩形框放置在舞台边缘或内部，大小与舞台尺寸相当。

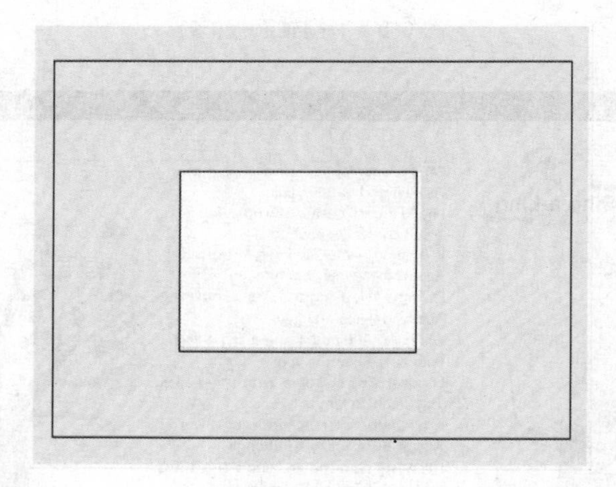
图 6.8 绘制大小两个矩形

设置填充颜色为黑色，选择工具箱中的“油漆桶工具”，在两个矩形中间单击鼠标。按【Ctrl+A】组合键全部选中图形，按【Ctrl+G】组合键，单击“图层锁定”按钮，将安全框图层锁定。如图 6.9 所示。

3. 显示辅助线。选择“视图”/“标尺”(快捷键:【Ctrl+Alt+Shift+R】)菜单命令显示标尺。在标尺功能开启的状态下，将鼠标放置到标尺上，然后按下鼠标并将其向绘图工作区方向拖动，这时 Flash 就会自动产生一根绿色的辅助线，对图形绘制提供参考，结合标尺可以对图形进行准确定位，如图 6.10 所示。辅助线的其他操作请参考知识点详解 6.6.1。

图 6.9　在两个矩形之间填充黑色

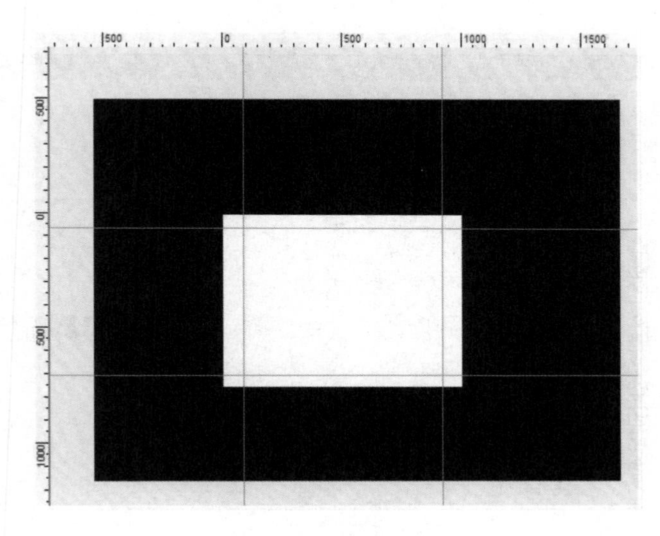

图 6.10　添加辅助线

单击“安全框”图层的“轮廓”图标■显示该图层上的对象的轮廓，如图 6.11 所示。

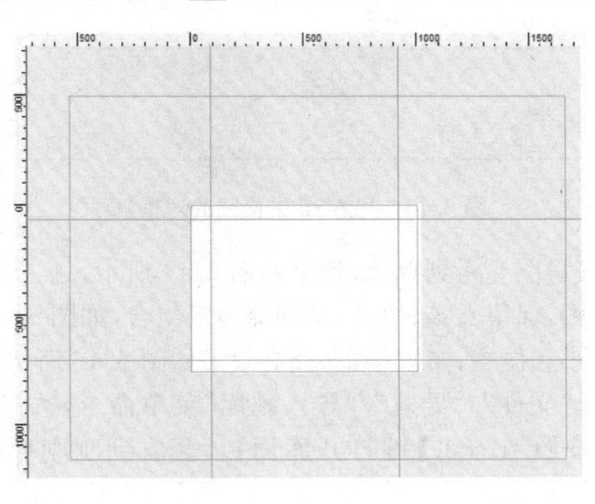

图 6.11　轮廓显示

4. 单击“插入图层”按钮，新建图层，并将该图层命名为“背景”，如图 6.12 所示。

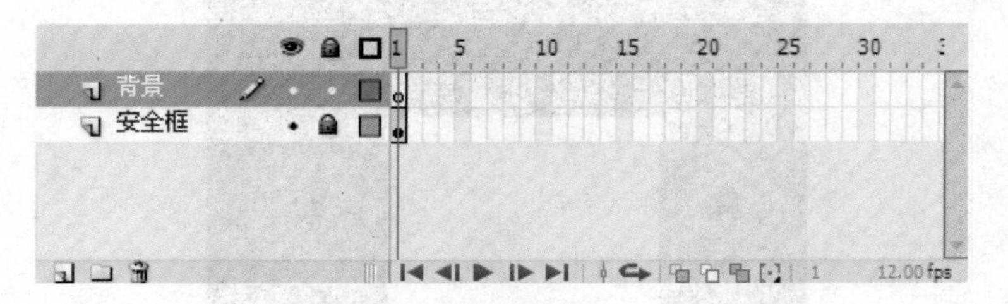

图 6.12　新建“背景”图层

5. 导入矢量图，并编辑图形。选择“文件”/“导入”/“导入到舞台”（快捷键：【Ctrl＋R】），选择“背景.ai”矢量图形文件，单击“确定”按钮，弹出“将‘背景.ai’导入到舞台”对话框，在图层转换模式列表框中选择 单一 Flash 图层 项，如图 6.13 所示。

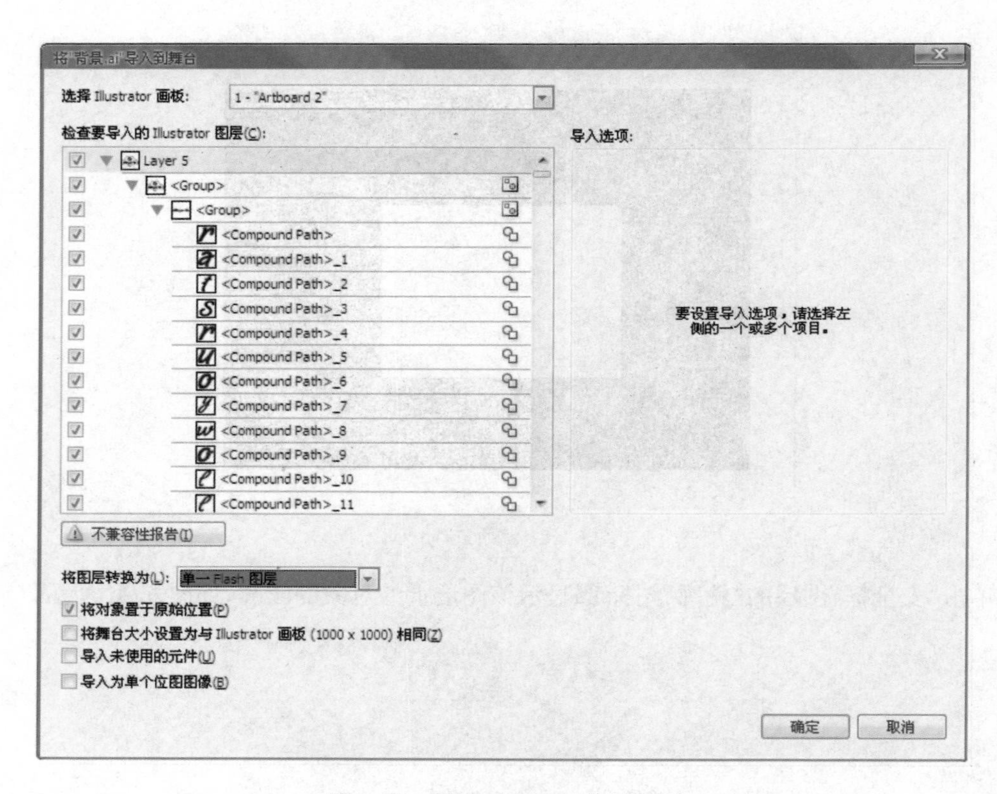

图 6.13　导入 ai 矢量图的对话框

单击“确定”按钮，矢量图导入到舞台，效果如图 6.14 所示。

删除其中的背景位图，保留女孩、树、标题和绿地等组合，如图 6.15 所示。

通过编辑它们的大小和位置，布置场景，最终效果如图 6.16 所示。

6. 导入音乐。选择“文件”/“导入”/“导入到库”菜单命令，选择“Sing-a-Ling.mp3”文件，单击“确定”按钮。按【Ctrl＋L】键打开库面板，会看到刚刚导入的声音。如图 6.17 所示。

7. 添加英文歌词。打开“Sing-a-Ling 中英文歌词.txt”，选择中文歌词部分，按

【Ctrl+C】复制，切换到 Flash CS6 软件，选择时间轴的“背景”图层，单击“插入图层”按钮，并重命名为“歌词”。如图 6.18 所示。

图 6.14　导入矢量图到舞台

图 6.15　将各个对象组合

图 6.16　编辑后的场景

图 6.17　在库中能看到导入后的声音

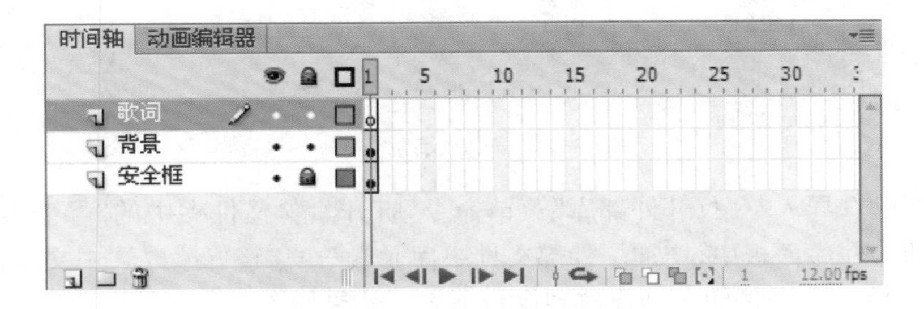

图 6.18　添加“歌词”图层

选择“文本工具”，在舞台中部水平拖动设置文本的宽度，按【Ctrl＋V】键粘贴。然后在属性面板中设置字体为 Arial，设置合适的大小和行距。如图 6.19 所示。

图 6.19　添加了英文歌词的场景

8. 修改标题图形。选择舞台中的标题“Follow Your Star”，双击该组进入组内编辑状态。删除当前文本对应的若干组，并选择工具箱中的“文本工具”，输入歌曲的英文名称“Sing-a-Ling”，并设置字体。双击空白位置，返回场景 1。效果如图 6.20 所示。

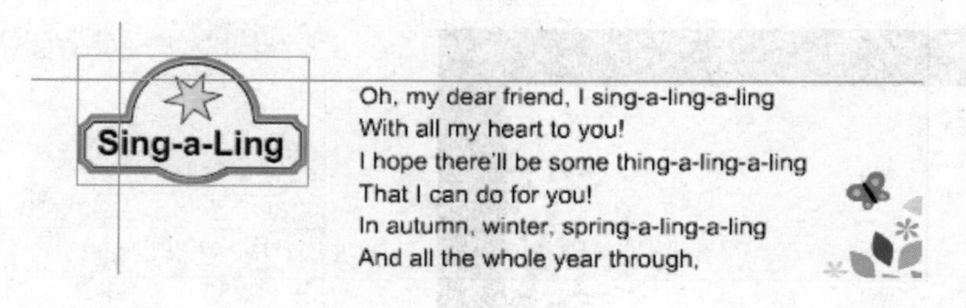

图 6.20　修改标题

9. 添加导航按钮。选择时间轴中的“歌词”图层，单击“插入图层”按钮创建新图层，命名为“导航”。如图 6.21 所示。

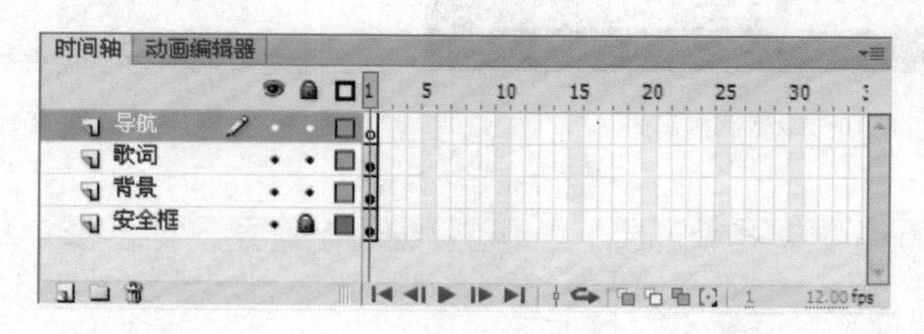

图 6.21　创建“导航”图层

选择“文件”/“导入”/“打开外部库”菜单命令，打开素材文件夹中的“导航按钮. fla”，单击“确定”按钮。在库面板中，增加了外部文件中库元素——“整首播放”“中文歌词”“歌曲学唱”3 个按钮。将这 3 个按钮分别拖放到舞台下方。效果如图 6.22 所示。

10. 最后，将“安全框”图层拖放到时间轴的最上端。效果如图 6.23 所示。

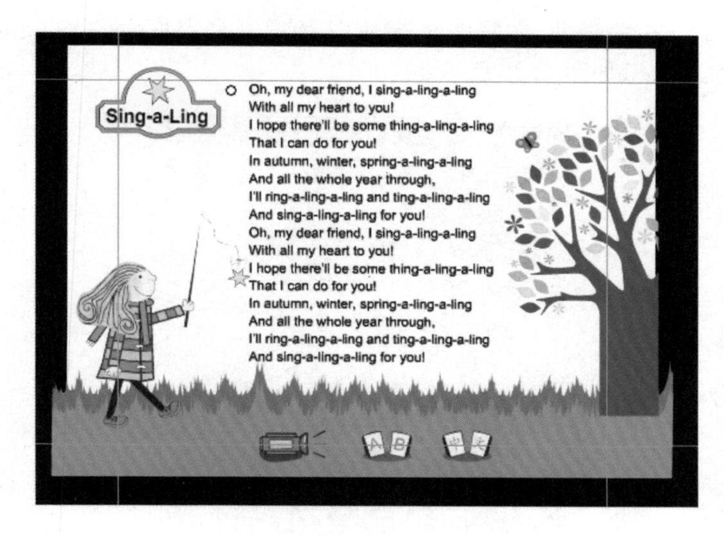

图 6.22　添加了导航按钮的场景

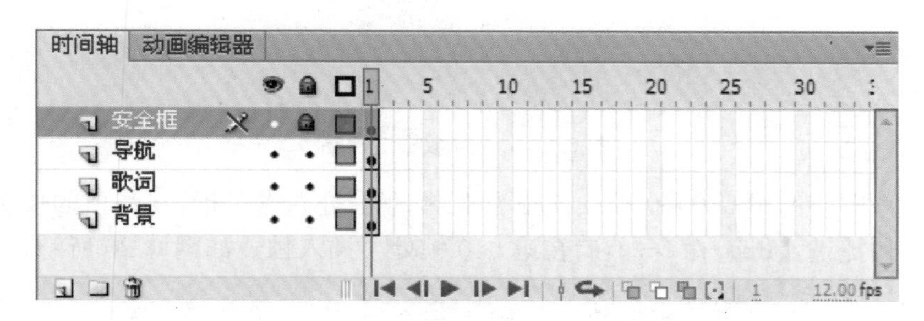

图 6.23　时间轴面板(40)

【任务 2】　制作“歌曲学唱”部分

子任务 1：声音的添加与标识

操作步骤：

1. 创建“sing”影片剪辑元件。选择“插入”/“新建元件”菜单命令创建新元件，在名称输入框中输入“sing”，元件类型选择“影片剪辑”，单击“确定”按钮。如图 6.24 所示。

图 6.24　创建《sing》影片剪辑

2. 添加音乐。在“sing”元件的编辑窗口中，双击时间轴中的图层名称“图层 1”，重命名为“音乐”。单击第1个关键帧，在属性面板中，选择声音列表框中的“Sing-a-Ling”，并在同步列表中选择“数据流”，如图6.25所示。

图6.25 设置数据流声音

最后，在该图层的第580帧(默认帧频为12帧/秒)处右击鼠标，在弹出的快捷菜单中选择“插入帧”(快捷键:【F5】)命令，然后在第940帧处再插入帧。如图6.26所示。

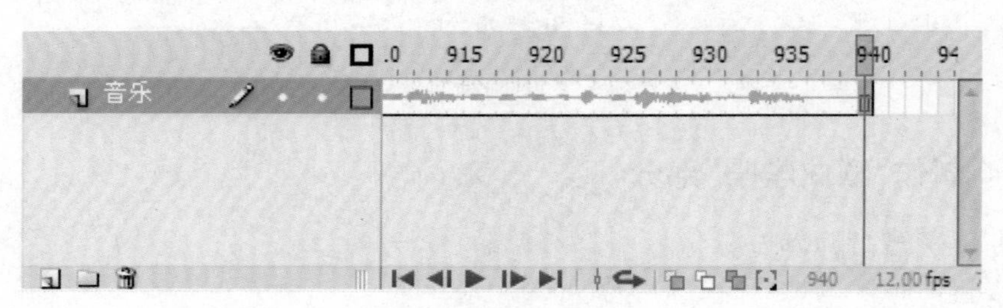

图6.26 在第940帧处插入帧

3. 标记声音。为了实现歌曲学唱功能，使得歌曲能够单句播放，接下来，需要在歌曲每一句的开始处添加标记。在时间轴面板中，选择“音乐”图层，单击“插入图层”按钮，创建新图层，命名为“标记”，如图6.27所示。

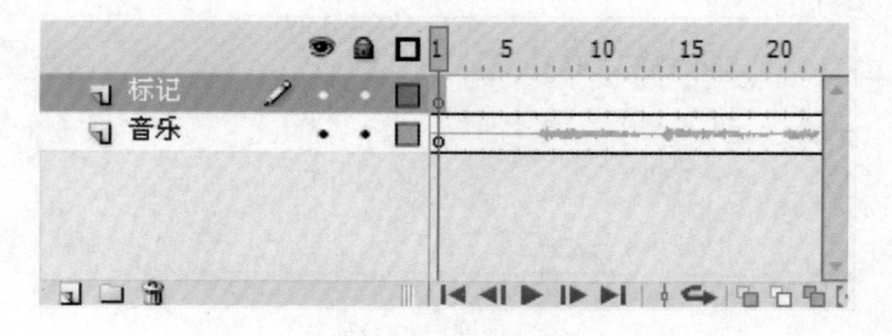

图6.27 “sing”元件的时间轴

单击“标记”图层的第1帧，在属性面板的“标签”/“名称”输入框中输入“p0”。属性面板的设置如图 6.28 所示。

添加了帧标签的时间轴如图 6.29 所示。关于帧标签的相关知识,请参考知识点详解 6.6.2。

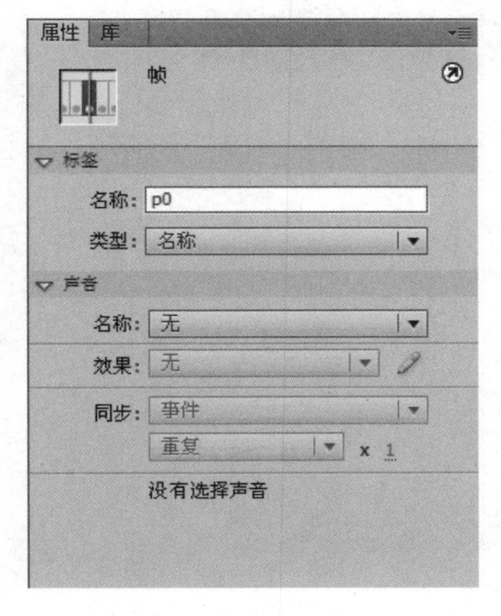

图 6.28　设置帧标签

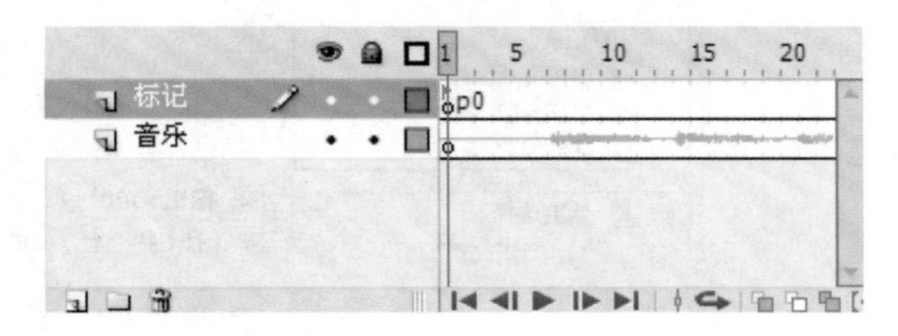

图 6.29　添加了帧标签的时间轴

然后,按【Enter】键进行播放,同时试听音乐。当听到第 1 句的开始处时,在“标记”图层对应帧处插入关键帧(快捷键:【F6】)。单击属性面板中的“帧标签”输入框,输入“p1”。按照相同的方法标记后面每句歌曲的起始帧,分别设置帧标签为 p2、p3、p4、p、p5、p6、p7、p8。各个帧标签对应的帧号如表 6.1 所示,其中,p0 表示歌曲前奏的开始标记,p 表示间奏的开始标记。

表 6.1　标记对应的帧号和帧标签

帧号	帧标签
1	p0
246	p1
301	p2
357	p3
411	p4
466	p
688	p5
741	p6
796	p7
850	p8

4. 添加时间轴控制命令。单击时间轴面板中的“标记”图层,再单击“插入图层”按钮创

建新图层,并命名为“as”。在“标记”图层 p2 的前一帧(大约在第 300 帧)处插入关键帧,按【F9】键打开动作面板,选择左侧动作工具箱中“全局函数”/“时间轴控制”下的“stop”命令,双击,即可添加到右侧的脚本窗口。效果如图 6.30 所示。

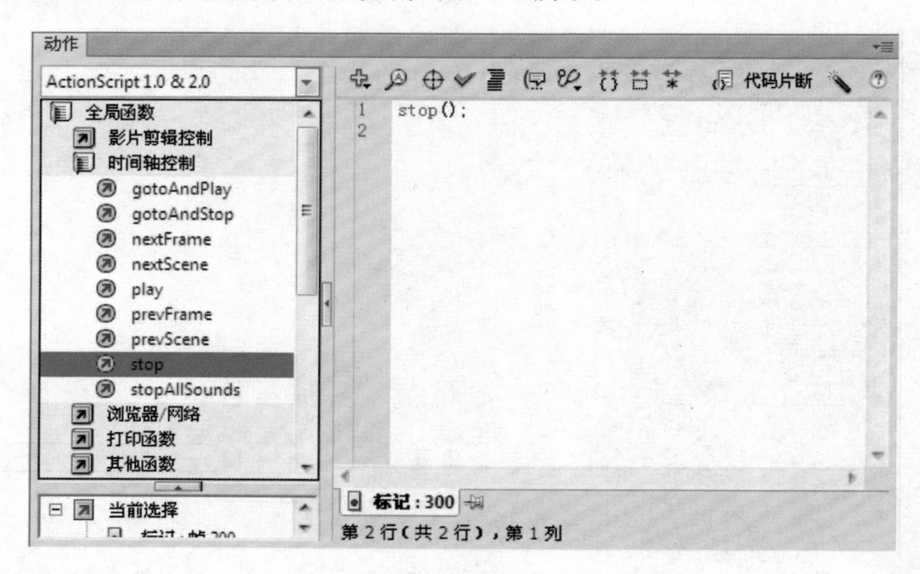

图 6.30 在动作面板中添加命令

添加时间轴停止命令的目的是为了当单击第 1 句歌词时,音乐从 p1 标记处开始播放,到第 300 帧处停止,也就是只播放歌曲的第 1 句。参照相同的方法给后面几句的结尾处分别添加时间轴控制命令(大约在第 356、410、465、740、795、849、939 帧)。最后,为了避免动画启动时播放歌曲,在第 1 帧处也要添加“stop()”控制命令。时间轴如图 6.31 所示。

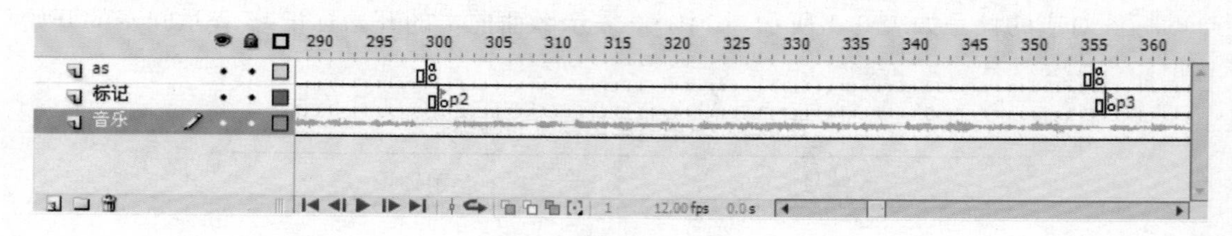

图 6.31 为时间轴添加命令

子任务 2:制作歌曲跟随动画

1. 创建“歌曲”图层。单击“编辑器”中的“场景 1”(图 6.32),返回主时间轴。

图 6.32 Flash 编辑栏

选择时间轴中的“背景”图层,单击“插入图层”按钮创建新图层,并命名为“歌曲”。时间轴如图 6.33 所示。

2. 创建“s_mc”实例。从库面板中将“sing”元件拖放到舞台中,由于“sing”元件没有可视化元素,所以其实例在舞台中只显示一个小圆圈,效果如图 6.34 所示。

同时,在属性面板的“实例名称”输入框中单击并输入“s_mc”。效果如图 6.35 所示。这里将该实例命名是为了通过脚本控制播放,具体实现方法将在子任务 3 中详细介绍。

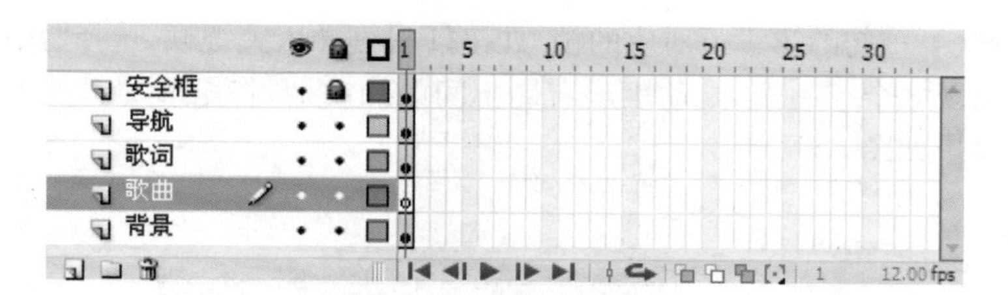

图 6.33　创建“歌曲”图层

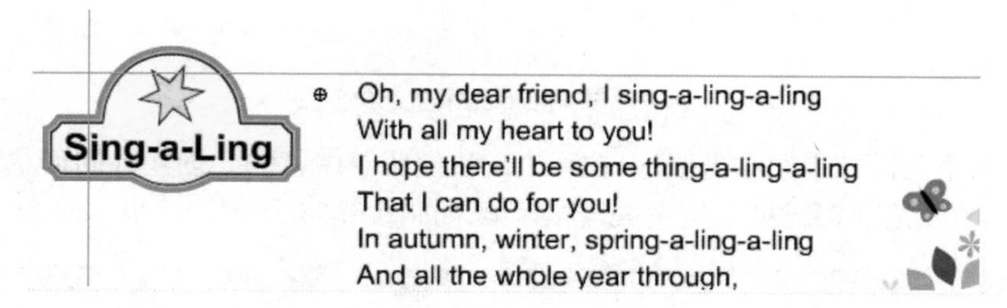

图 6.34　将库中的“sing”元件拖放到舞台

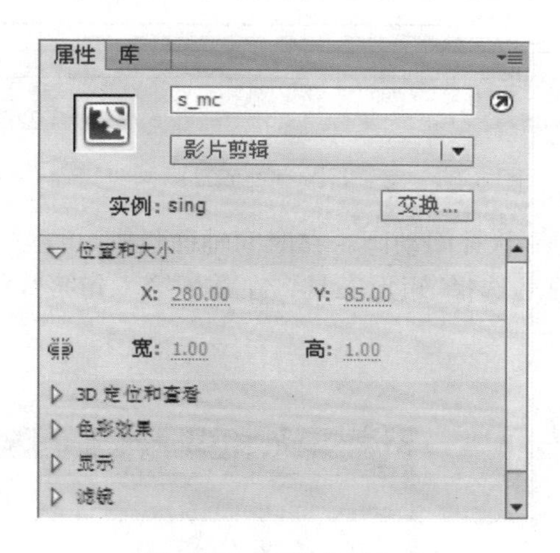

图 6.35　元件实例命名

3. 在位编辑“s_mc”实例。双击舞台上的“s_mc”实例进入元件在位编辑窗口。单击时间轴中的“插入图层”按钮，将新建的图层 4 拖放到其他图层的下方。

4. 创建关于第 1 行歌词的形状补间动画。在第 246 帧（p1 对应的帧）处按【F6】键插入关键帧。选择“矩形工具”，笔触颜色为无，填充颜色为红色（＃FF0000），在歌词第 1 句的左侧绘制矩形。效果如图 6.36 所示。

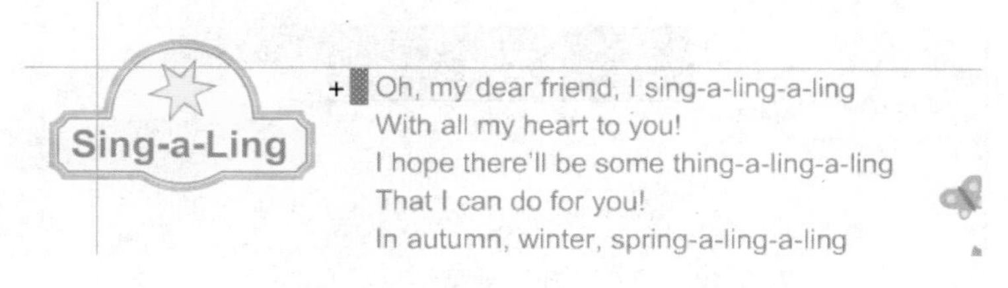

图 6.36　补间动画起始状态的矩形

在第 277 帧(第 1 句的第 1 行对应的帧)处按【F6】键插入关键帧,选择“任意变形工具”,在矩形的周围出现 8 个控制柄,拖动矩形右侧中间的控制柄,将矩形的宽度加大,直到覆盖第 1 行歌词。效果如图 6.37 所示。

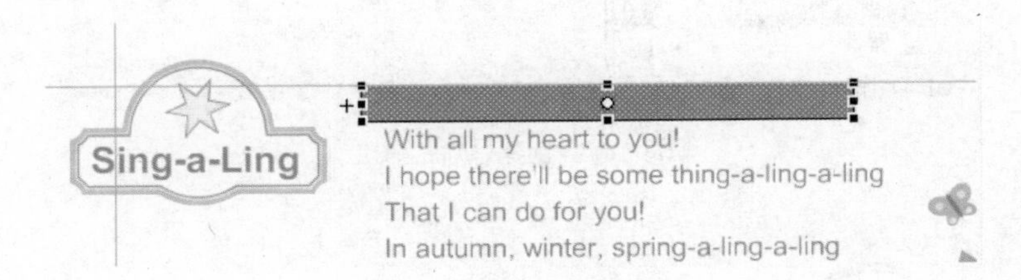

图 6.37　补间动画结束状态的矩形

然后在两个关键帧中间右击鼠标,在弹出的快捷菜单中,选择“创建补间形状”选项。最后,在第 301 帧处按【F7】键插入空白关键帧。效果如图 6.38 所示。

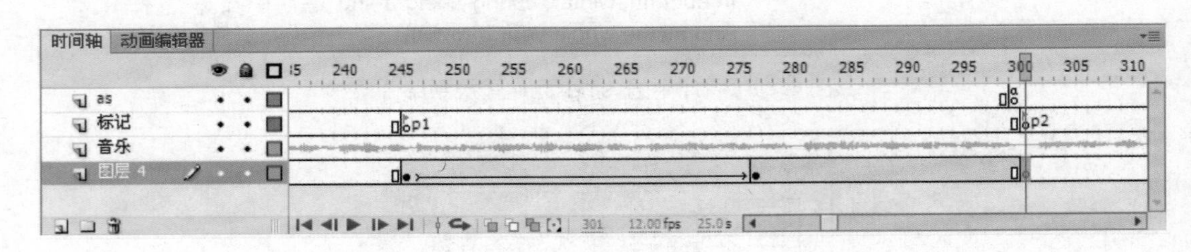

图 6.38　第 1 行歌词补间动画的时间轴

5. 创建第 2 行歌词的形状补间动画。在时间轴面板中,单击“插入图层”按钮,在第 277 帧处按【F7】插入空白关键帧,选择“矩形工具”,在歌词第 1 句第 2 行的左侧绘制矩形。效果如图 6.39 所示。

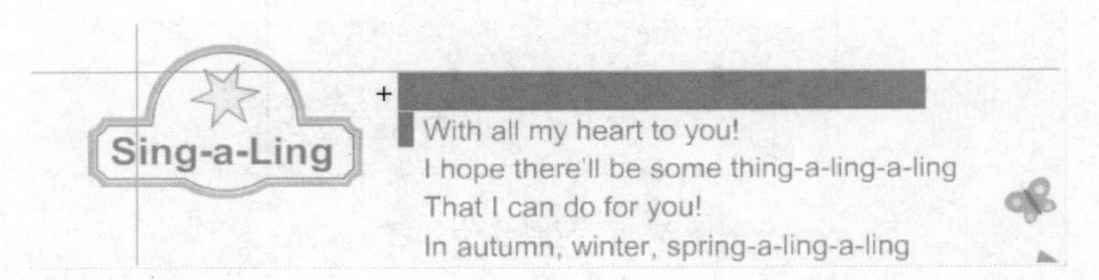

图 6.39　第 2 行补间动画起始状态的矩形

在第 300 帧处按【F6】键插入关键帧,使用“任意变形工具”,将矩形宽度放大到覆盖第 2 句歌词。效果如图 6.40 所示。

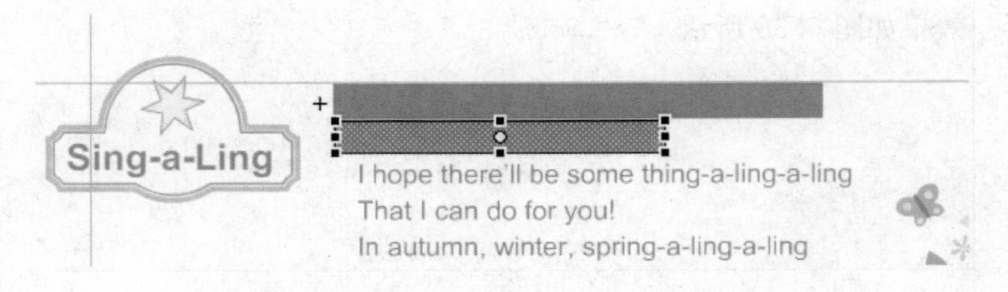

图 6.40　第 2 行补间动画结束状态的矩形

在两个关键帧之间创建形状补间动画，在第 301 帧处按【F7】键插入空白关键帧。效果如图 6.41 所示。

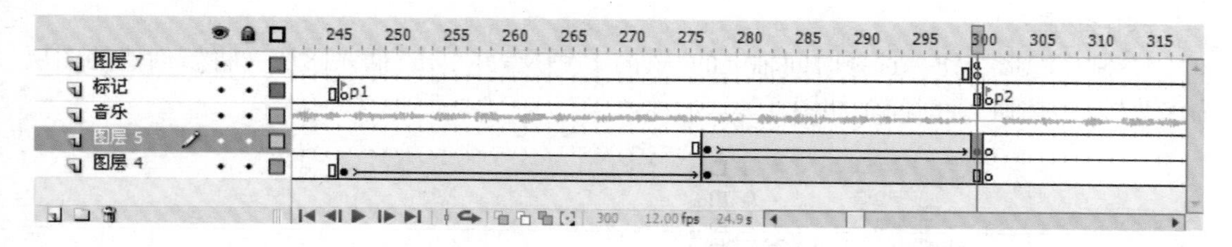

图 6.41　第 2 行补间动画的时间轴

请参照第 4、5 步的制作方法，制作关于其他歌词的形状补间动画。

6. 制作遮罩效果。单击 Flash 编辑栏中的“场景 1”按钮，返回到主时间轴。在“歌词”图层上右击鼠标，选择“遮罩层”快捷命令，此时“歌曲”图层成为被遮罩层，按【Ctrl＋Enter】组合键，测试影片。效果如图 6.42 所示。动画启动时，开始播放歌曲，但是歌词不显示，当歌曲播放至第 1 句时，场景逐渐出现红色歌词，第 1 句结束时，歌曲停止播放。

图 6.42　测试遮罩效果

关闭播放器窗口，选择时间轴上的“背景”图层，单击“插入图层”按钮，创建新图层，重命名为“歌词 1”。在“歌词”图层的第 1 个关键帧上右击鼠标，选择“复制帧”快捷命令，然后，在“歌词 1”图层的空白关键帧上右击鼠标，选择“粘贴帧”。效果如图 6.43 所示。

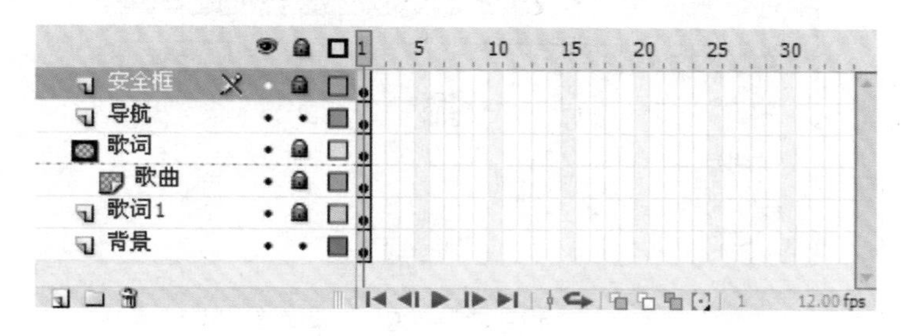

图 6.43　复制帧后的“歌词 1”

右击“歌词 1”图层，单击快捷菜单中“遮罩层”命令取消对勾。按【Ctrl＋Enter】键，再次测试影片，就能看到歌词了。歌词效果如图 6.44 所示。

图 6.44　测试遮罩效果

子任务3:制作隐形按钮,实现歌曲单句选择播放功能

接下来,制作按钮,并实现英文歌曲单句选择播放的功能。

操作步骤:

1. 制作隐形按钮。选择时间轴上的"歌词1"图层,并单击"插入图层",将新创建的图层命名为"隐形按钮"。时间轴如图6.45所示。

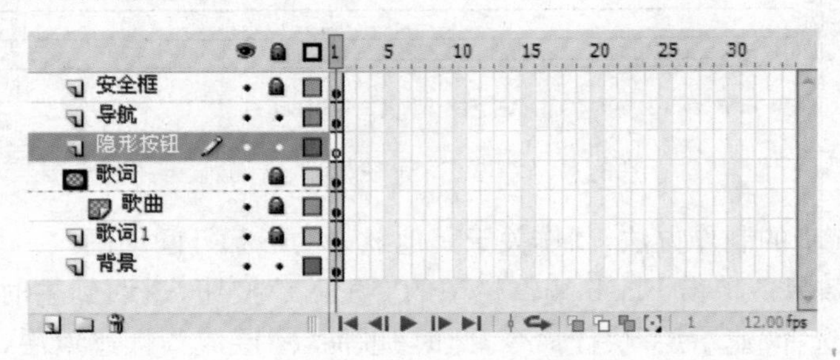

图6.45 创建"隐形按钮"图层

2. 选择工具箱中的"矩形工具",笔触颜色设为无,填充颜色设为咖啡色(#993300)。绘制一个矩形覆盖第1行,再绘制1个矩形覆盖第2行。效果如图6.46所示。

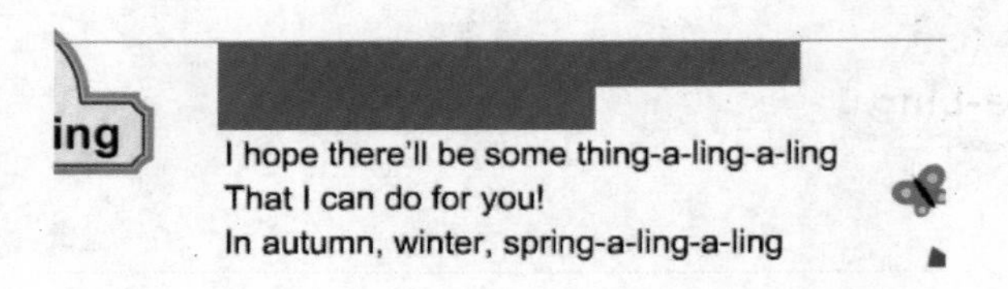

图6.46 绘制图形覆盖第1句歌词

3. 同时选择两个矩形,按【F8】键,将其转换为元件,名称为"song1",元件类型选择"按钮",单击"确定"按钮,如图6.47所示。

图6.47 转换为"song1"按钮元件

4. 双击该实例,进入按钮编辑窗口,选择第一个"弹起"状态的关键帧,拖动到最后一帧的"点击"状态。时间轴如图6.48所示。

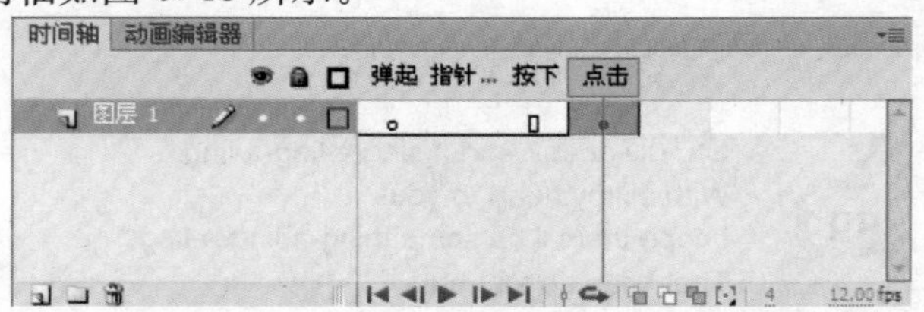

图6.48 "song1"按钮的时间轴

5. 单击“插入图层”按钮，创建新图层。在第 2 帧“指针经过”状态处插入关键帧，选择工具箱中的“直线工具”，打开属性面板，设置笔触颜色为红色（#FF0000），笔触高度为 2，笔触样式为虚线，如图 6.49 所示。

图 6.49　设置虚线的属性面板

设置好后，在舞台第 1 句歌词下方对应的位置绘制虚线，效果如图 6.50 所示。

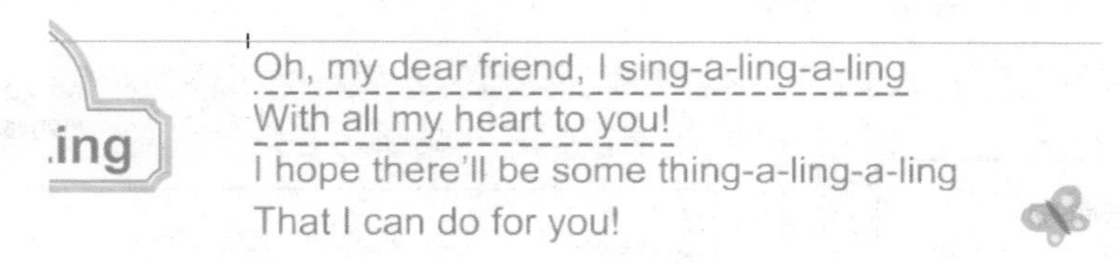

图 6.50　绘制虚线

在第 4 帧“点击”状态上右击鼠标，选择“删除帧”，如图 6.51 所示。

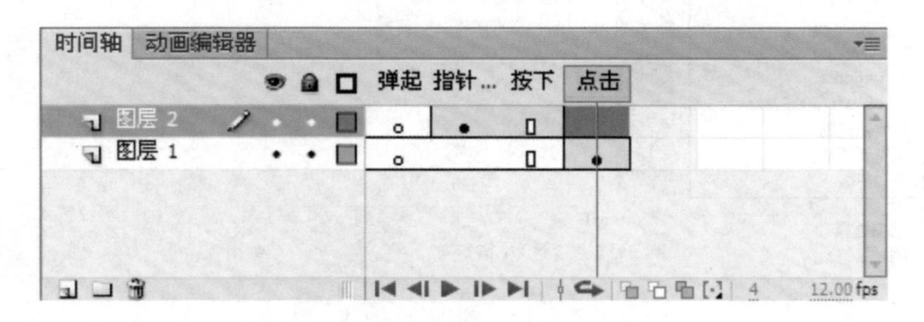

图 6.51　隐形按钮的时间轴

6. 单击编辑栏上的“场景 1”按钮，返回主时间轴。

7. 参照第 1～5 步的制作方法，分别制作“song2”“song3”“song4”隐性按钮。

8. 本项目采用的英文歌曲包括两段，前后两段内容相同，所以创建后 4 句隐性按钮的快捷方法是复制。具体操作方法为：选中舞台中的“song1”实例，按【Ctrl】键的同时拖动该实例到第

5 句歌词上，完成复制。依此方法复制其他按钮。添加了隐形按钮的舞台效果如图 6.52 所示。

图 6.52　隐形按钮

9. 为“song1”按钮添加 ActionScript。右击舞台上的“song1”按钮实例，选择“动作”菜单命令。此时打开动作面板，在左侧的动作工具箱中，从“全局函数”/“影片剪辑控制”目录中找到 on 函数，双击，此时命令添加到右侧的脚本窗口中，同时在显现的提示代码列表中选择 release 参数，效果如图 6.53 所示。

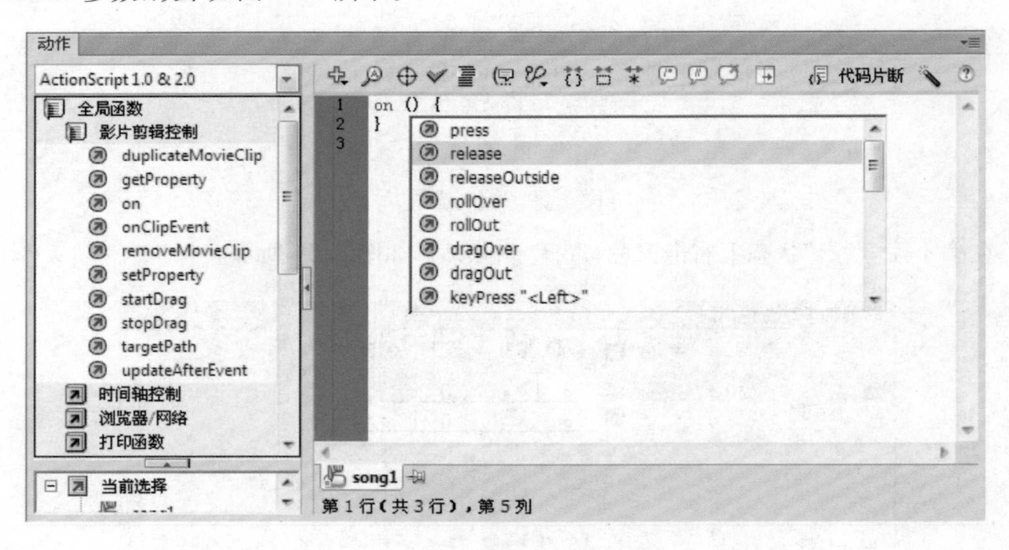

图 6.53　添加 on 函数

然后，单击“插入目标路径”按钮，在弹出的对话框中选择“s_mc”实例和“绝对”路径(图 6.54)，单击“确定”按钮即可，这样就完成了“s_mc”实例的路径输入。

接着，输入“.”，会出现影片剪辑类的代码提示列表，选择列表中的 gotoAndPlay()函数，如图 6.55 所示。

然后在此函数的小括号中输入“p1”，效果如图 6.56 所示。

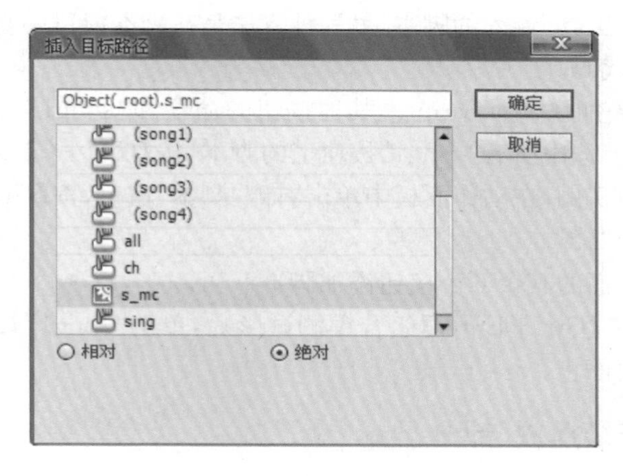

图 6.54　插入目标路径

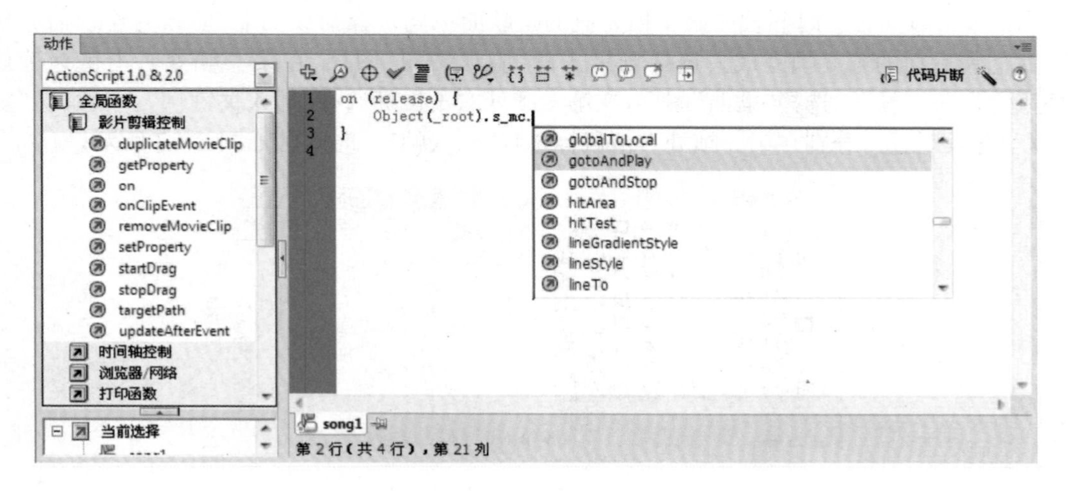

图 6.55　在列表中选择影片剪辑的方法

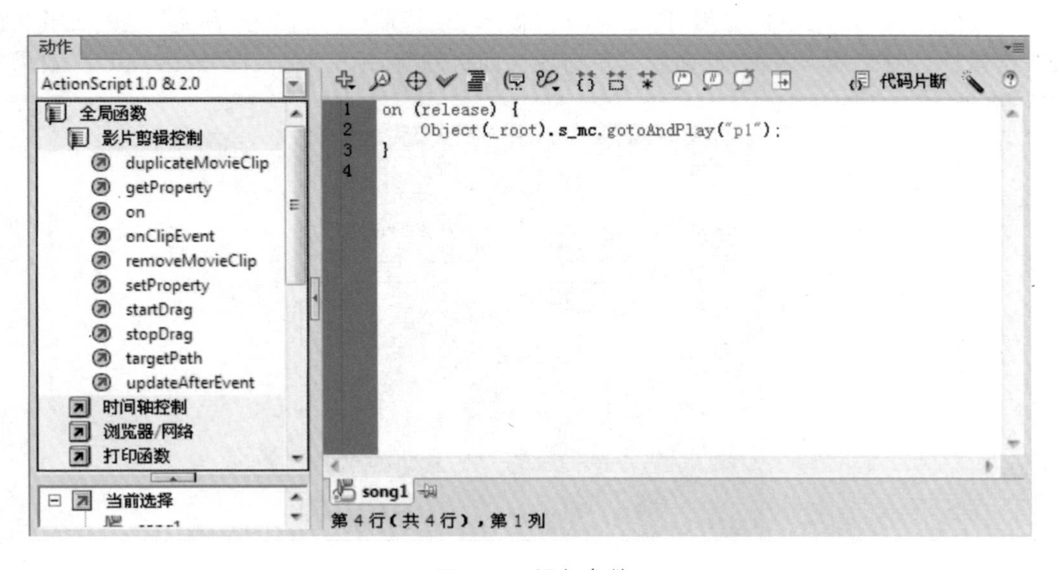

图 6.56　添加参数

以上是通过“选择工具”输入的脚本，另一种方法是在脚本窗口中直接输入脚本，注意在英文输入状态下键入代码。

10. 为其他按钮添加 ActionScript。其他按钮的命令和“song1”按钮是类似的，比较便捷的方法是复制脚本。选中所有“song1”按钮上的脚本，按【Ctrl+C】组合键复制，然后选择舞台上的“song2”按钮实例，在动作面板中单击右侧“脚本”窗口，按【Ctrl+V】组合键粘贴脚本。最后，将“p1”改为“p2”。

参照此方法，为后面的其余 6 个按钮添加脚本。

11. 测试影片。按【Ctrl+Enter】组合键测试影片，单击“song1”按钮，会听到歌曲播放第 1 句，并在第 2 句前停止。

【任务 4】 制作“连续播放”部分

操作步骤：

1. 编辑时间轴。时间轴的第 1 帧完成的是歌曲单句选择播放功能，动画的连续播放功能，我们在后面的第 5 帧完成。选择场景 1 的“隐形按钮”图层，在第 5 帧处右击鼠标选择“插入空白关键帧”。选择“歌曲”图层，在第 5 帧处右击鼠标选择“插入关键帧”。“歌词”“安全框”“背景”图层，分别在第 5 帧处右击鼠标选择“插入帧”。时间轴如图 6.57 所示。

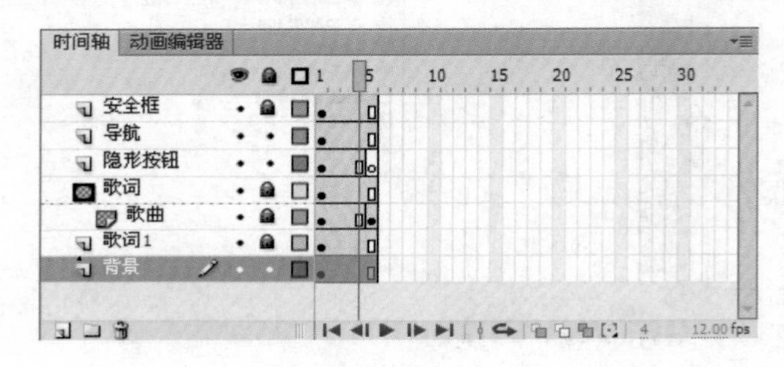

图 6.57 时间轴面板(41)

2. 设置帧标签。选择“导航”图层，单击“插入图层”按钮，命名为“标签”。并在第 5 帧处右击鼠标，选择“插入关键帧”命令。单击属性面板的“帧标签”输入框，输入“all”。效果如图 6.58 所示。

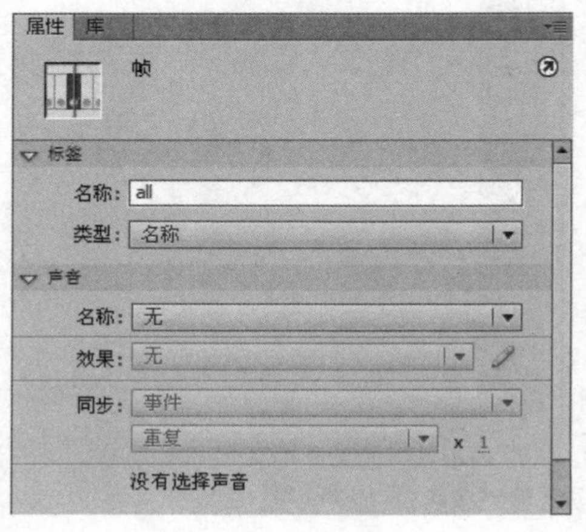

图 6.58 添加帧标签

此时，该图层第 5 帧处出现红色小旗，表示已经添加了帧标签。如图 6.59 所示。

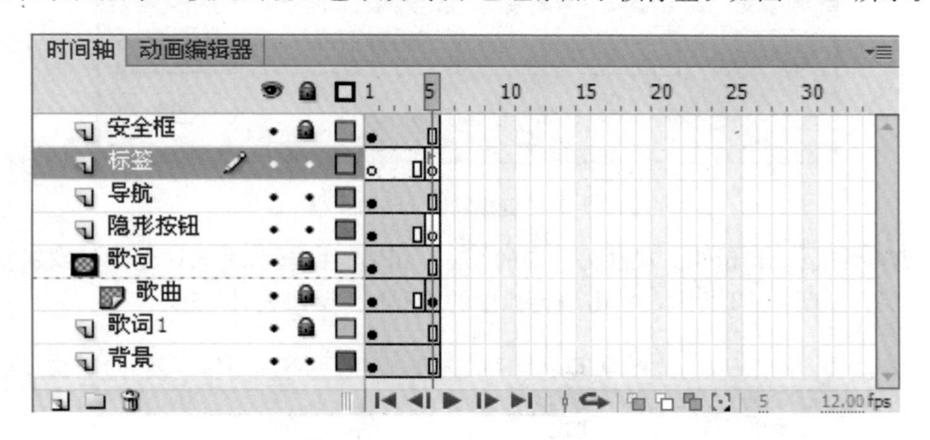

图 6.59　添加帧标签的关键帧

3. 复制元件。该步骤是通过直接复制元件的方法生成新元件，以实现连续播放功能。取消歌曲图层的锁定状态，单击该图层的第 5 帧，找到舞台上的 s_mc 实例。在该实例上右击鼠标，选择“直接复制元件……”，如图 6.60 所示。

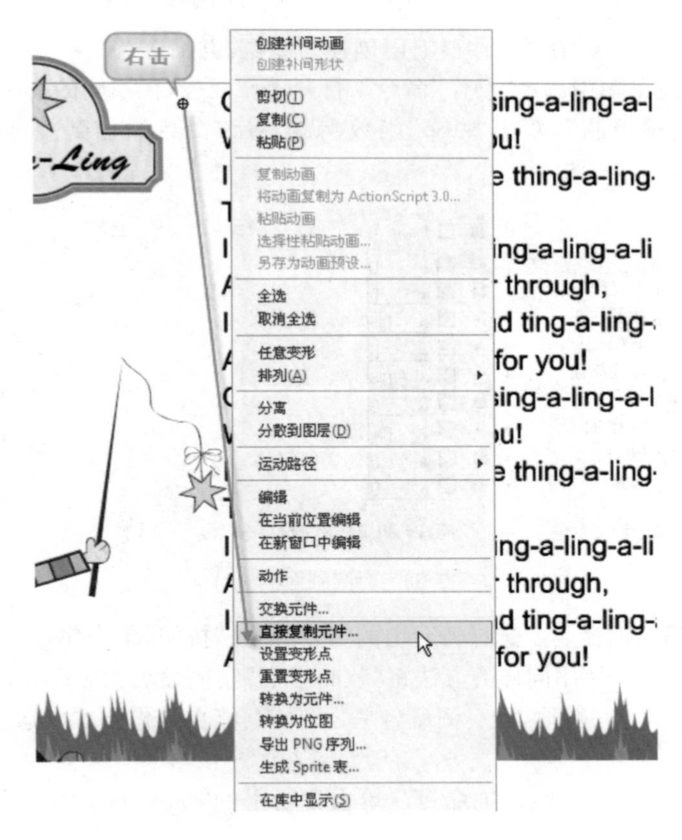

图 6.60　直接复制元件

在弹出的对话框中，将新元件命名为“sing_all”，单击“确定”按钮，如图 6.61 所示。同时，在属性面板中，将影片剪辑实例名“s_mc”删除。

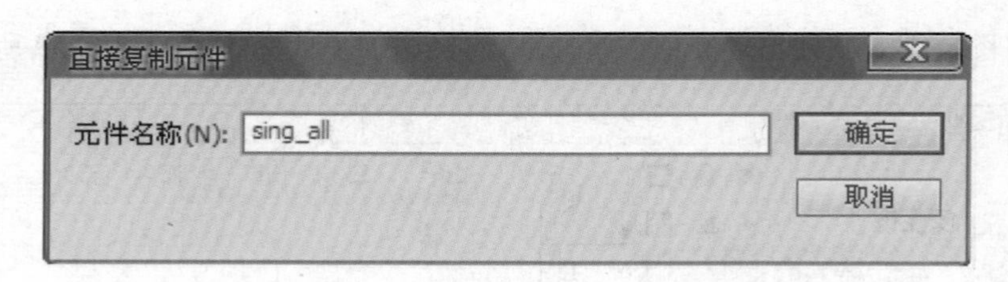

图 6.61 直接复制元件对话框

4. 编辑“sing_all”元件。双击舞台中的“sing_all”元件实例，进入该元件的编辑窗口，删除“as”图层。如图 6.62 所示。单击编辑栏中的“场景 1”返回主时间轴。

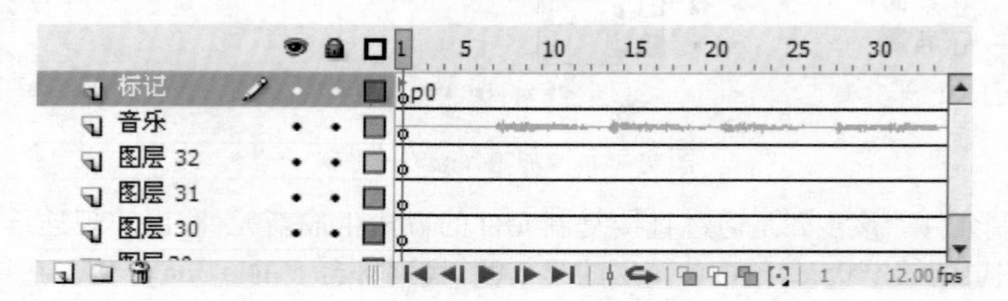

图 6.62 “sing_all”元件的时间轴

5. 主时间轴添加“as”图层。在最上层创建新图层，并命名为“as”。右击鼠标第 1 个关键帧，在弹出的快捷菜单中选择“动作”命令。打开动作面板，在左侧的脚本列表中依次选择“全局函数”/“时间轴控制”，双击“stop”函数，就会将该命令添加到关键帧中。时间轴如图 6.63所示。

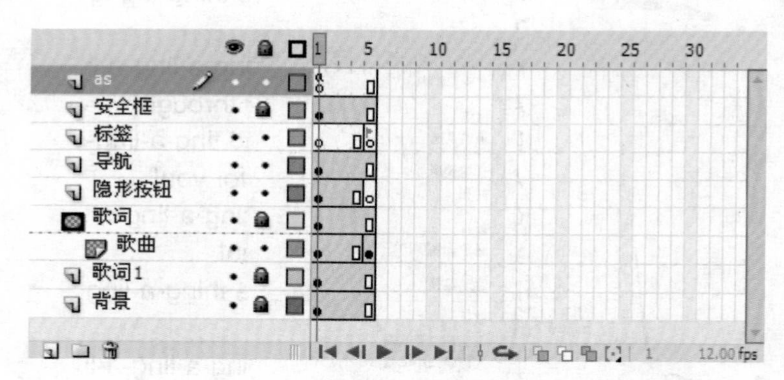

图 6.63 时间轴面板(42)

6. 为导航按钮实例命名。选择舞台上的“整首播放”按钮，单击属性面板实例名称输入框，并输入“play_btn”。使用同样的方法将“歌曲学唱”实例命名为“en_btn”，将“中文歌词”实例命名为“ch_btn”。一般地，将实例命名是为了使其能在动作脚本中运用，从而达到控制舞台中实例的目的。

7. 为“play_btn”导航按钮添加命令。单击舞台上的“play_btn”按钮实例，打开动作面板，添加如下脚本：

```
on (release) {
    gotoAndStop("all");
}
```

其中,all 是第 5 帧的帧标签。

脚本命令实现的操作说明:单击“连续播放”按钮,跳转到“all”帧,实现歌曲的连续播放。

8. 为“en_btn”导航按钮添加控制命令。单击舞台上的“en_btn”按钮实例,打开动作面板,添加如下脚本:

```
on (release) {
    gotoAndStop(1);
}
```

脚本命令实现的操作说明:单击“歌曲学唱”按钮,跳转到第 1 帧,实现歌曲的单句选择播放。

9. 为“ch_btn”导航按钮添加控制命令。单击舞台上的“ch_btn”按钮实例,打开动作面板,添加如下脚本:

```
on (release) {
    gotoAndStop("Chinese");
}
```

其中,Chinese 是后面要实现的翻译功能对应的帧标签。

脚本命令实现的操作说明:单击“歌曲学唱”按钮,跳转到第 1 帧,实现歌曲的单句选择播放。

【任务 4】 制作“中文歌词”部分

本任务完成如下效果:设置中文显示场景,效果如图 6.64 所示,当光标移到中文歌词上时,显示该句对应的英文歌词。效果如图 6.65 所示。

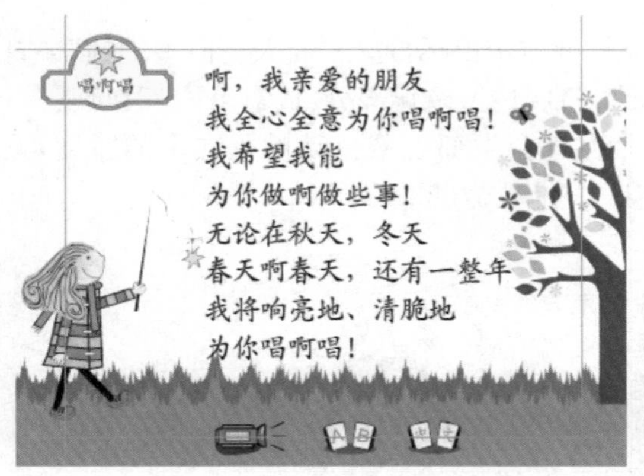

图 6.64 中文场景

图 6.65 显示英文歌词

操作步骤:

1. 编辑时间轴。动画的中文歌词功能在第 10 帧处完成。分别在“安全框”和“导航”图层的第 10 帧处右击鼠标选择“插入帧”。在“背景”图层的第 10 帧处右击鼠标,选择“插入关键帧”。时间轴如图 6.66 所示。

2. 设置帧标签。选择“标签”图层,在第 10 帧处右击鼠标,选择“插入关键帧”。打开属性面板,在帧标签输入框中输入“Chinese”。如图 6.67 所示。

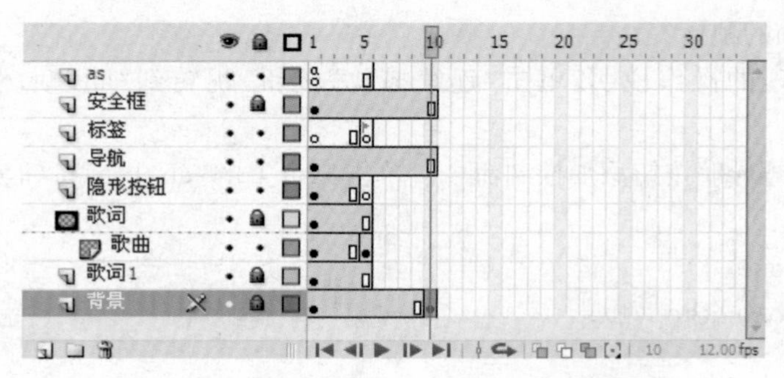

图 6.66　中文歌词在第 10 帧处完成

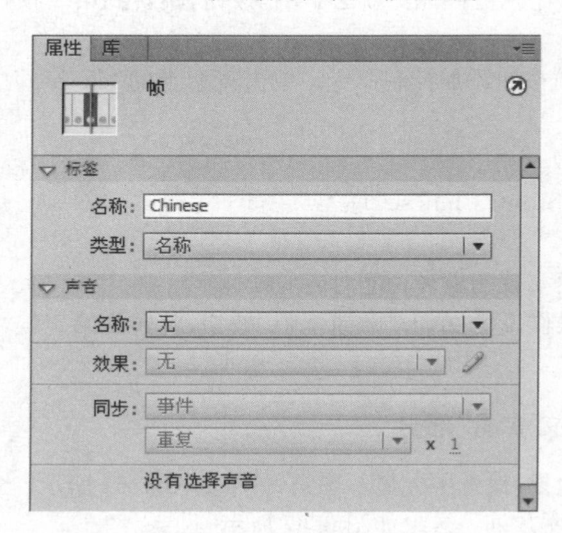

图 6.67　在帧标签输入框中输入"Chinese"

3. 设置中文歌词。在"歌词 1"图层的第 10 帧处右击鼠标,选择"插入空白关键帧"。打开素材文件夹中的"Sing-a-Ling 中英文歌词. txt",选择中文歌词部分,按【Ctrl+C】键复制,然后切换到 Flash CS6 软件,选择"文本工具",在舞台中部水平拖动设置文本的宽度,按【Ctrl+V】键粘贴。设置文本的字体、大小和行距。如图 6.68 所示。

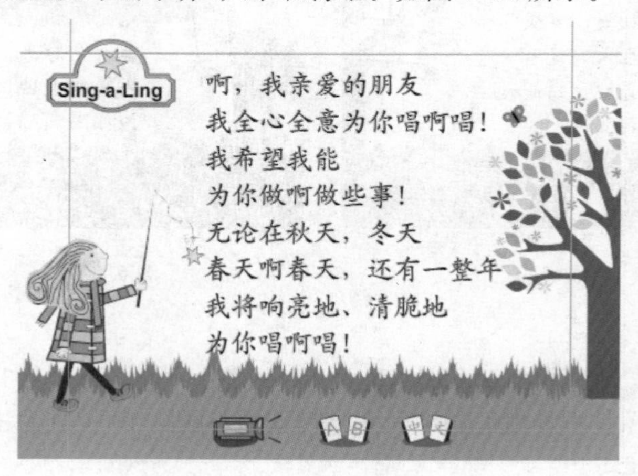

图 6.68　添加了中文歌词的场景

4. 修改标题图形。选择"背景"图层,双击标题组合进入组内编辑状态。双击标题

“Sing-a-Ling”，自动切换到“文本工具”，改为中文歌名“唱啊唱”，设置字体和字号。效果如图 6.69 所示。单击编辑栏中的“场景 1”按钮，返回场景。

图 6.69　将英文歌名改为中文歌名

5. 制作隐形按钮。在“隐形按钮”图层的第 10 帧处右击鼠标，单击“插入空白关键帧”。选择工具箱中的“矩形工具”，在舞台上绘制两个矩形，并且刚刚能够覆盖第 1 句中文歌词。效果如图 6.70 所示。

图 6.70　绘制矩形覆盖第 1 句中文歌词

选择工具箱中的“选择工具”，在舞台中的图形上右击鼠标，选择“转换为元件”，类型为“按钮”，名称输入框中输入“唱 1”。如图 6.71 所示。单击“确定”按钮。

图 6.71　将图形转换为“唱 1”按钮元件

双击舞台中该元件实例，进入按钮编辑窗口。先单击“弹起”帧，然后将其拖动到“点击”帧。如图 6.72 所示。

图 6.72　按钮热区

单击“插入图层”按钮创建新图层，在“指针经过”帧处右击鼠标，选择“插入空白关键帧”。选择工具箱中的“直线工具”，在属性面板中设置笔触颜色为橙色（#FF6600），笔触样式为虚线。如图 6.73 所示。

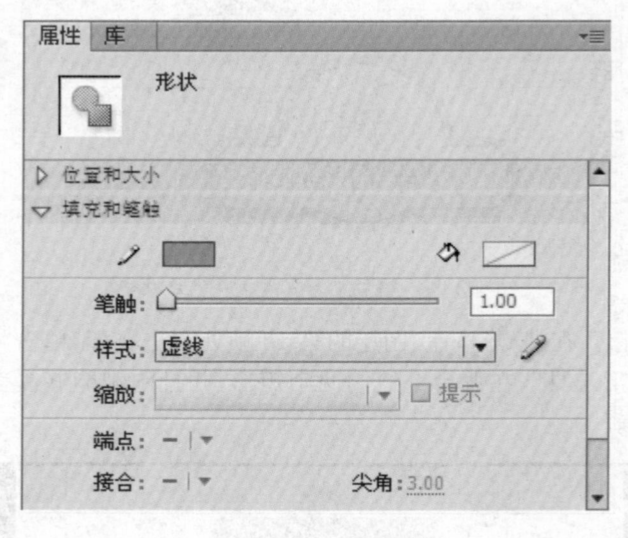

图 6.73 设置属性

然后，在对应的第 1 句歌词下方绘制虚线。如图 6.74 所示。

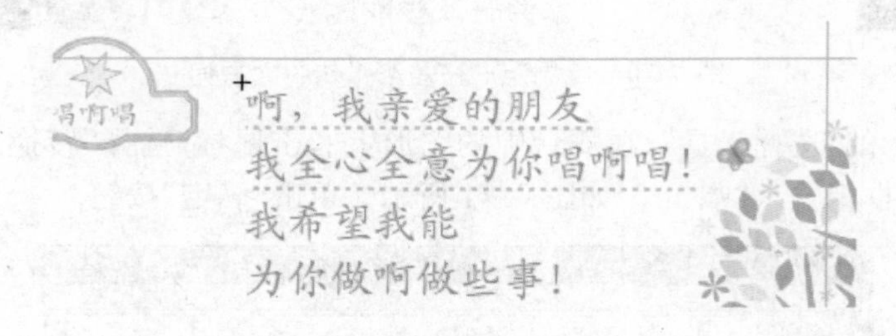

图 6.74 在相应的位置绘制虚线

单击“插入图层”按钮创建新图层，在“指针经过”帧处右击鼠标，选择“插入空白关键帧”。使用“矩形工具”“直线工具”“颜料桶工具”绘制“圆角矩形标注”图形，同时添加对应的英文歌词。效果如图 6.75 所示。

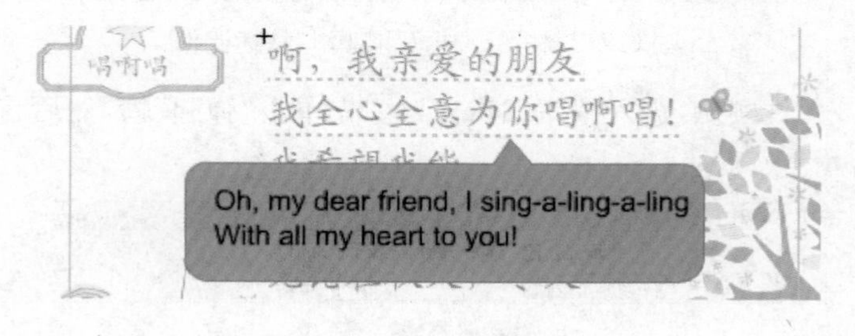

图 6.75 制作英文提示图形

“唱 1”按钮元件的时间轴如图 6.76 所示。

参照“唱 1”元件的制作方法，分别制作“唱 2”“唱 3”“唱 4”隐形按钮。舞台效果如

图 6.77所示。

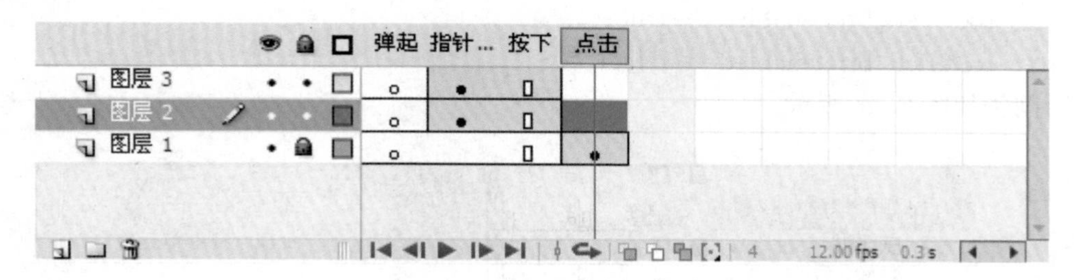

图 6.76 "唱 1"按钮的时间轴

图 6.77 隐形按钮

6. 设置导航按钮开关。最后在主时间轴的"as"图层为每一个导航按钮设置开关状态。例如，在连续播放模式下，"play_btn"设为不可用状态，"ch_btn"和"en_btn"设为可用状态。

这里将使用 Button 类的 enabled 属性，它用来指定按钮是否处于启用状态。当按钮被禁用（enabled 属性设置为"false"）时，该按钮虽然可见，但不能被单击。默认值为"true"。

在"as"图层的第 1 帧上右击鼠标，选择"动作"，打开动作面板。在"stop()"；后面继续添加下列代码：

```
_root. play_btn. enabled = true;
_root. en_btn. enabled = false;
_root. ch_btn. enabled = true;
```

在"as"图层的第 5 帧上右击鼠标，选择"插入空白关键帧"，打开动作面板。输入下列代码：

```
_root. play_btn. enabled = false;
_root. en_btn. enabled = true;
_root. ch_btn. enabled = true;
```

在"as"图层的第 10 帧上右击鼠标，选择"插入空白关键帧"，打开动作面板。输入下列代码：

```
    _root. play_btn. enabled = true;
    _root. en_btn. enabled = true;
    _root. ch_btn. enabled = false;
```

时间轴如图 6.78 所示。

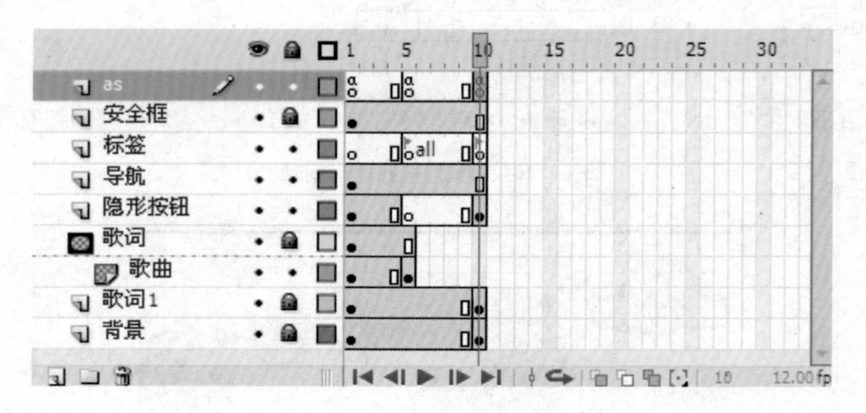

图 6.78　时间轴面板(43)

7. 按【Ctrl+Enter】键,测试影片。

这样,本项目就全部制作完了,大家可以通过回顾每个任务的制作过程,体会 Flash 课件的制作方法。

6.5　项目总结

该项目是比较复杂的课件类动画,综合运用了 Flash 二维动画的制作技术,包括场景布置、声音控制、遮罩效果、交互控制等。运用的方法也是目前教学光盘动画的常用开发技术。

通过该项目的制作可以看出,在掌握 Flash 制作技术的基础上,对于较复杂动画的分析能力的培养显得尤为关键。建议制作者加强视听语言的分析能力,运用理论与实践相结合的方式,通过观摩大量优秀动画作品来提高分析研究能力,为动画的制作打下良好的基础。

其次,运用基本的时间轴控制命令也能制作很多交互动画,关键是对影片剪辑层次结构的深刻理解和对时间轴动画的灵活运用。

6.6　知识点详解

6.6.1　辅助线的相关操作

1. 辅助线的锁定

在绘制图形的过程中,可以拖出多条辅助线帮助用户进行图形绘制,并可以拖动辅助线完成对图形的定位。执行“视图”/“辅助线”/“锁定辅助线”(快捷键:【Ctrl+Alt+;】)命令锁定辅助线,这时绘图工作区中的辅助线将不能再被鼠标拖动。

2. 辅助线的清除

方法一:执行“视图”/“辅助线”/“清除辅助线”命令,可以将所有辅助线清除。

方法二:在舞台中,用鼠标将辅助线拖回标尺,可以将一条辅助线清除。

3. 编辑辅助线

执行“视图”/“辅助线”/“编辑辅助线”(快捷键:【Ctrl+Shift+G】)命令,打开“辅助线”对话框,在该对话框中可以完成对辅助线颜色和对齐精确度的设置,如图6.79所示。

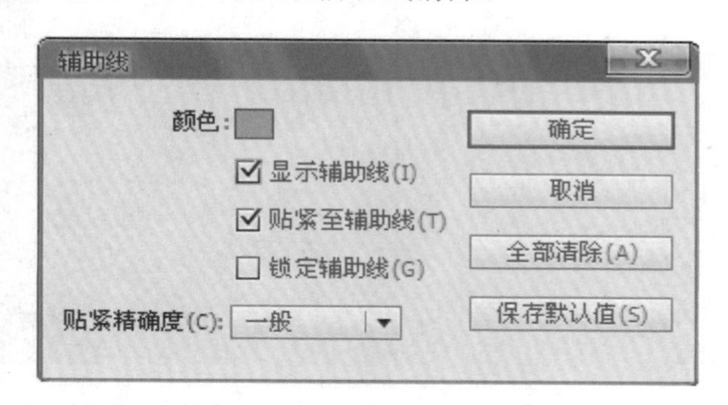

图6.79 辅助线对话框

值得注意的是,在绘图工作区的空白位置处按下鼠标右键,然后在弹出的命令菜单中,可以快捷地对标尺、网格、辅助线和紧贴进行设置,如图6.80所示。

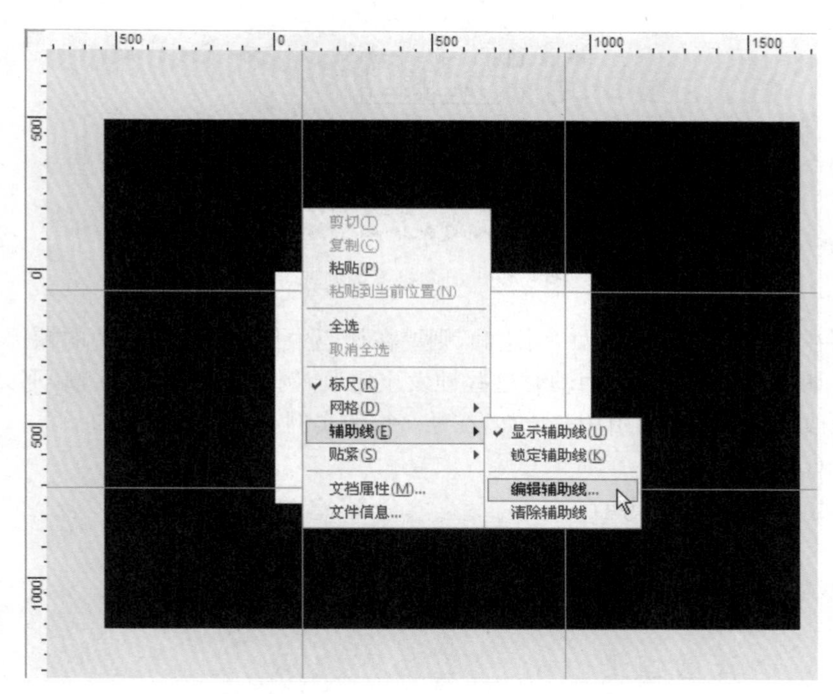

图6.80 快捷菜单命令

6.6.2 帧标签

Flash中对关键帧设置帧标签可以方便我们识记该关键帧的作用,更可以在脚本语句中使用帧标签名称,起到方便读脚本代码的作用。

添加帧标签的方法是:选中关键帧,在属性面板的“标签”框中输入名称,帧标签名称可以是任意字符。如图 6.81 所示。

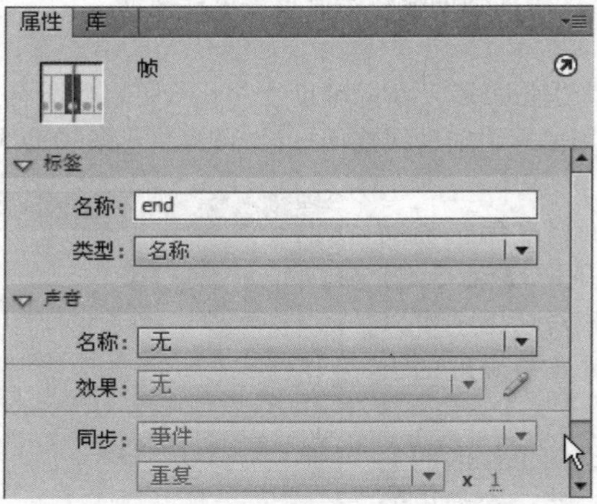

图 6.81　在属性面板中输入名称

添加了帧标签的关键帧上会出现一面小红旗标志，标志后面会显示帧标签名称。如图 6.82所示。

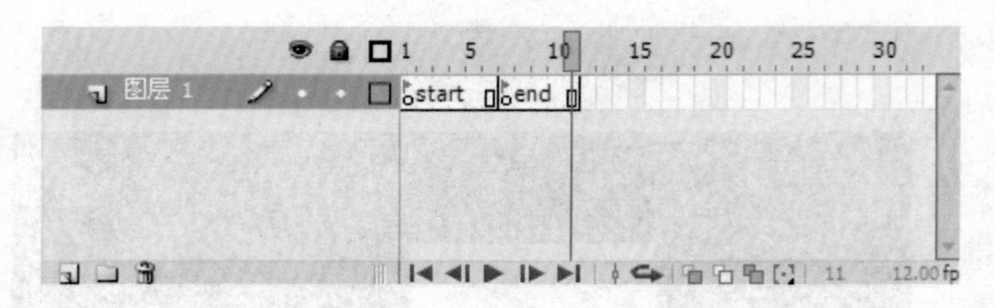

图 6.82　时间轴上的帧标签

如果要在 ActionScript 代码中引用帧，则要在代码中使用. fla 文件中的帧标签，而不要使用帧号。如果在以后编辑时间轴时这些帧发生更改，例如，移动了这些帧，那么使用帧标签则无需更改代码中的任何引用。比如，在某一按钮实例上的脚本命令如下：

```
on(press){
gotoAndPlay("end");
}
```

其中，end 即为设置的帧标签名称。

6.6.3　影片剪辑类

使用影片剪辑元件可以创建可重用的动画片段。影片剪辑拥有各自独立于主时间轴的多帧时间轴。可以将多帧时间轴看作是嵌套在主时间轴内的，它们可以包含声音甚至其他影片剪辑实例。也可以将影片剪辑实例放在按钮元件的时间轴内，以创建动画按钮。此外，可以使用 ActionScript 对影片剪辑进行控制。

在 Flash 中，舞台中的影片剪辑实例对应于 MovieClip 类的实例。MovieClip 类属于 Flash ActionScript 的内置类，所以无需通过使用构造函数的方法来创建影片剪辑。要用

ActionScript，首先将舞台中的影片剪辑（或按钮）实例设置一个唯一的实例名称，然后运用该类的常用属性和方法即可。

若要调用 MovieClip 类的属性或方法，使用以下语法按名称引用影片剪辑实例：

```
my_mc. play()；
my_mc. gotoAndPlay(3)；
my_mc. _visible=false；
```

其中，my_mc 是影片剪辑实例。

影片剪辑类常用的属性和方法，请参考表 6.2。

表 6.2 MovieClip 类常用的属性和方法

属性	_x	影片剪辑相对于父级影片剪辑的本地坐标的 x 坐标
	_y	设置影片剪辑相对于父级影片剪辑的本地坐标的 y 坐标
	_height	影片剪辑的高度，以像素为单位
	_width	影片剪辑的宽度，以像素为单位
	_xscale	确定从影片剪辑注册点开始应用的水平缩放比例
	_yscale	设置从影片剪辑注册点开始应用的影片剪辑垂直缩放比例
	_visible	一个布尔值，表示影片剪辑是否处于可见状态
	enabled	一个布尔值，表示影片剪辑是否处于活动状态
	_alpha	影片剪辑的 Alpha 值
	_rotation	指定影片剪辑相对于其原始方向的旋转程度，以度为单位
	_currentframe［只读］	返回指定帧的编号，该帧中的播放头在影片剪辑的时间轴中
方法	duplicateMovieClip()	在 SWF 文件正在播放时，创建指定影片剪辑的实例
	removeMovieClip()	删除用 duplicateMovieClip()等方法创建的影片剪辑实例
	loadMovie()	在播放原始 SWF 文件时，将 SWF、JPEG、GIF 或 PNG 文件加载到 Flash Player 中的影片剪辑中
	unloadMovie()	删除影片剪辑实例的内容
	getBytesLoaded()	返回已加载（流处理）的影片剪辑的字节数
	getBytesTotal()	以字节为单位返回影片剪辑的大小
	gotoAndPlay()	从指定帧开始播放 SWF 文件
	gotoAndStop()	将播放头移到影片剪辑的指定帧并停在那里
	nextFrame()	将播放头转到下一帧并停止
	prevFrame()	将播放头转到前一帧并停止
	play()	在影片剪辑的时间轴中移动播放头
	stop()	停止当前正在播放的影片剪辑
	startDrag()	允许用户拖动指定的影片剪辑
	stopDrag()	结束 MovieClip. startDrag() 方法

6.7 拓展案例

【案例】 影片剪辑的控制

制作如图 6.83 所示的影片剪辑。

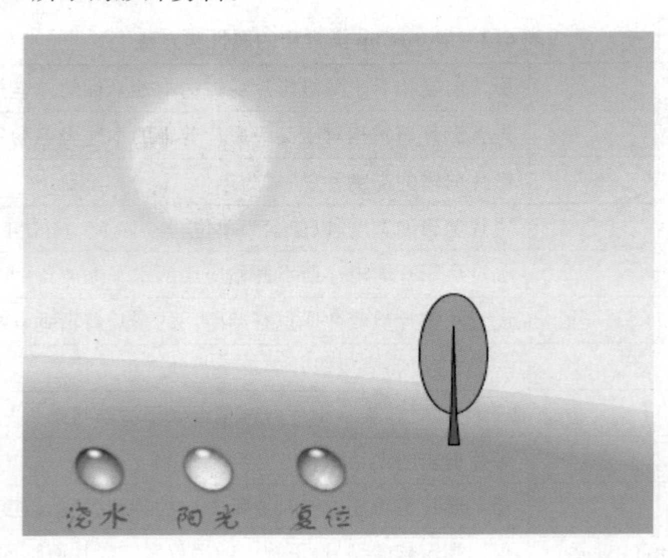

图 6.83 案例效果图

图 6.84 选择公用库中的按钮

主要制作步骤：

1. 打开素材“小树长大.fla”文档，按【Ctrl＋L】组合键，打开库面板。

2. 双击时间轴面板中的“图层 1”，将该层命名为“背景”。从库面板中，将“背景”图形元件拖放到舞台中，对齐。

3. 单击“插入图层”按钮，插入新图层，命名为“树”。从库面板中，将“小树”影片剪辑元件拖放到舞台中，选择合适的位置。

4. 单击“插入图层”按钮，插入新图层，命名为“按钮”。选择“窗口”/“公用库”/“buttons”菜单命令，在打开的面板中选择“classic buttons”/“Ovals”目录下，分别将“Oval buttons-green”“Oval buttons-yellow”“Oval buttons-red”3 个按钮拖到舞台中，调整好位置。按钮所在公用库如图 6.84所示。

5. 在绿色按钮下方使用文本工具添加“浇水”2 个字，在黄色按钮下方创建文本“阳光”，在红色按钮下方创建文本“复位”，分别对 3 个按钮进行说明。效果如图 6.85所示。

图 6.85 在按钮下方添加文字

6. 选择舞台中的小树，在属性面板的实例名称输入框中单击鼠标，输入“tree_mc”，将小树实例命名。设置如图 6.86 所示。

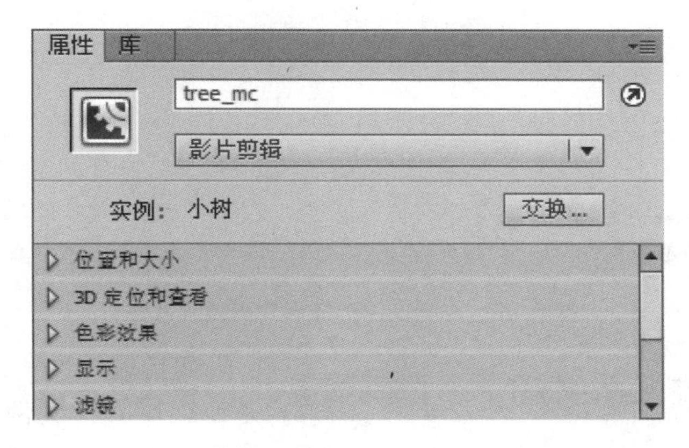

图 6.86 将小树实例命名

7. 单击舞台中的绿色按钮，按【F9】键打开动作面板。在左侧的动作工具箱中，从“全局函数”/“影片剪辑控制”目录中找到 on 函数，双击，此时命令添加到右侧的“脚本”窗口中，同时在显现的提示代码列表中选择 release 参数，效果如图 6.87 所示。

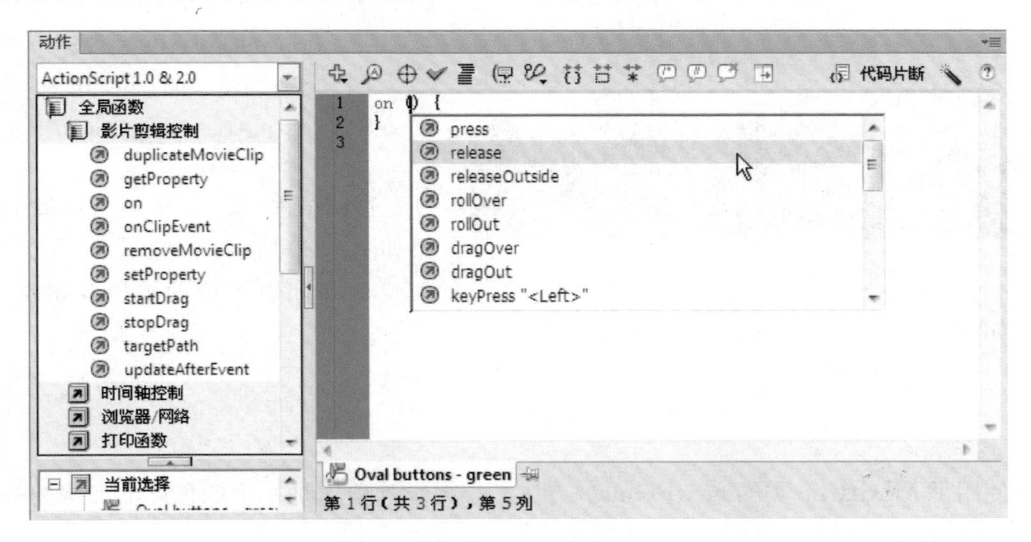

图 6.87 添加 on 函数

然后，单击“插入目标路径”按钮，在弹出的对话框中选择“tree_mc”实例和“绝对”

路径，单击“确定”按钮即可，这样就完成了“tree_mc”实例的路径输入。

接着，输入“.”，会出现影片剪辑类的代码提示列表，选择列表中的“_height”属性，如图 6.88所示。

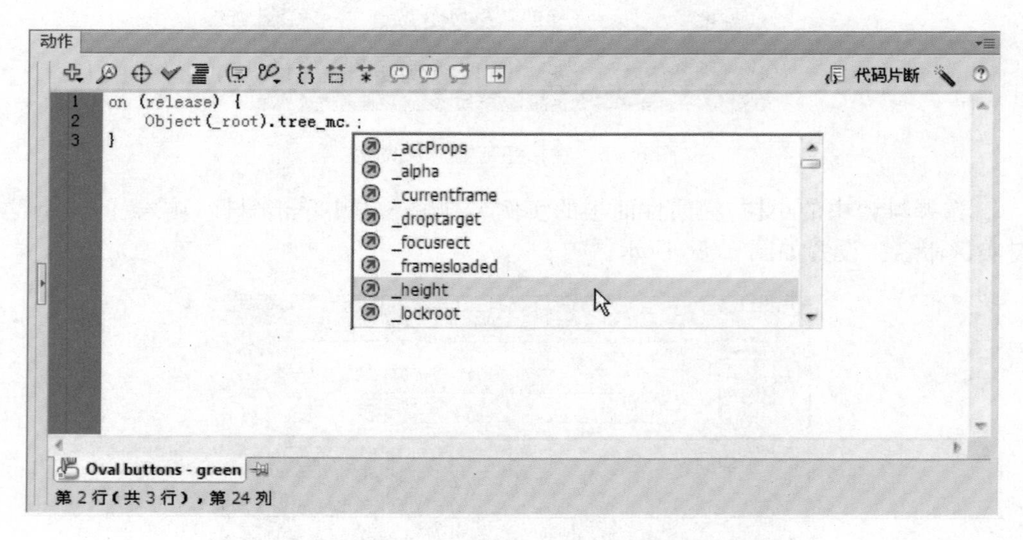

图 6.88　在列表中选择影片剪辑的属性

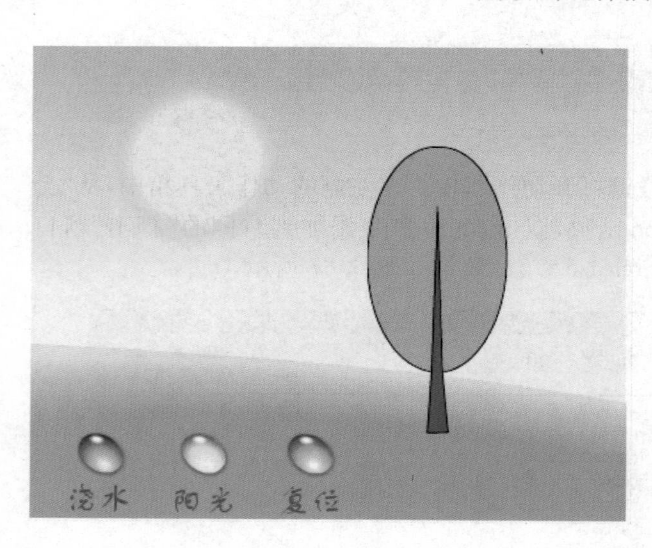

图 6.89　小树长高

然后输入“+=4;”，这一行代码是使影片剪辑实例“tree_mc”的高度增加 4 像素。回车另起一行，输入“_root. tree_mc. _width += 2;”，这一行代码是使影片剪辑实例“tree_mc”的高度增加 2 个像素。完整的代码如下：

```
on (release) {
_root. tree_mc. _height+=4;
_root. tree_mc. _width+=2;
}
```

连续单击“浇水”按钮后小树的效果如图 6.89 所示。

8. 单击舞台中的黄色按钮，为其添加如下代码：

```
on(release){
_root. tree_mc. nextFrame();
}
```

这里使用了 MovieClip 类的 nextFrame()方法。小树影片剪辑是一个颜色逐渐加深的补间动画，每单击 1 次黄色按钮，该影片剪辑播放头向后移动 1 帧。

连续单击“阳光”按钮后小树的效果如图 6.90 所示。

9. 单击舞台中的红色按钮，为其添加如下代码：

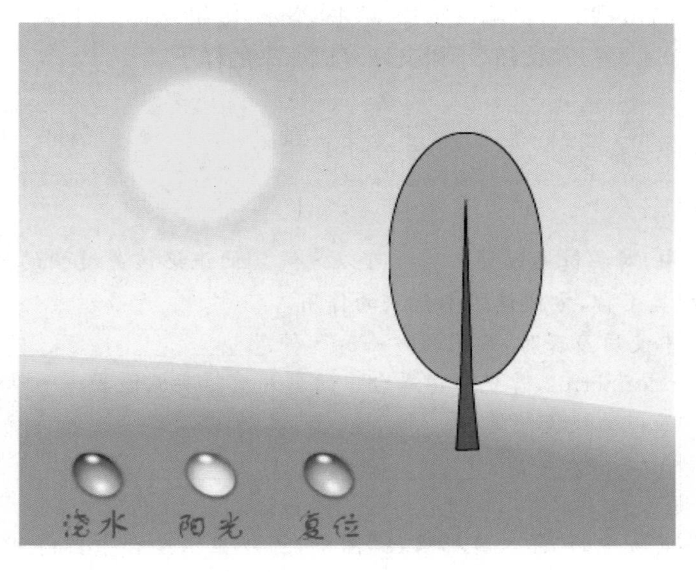

图 6.90　小树变绿

```
on (release) {
_root.tree_mc._xscale = 100;
_root.tree_mc._yscale = 100;
_root.tree_mc.gotoAndStop(1);
}
```

这里使用了_xscale 和_yscale 属性，当赋值为 100 时，影片剪辑的宽和高恢复原来大小。同时 gotoAndStop(1)方法使得影片剪辑播放头跳回到第 1 帧，我们会看到小树的颜色也恢复成原来的模样。这样，就达到了复位的效果。

连续单击“复位”按钮后小树的效果如图 6.91 所示。

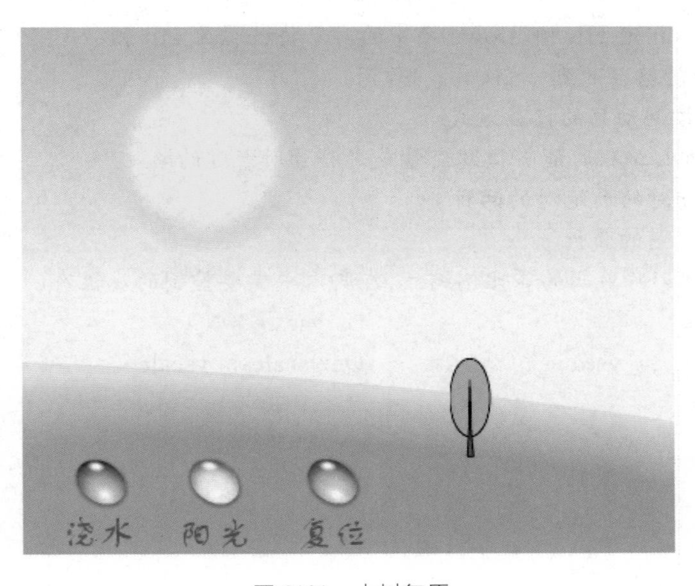

图 6.91　小树复原

10. 按【Ctrl+Enter】组合键测试影片,单击“浇水”按钮,小树会长高,单击“阳光”按钮,小树会变得更绿,单击“复位”按钮,小树又恢复成原来的样子。

习　题

1. 填空题

(1) 在 Flash 中,对关键帧设置______可以方便我们识记该关键帧的作用,更可以在脚本语句中使用帧标签名称,方便读脚本代码的作用。

(2) 在 Flash 中使用声音时,常用的方法有 3 种:______、______、______。

(3) 要用于 ActionScript,首先要将舞台中的影片剪辑实例设置一个唯一的______。

(4) 打开动作面板的快捷键是______。

(5) _xscale 表示______________________________。

2. 单项选择题

(1) 单击动作面板中的“插入目标路径”图标,可以显示舞台中当前可用的影片剪辑实例。这句话是(　　)的。

A. 正确　　　　B. 错误

(2) 以下关于帧标记和批注的说法正确的是(　　)。

A. 帧标记和帧批注的长短都将影响输出电影的大小

B. 帧标记和帧批注的长短都不影响输出电影的大小

C. 帧标记的长短不会影响输出电影的大小而帧批注的长短将影响输出电影的大小

D. 帧标记的长短会影响输出电影的大小而帧批注的长短不会影响输出电影的大小

(3) 以下关于按钮元件 Hit 帧的叙述,错误的是(　　)。

A. Hit 帧定义了按钮响应鼠标单击的区域

B. Hit 帧位于按钮元件的第 4 帧

C. Hit 帧的内容在舞台上是不可见的

D. 如果不指定 Hit 帧,Down 帧中的对象将被作为 Hit 帧

(4) Flash 中的路径起到一个(　　)作用。

A. 可以控制动画的播放方式

B. 在 Flash 编程时能够找到变量或者符号所经过的路

C. 分成相对的和绝对的两种

D. 决定变量的属性

(5) 如需限制影片剪辑的等比例缩放,在脚本中需要控制的属性有(　　)。

A. xscale　　　　B. yscale

C. _xscale 和_yscale　　　　D. yscale 和 yscale

组件的应用

随着 Flash 的广泛应用，越来越多的人开始用 Flash 制作网站。Flash 软件擅长制作动画，所以全 Flash 网站比较适合做那些文字内容不太多、以动画效果为主的应用，如网络广告、企业品牌推广、网络游戏、个性化网站等。

和制作 Html 网站类似，制作全 Flash 网站也要经过规划网站结构、实现设计思想、发布网站 3 个主要阶段。要明确网站的主题，确定用什么样的元素表现内容以及元素之间的联系，该采用什么风格的音乐。整个网站可以分成几个模块，各个模块间的联系如何，以及是否用 Flash 建构整个网站或是只用其作网站的部分模块等，都应在考虑范围之内。

7.1 项目描述

访问各个网站一般都需要注册成为会员，在线注册界面应用非常广泛，因此使用 Flash 建立网站时需要设计会员(账户)注册界面。本项目就是利用 Flash 中的组件来建立注册界面。效果如图 7.1～图 7.3 所示。

网络会员账户注册

账户
昵称
性别 男 女
地区 北京
兴趣爱好 美术 音乐 汽车 旅游
备注
注册

图 7.1 注册界面

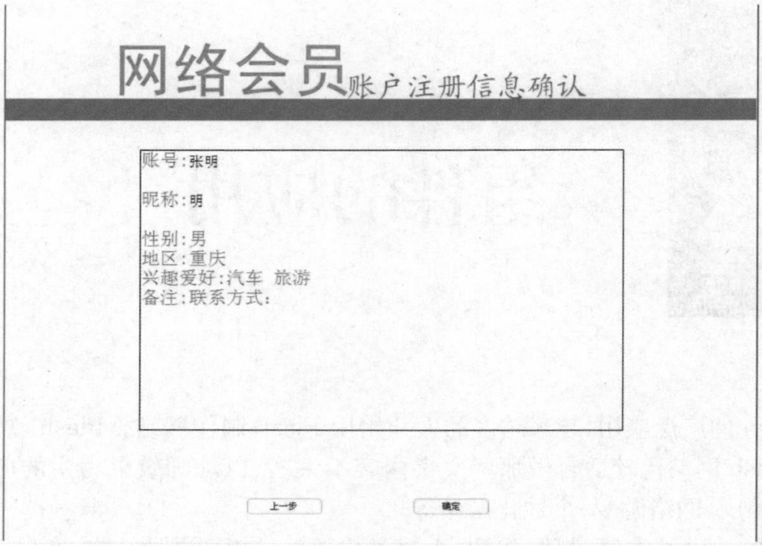

网络会员账户注册信息确认

账号:张明

昵称:明

性别:男
地区:重庆
兴趣爱好:汽车 旅游
备注:联系方式:

上一步 确定

图 7.2 信息确认

网络会员账户注册信息确认

恭喜您注册成功!

返回

图 7.3 注册成功

7.2 教学目标

能力目标

1. 能够掌握常用组件的作用和类型;
2. 能够综合应用 UI 组件制作用户控制界面。

知识目标

1. 认识组件概念；
2. 了解组件的类型以及常用组件的参数设置。

情感目标

1. 提高学生综合运用组件制作动画的能力；
2. 积累学生的设计经验。

7.3 设计理念

使用组件制作用户控制界面，可以省去一些编程过程，可以使设计人员快速高效地实现设计效果。

7.4 制作任务

【任务 1】 添加背景

操作步骤：

1. 打开 Flash CS6，新建文件，在属性面板设置文档尺寸大小为 1000×800 像素，将图层命名为“beijing”，如图 7.4 所示。

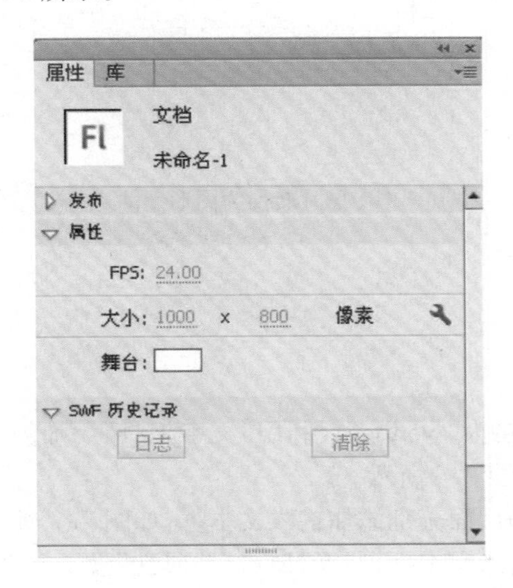

(a) 设置舞台尺寸

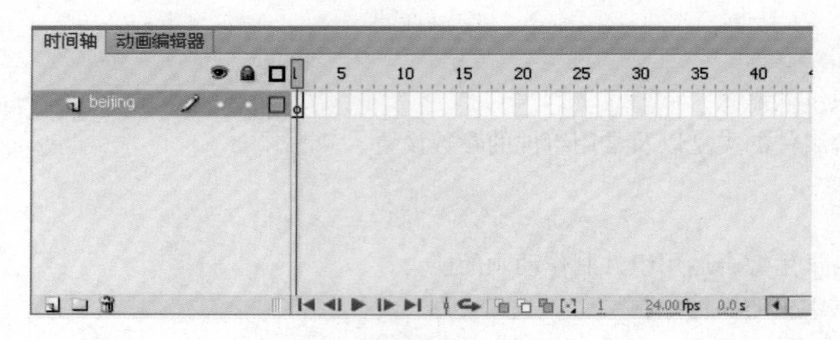

(b) 图层重命名

图 7.4　图层设置过程

2. 利用“文字工具”和“矩形框工具”设计背景图，如图 7.5 所示。并将此图片转换为图形元件“bj”。

网络会员账户注册

(a) 绘制背景图片

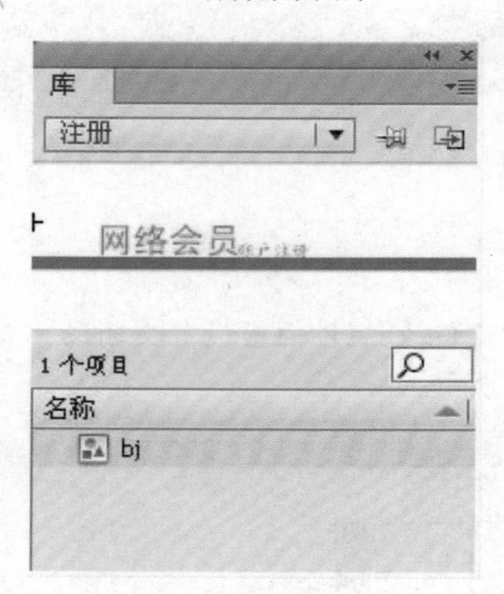

(b) 图片转换为图形元件

图 7.5　设计背景图

【任务 2】　添加文本

操作步骤：

1. 新建一个图层，命名为“wenben”，利用“文字工具”添加静态文本：账号、昵称、性别、地区、兴趣爱好、备注。如图 7.6 所示。

2. 在“账号”“昵称”的后面分别添加输入文本框，如图 7.7 所示。

3. 单击“账号”后的输入文本框，选择“窗口”/“属性”设置参数，并设置此输入文本框的变量名为“zhanghao”，如图 7.8 所示。

4. 单击“昵称”后的输入文本框，选择“窗口”/“属性”设置参数，并设置此输入文本框的变量名为“nicheng”，如图 7.9 所示。

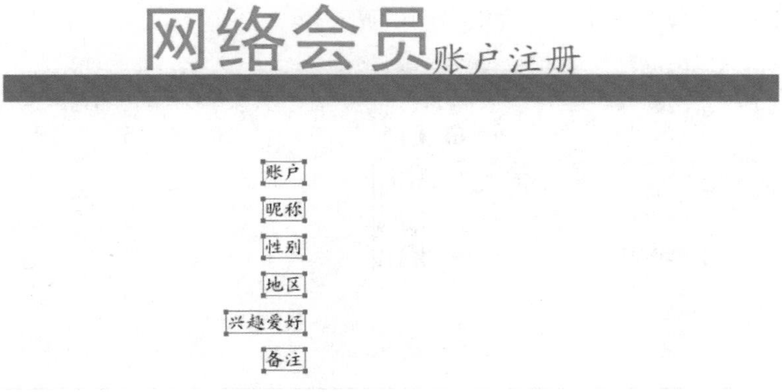

图 7.6　添加静态文本

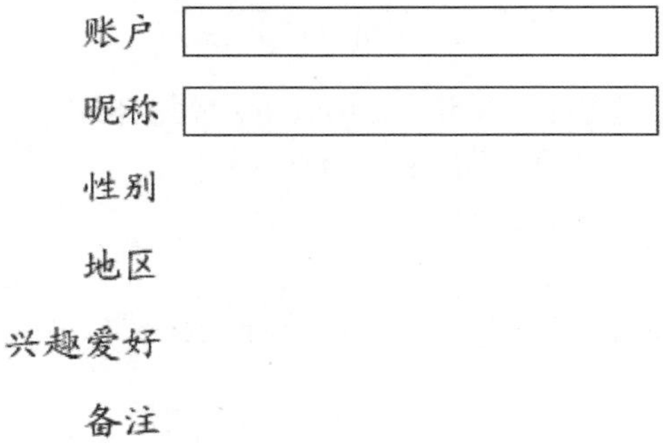

图 7.7　添加输入文本框

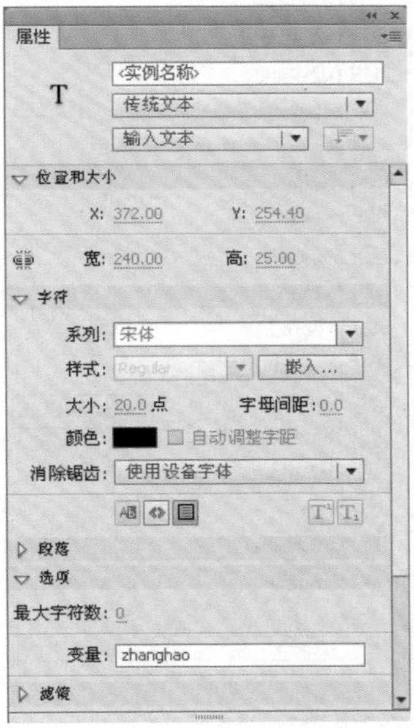

图 7.8　输入文本框属性(1)

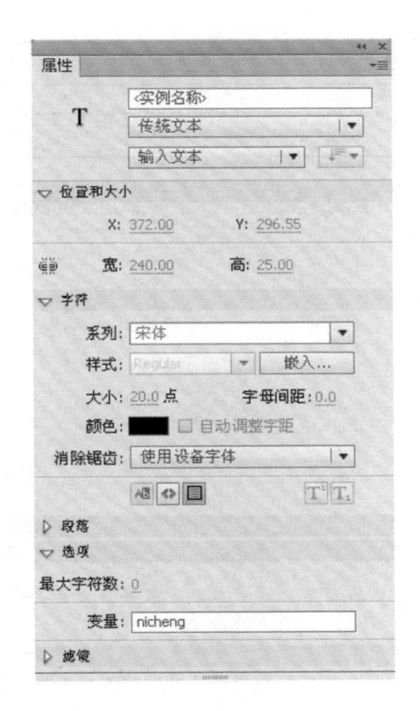

图 7.9　输入文本框属性(2)

【任务 3】 添加组件并设置参数

新建一个图层命名为“zujian”。如图 7.10 所示。

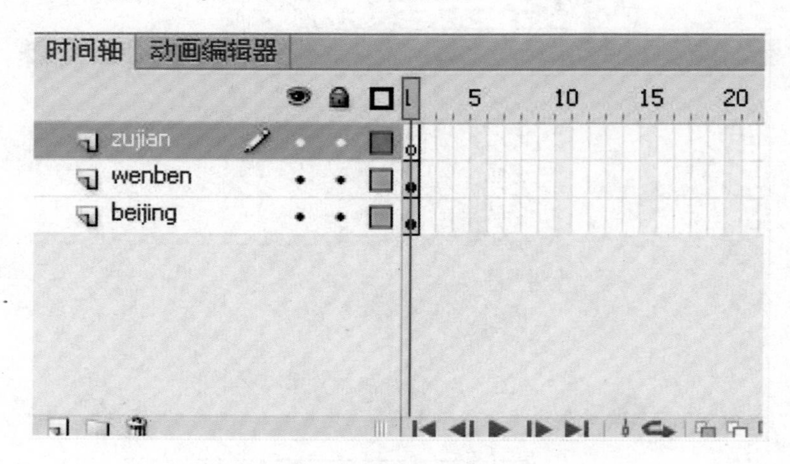

图 7.10 新建“zujian”图层

在“zujian”层添加单选按钮组件 RadioButton、下拉列表框组件 ComboBox、复选框组件 CheckBox、文本域组件 TextArea、按钮组件 Button。

子任务 1:添加单选按钮组件 RadioButton

操作步骤:

1. 打开“窗口”/“组件”面板,将两个单选按钮组件 RadioButton 拖曳到静态文本“性别”后。如图 7.11 所示。

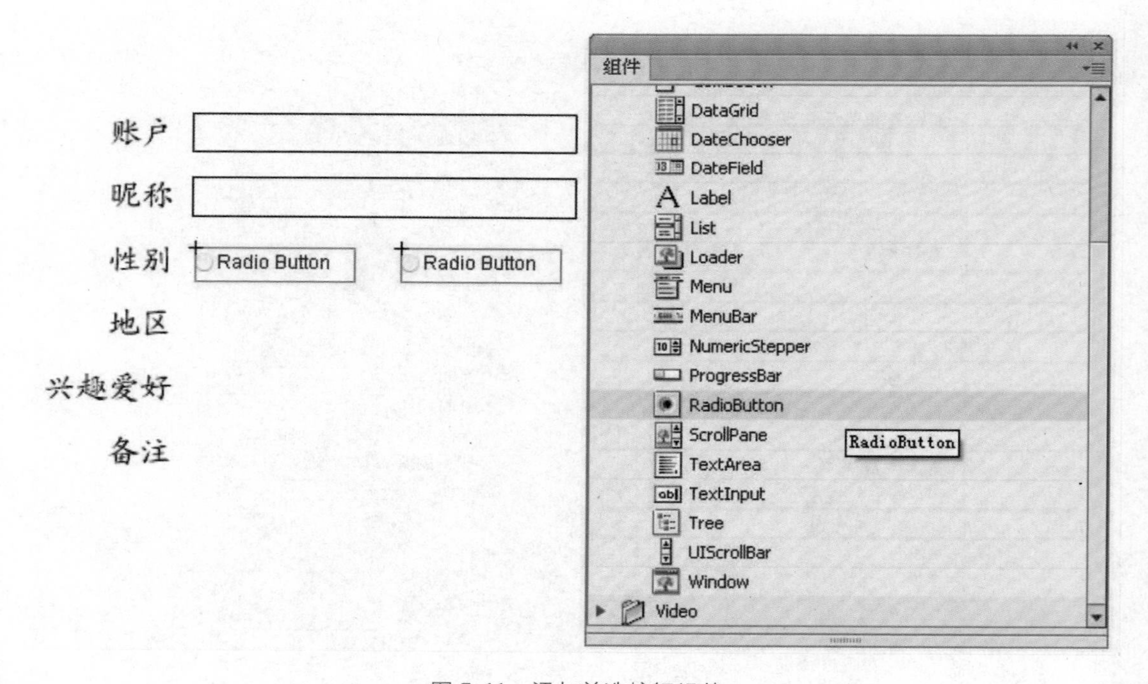

图 7.11 添加单选按钮组件

2. 打开“窗口”/“属性”面板设置参数，如图 7.12 所示，将第 1 个单选按钮名称设定为“sex”。

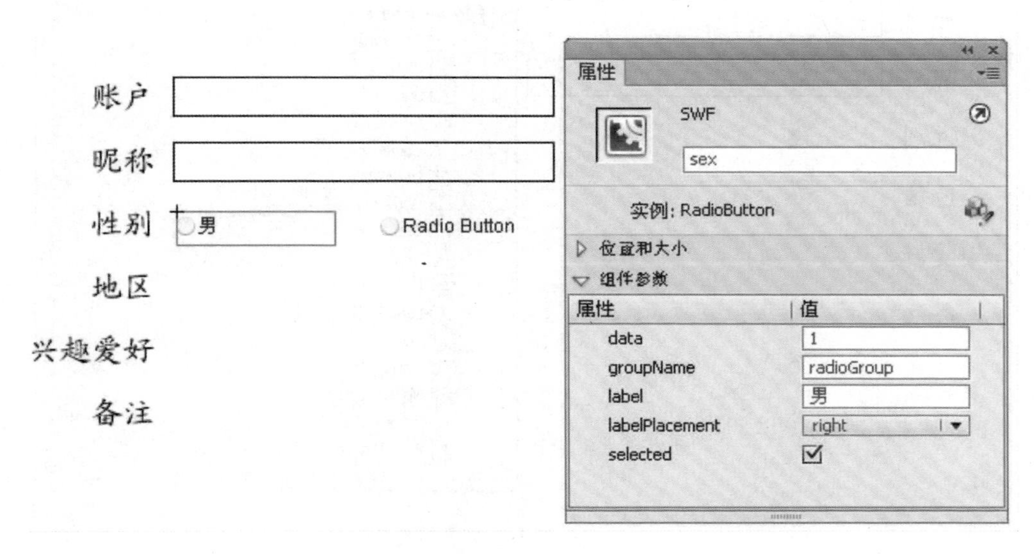

(a) 第 1 个单选按钮属性

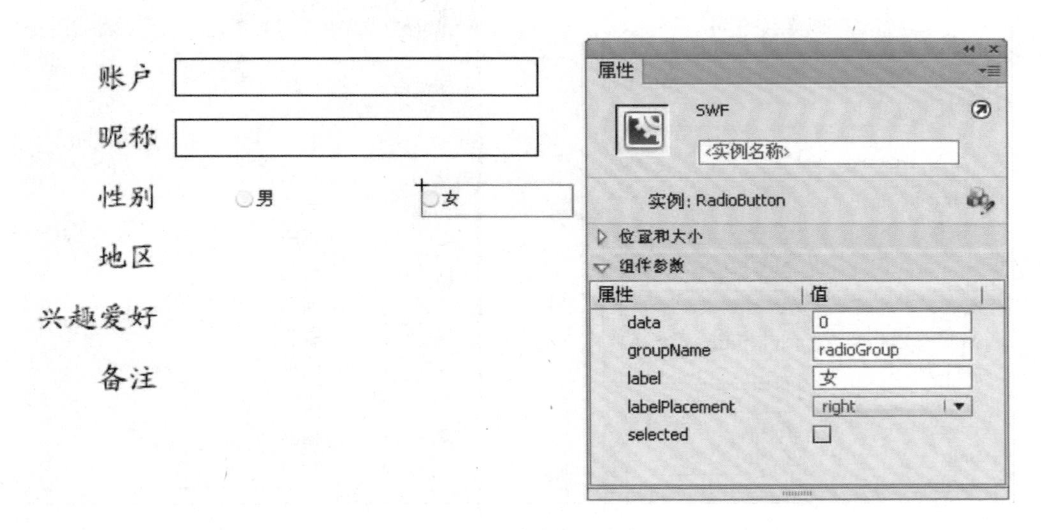

(b) 第 2 个单选按钮属性

图 7.12　单选按钮属性

子任务 2:添加下拉列表框组件 ComboBox

操作步骤:

1. 打开“窗口”/“组件”面板，将下拉列表框组件 ComboBox 拖曳到静态文本“地区”后。如图 7.13 所示。

2. 打开“窗口”/“属性”面板设置参数，如图 7.14 所示，组件名称设定为“diqu”。参数“data”和“labels”的值相同，如图 7.15 所示。

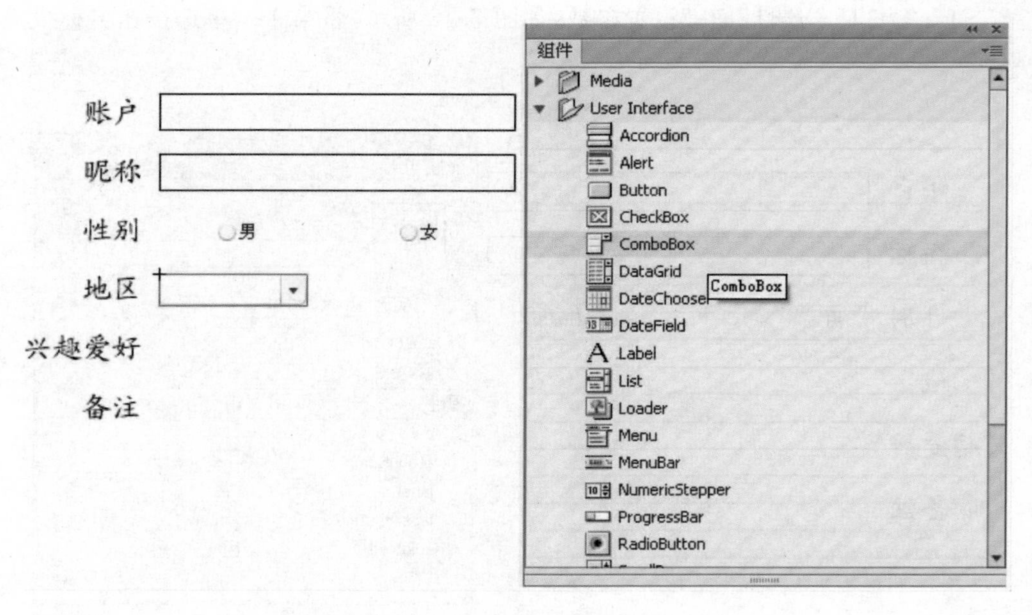

图 7.13　添加下拉列表框组件

图 7.14　下拉列表框属性

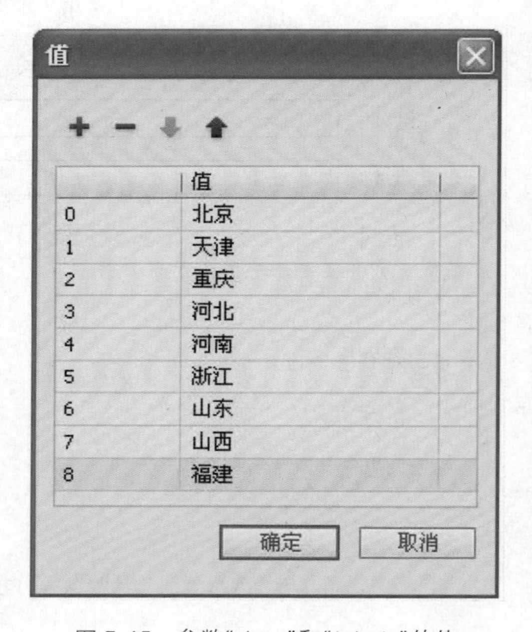

图 7.15　参数“data”和“labels”的值

子任务 3：添加复选框组件 CheckBox

操作步骤：

1. 打开“窗口”/“组件”面板，将 4 个复选框组件 CheckBox 拖曳到静态文本“兴趣爱好”后。如图 7.16所示。

2. 打开“窗口”/“属性”面板设置参数如图 7.17 所示。属性 label 的值分别为美术、音乐、汽车、旅游；4 个复选框名称分别为：“xqu1”“xqu2”“xqu3”“xqu4”。

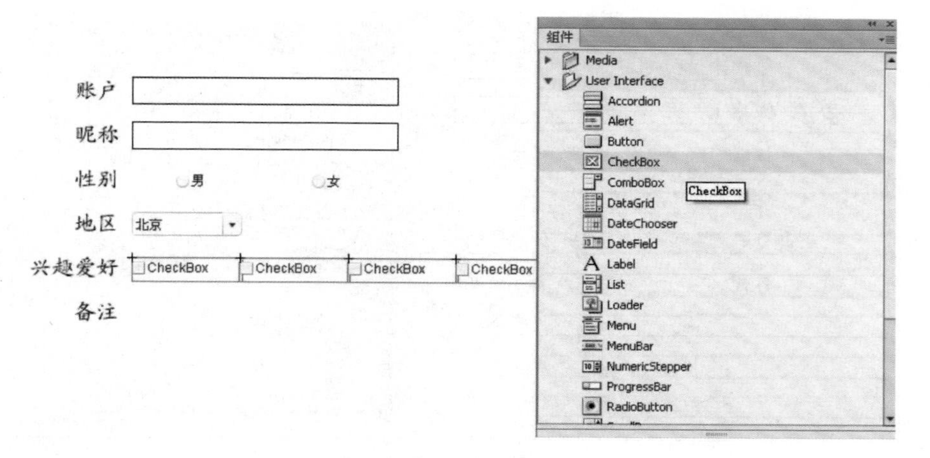

图 7.16 添加复选框组件

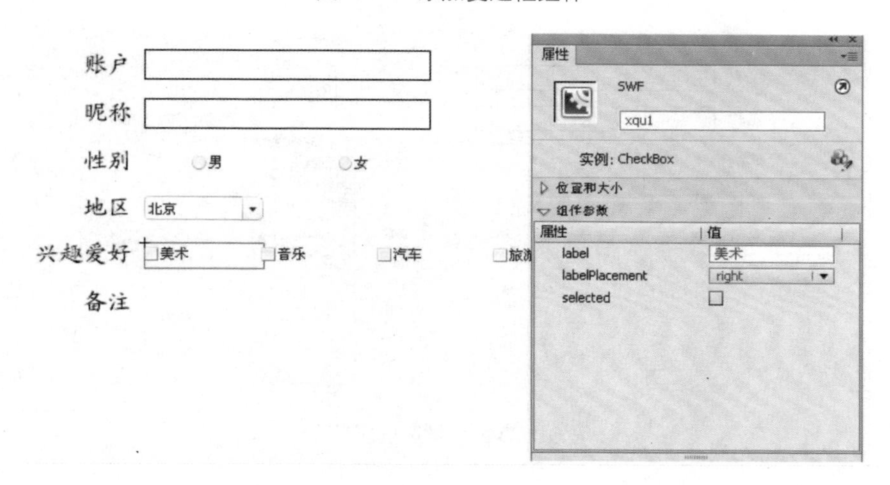

(a) 第 1 个复选框属性

(b) 第 2 个复选框属性

图 7.17 复选框属性

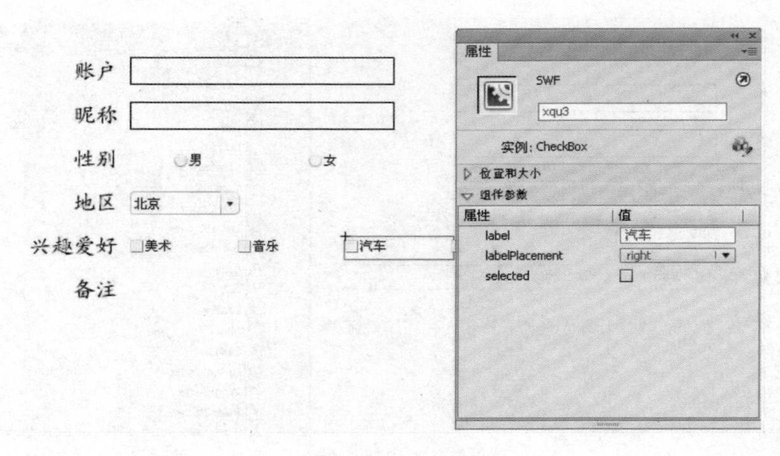

(c) 第 3 个复选框属性

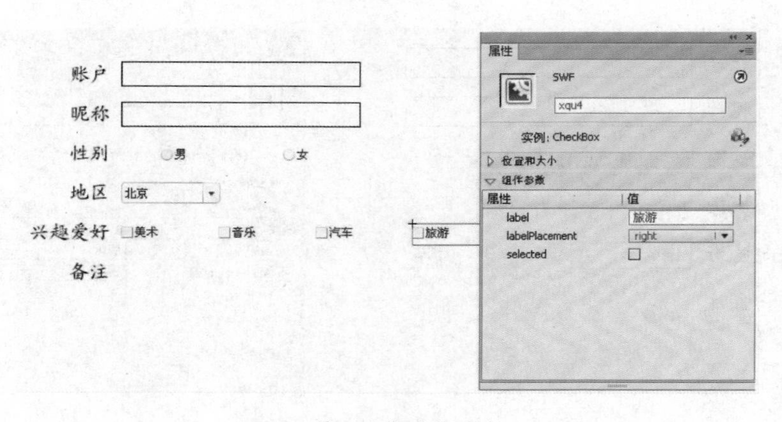

(d) 第 4 个复选框属性

续图 7.17 复选框属性

子任务 4:添加文本域组件 TextArea

操作步骤:

1. 打开“窗口”/“组件”面板,将文本域组件 TextArea 拖曳到静态文本“备注”后。如图 7.18所示。

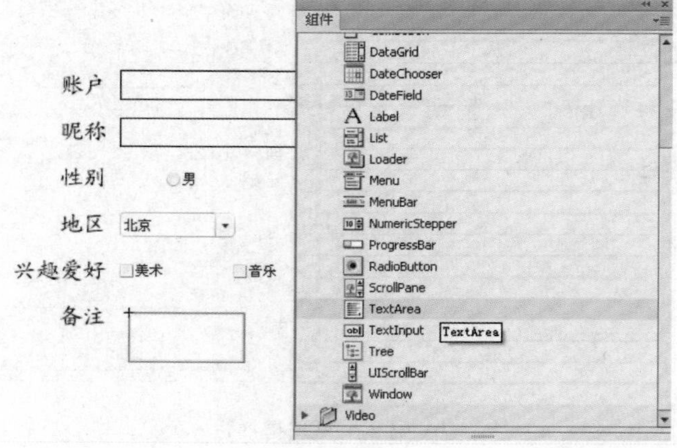

图 7.18 添加文本域组件

2. 打开“窗口”/“属性”面板设置参数，如图 7.19 所示，组件名称设定为“beizhu”。

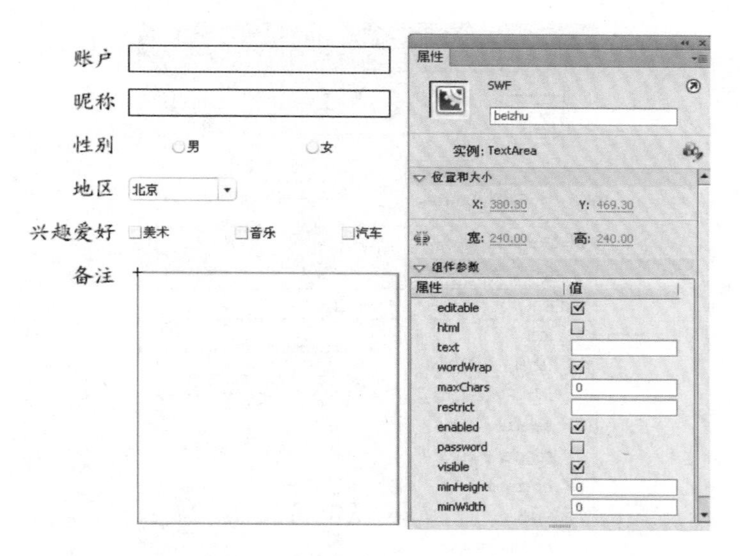

图 7.19　文本域组件属性

子任务 5：添加按钮组件 Button

操作步骤：

1. 打开“窗口”/“组件”面板，将按钮组件 Button 拖曳到界面下方合适位置。如图 7.20 所示。

图 7.20　添加按钮组件

2. 打开“窗口”/“属性”面板设置参数，如图 7.21 所示，按钮名称设定为“zhuce”。

图 7.21　按钮组件属性

子任务 6：建立信息确认界面

操作步骤：

1. 新建图层命名为“as”，在第 2 帧处右击鼠标，弹出快捷菜单，选择快捷菜单中的“插入关键帧”命令，插入关键帧，如图 7.22 所示。

图 7.22　新建“as”图层并插入关键帧

2. 利用“文字工具”和“矩形框工具”设计背景图，如图 7.23 所示。并将此图片转换为图形元件“bj1”，如图 7.24 所示。

网络会员账户注册信息确认

图 7.23　绘制背景图

3. 单击工具栏中的“文本工具”，并打开“窗口”/“属性”面板，选择“动态文本”，按住鼠标左键在舞台合适位置拖曳出“动态文本”框，参数设置如图 7.25 所示。

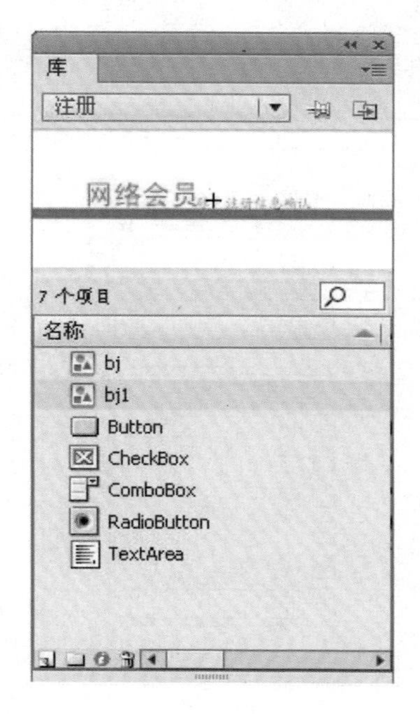

图 7.24　图片转换为图形元件

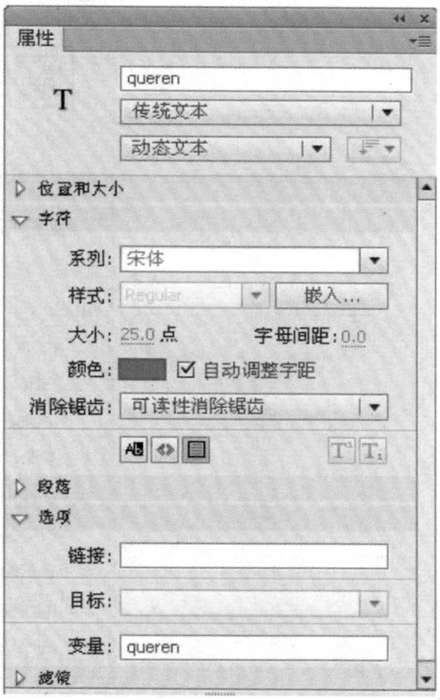

图 7.25　动态文本属性

子任务 7：添加按钮组件 Button

操作步骤：

1. 打开“窗口”/“组件”面板，拖曳两个按钮组件 Button 到界面下方的合适位置。如图 7.26所示。

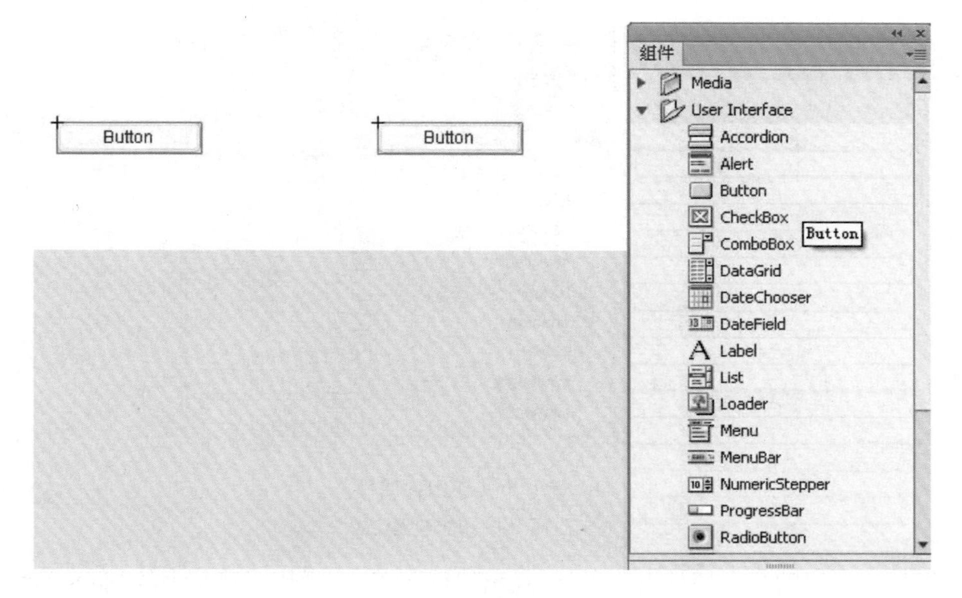

图 7.26　添加按钮组件

2. 打开“窗口”/“属性”面板设置参数,如图 7.27 所示。

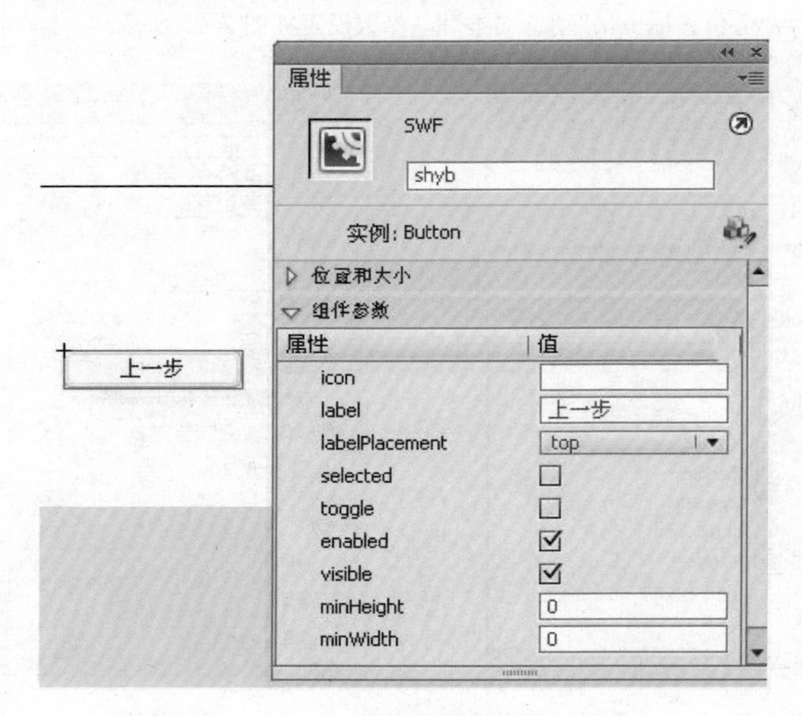

(a) 第 1 个按钮组件属性

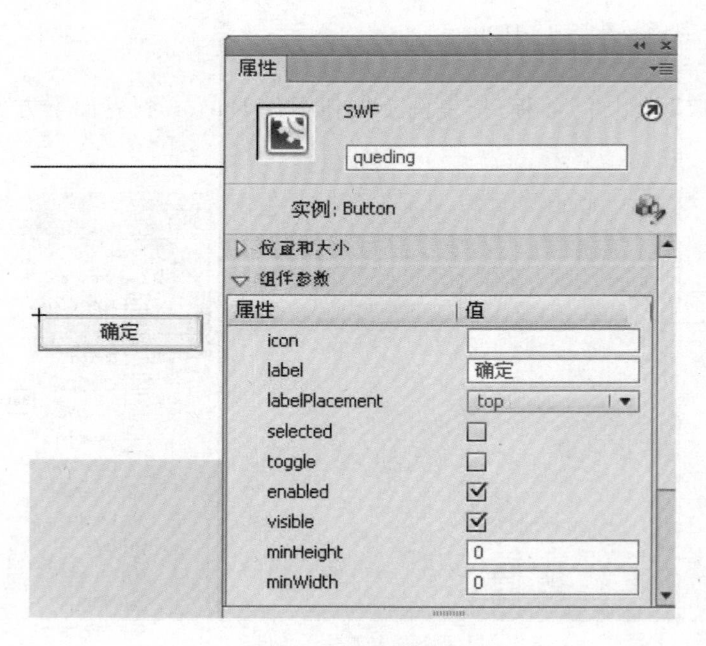

(b) 第 2 个按钮组件属性

图 7.27　按钮组件属性

3. 在“as”图层的第 3 帧处右击鼠标,弹出快捷菜单,选择快捷菜单中的“插入关键帧”命令,插入关键帧,如图 7.28 所示。

4. 单击此关键帧，使之被选中，删除“动态文本框”“上一步”“确定”按钮。

5. 单击工具栏中的“文本工具”，并打开“窗口”/“属性”面板，选择“静态文本”，按住鼠标左键在舞台合适位置拖曳出“静态文本”框，并输入“恭喜您注册成功”。如图 7.29 所示。

图 7.28 插入关键帧

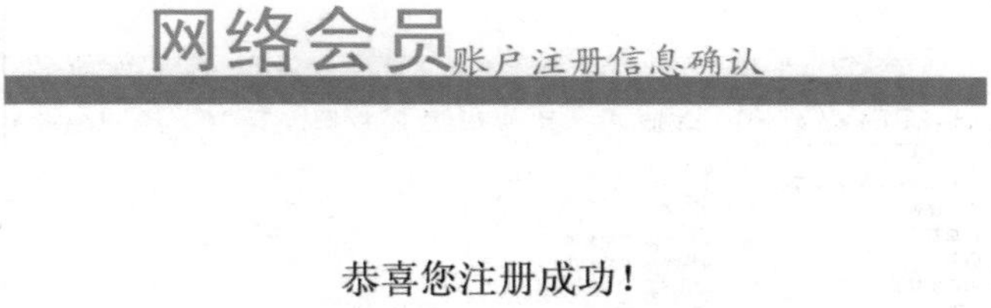

网络会员账户注册信息确认

恭喜您注册成功！

图 7.29 “恭喜您注册成功”界面

6. 打开“窗口”/“组件”面板，拖曳按钮组件 Button 到界面下方的合适位置。如图 7.30 所示。

图 7.30 添加按钮组件

7. 打开“窗口”/“属性”面板设置参数，如图 7.31 所示。

图 7.31　按钮属性

【任务 4】　添加动作实现交互

操作步骤：

1. 用鼠标选中“as”图层的第 1 帧，打开“窗口”/“动作”面板，添加脚本动作，如图 7.32 所示。

图 7.32　动作面板(4)

2. 单击“zujian”图层的第 1 帧，选中下拉列表框组件 ComboBox，打开“窗口”/“动作”面板，添加脚本动作，如图 7.33 所示。

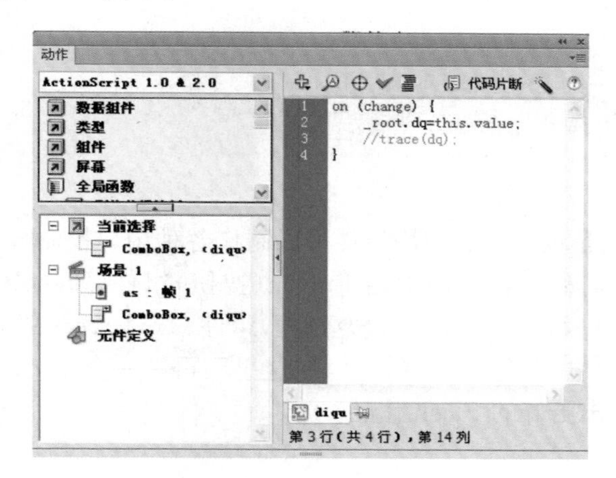

图 7.33　动作面板(5)

3. 用鼠标选中“as”图层的第 2 帧，打开“窗口”/“动作”面板，添加脚本动作，如图 7.34 所示。

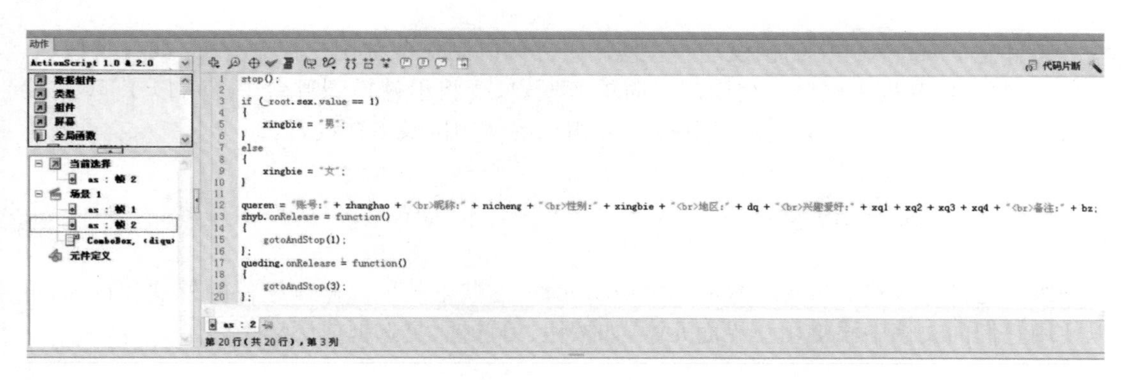

图 7.34　动作面板(6)

4. 用鼠标选中“as”图层的第 3 帧，打开“窗口”/“动作”面板，添加脚本动作，如图 7.35 所示。

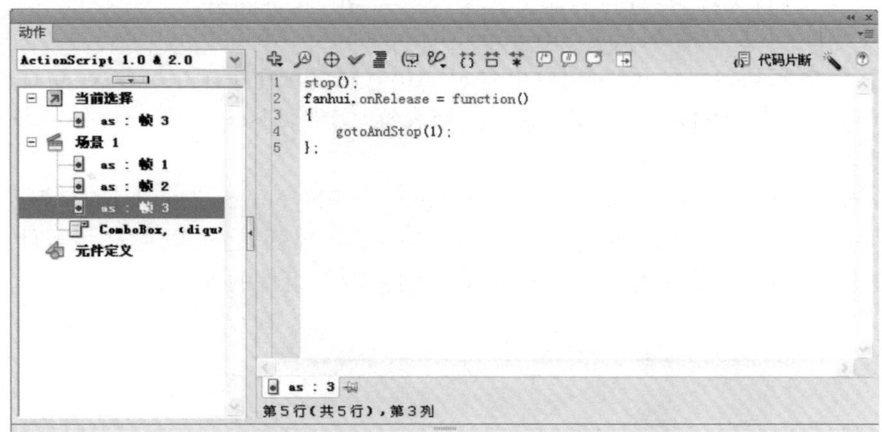

图 7.35　动作面板(7)

保存文档,按【Ctrl+Enter】键测试影片。

7.5 项目总结

组件是 Flash 中的预设动画。使用组件可以制作各种用户控制界面。本项目主要是应用了 User Interface (简称 UI)组件中的 Button(按钮)组件、RadioButton(单选框)组件、ComboBox(下拉列表框)组件、CheckBox(复选框)组件、TextArea(文本框)组件制作网络会员注册界面。Flash 软件中的组件还有很多,在这里不再一一介绍,读者可以发挥自己的创作思维,利用组件制作出更好的 Flash 作品。

7.6 知识点详解

组件是 Flash 软件中的预设动画。使用组件可以制作各种用户控制界面,如各类按钮、单选框、复选框和列表框等。使用过程简单方便,只要将组件拖到舞台中就可以了,不需要编写复杂的代码程序。本节将详细讲解 UI 组件的使用以及参数设置。

7.6.1 组件的概念

组件是预先构建的带有参数的影片剪辑元件,这些参数可以修改组件的外观和行为,可以使用它们向文档中添加用户界面元素,如按钮、单选框、复选框或滚动条等。

7.6.2 组件类型

Flash CS6 内置了许多组件,共包括 3 类:Media 组件、User Interface 组件、Video 组件。

Media 组件:主要包括 Mediacontroller、MediaDisplay、MediaPlayback。

UI:主要包括 TextArea(文本框)组件、Button(按钮)组件、CheckBox(复选框)组件、RadioButton(单选框)组件、ComboBox(下拉列表框)组件、List(列表框)组件、Label(标签)组件等。

Video 组件:主要包括 FLVPlayback、Backbutton、Playbutton、Stopbutton 等。

用户可以在动画中添加一种组件,建立简单的交互界面,也可以将这些组件组合在一起,建立复杂的 Web 表单。用户可以编辑这些组件,改变组件的外观。

7.6.3 常用 UI 组件的使用以及参数设置

1. 按钮组件 Button

Button 组件是一个可以自定义大小的按钮。可以执行鼠标和键盘的交互事件,如果需要启动一个事件,可以使用按钮实现,如"提交""上一页""下一页",也可以将 Button 的行为从按下改为切换。

使用按钮组件 Button 的具体操作步骤如下所示:

(1) 选择"窗口"/"组件"命令,打开"组件"面板。

(2) 在面板中选择"User Interface"/"Button"选项,将其拖曳到舞台中,如图 7.36 所示。

图 7.36 按钮组件

选中 Button 组件,选择"窗口"/"属性"命令,打开属性面板,如图 7.37 所示。

在 Button 属性面板中可以设置以下参数:

icon:给按钮添加自定义图标,该值是库中影片剪辑或图形元件的链接标示符。

label:决定按钮上显示的内容,默认值为"label"。例如,如果是提交按钮,可以把此值改为"提交"。

labelPlacement:确定按钮上的标签文本相对于图标的方向,默认为"right"。

Selected:如果 toggle 参数的值为"true",则该参数指定按钮是处于按下状态,还是释放状态,默认值为"false"。

toggle:将按钮转变为切换开关。如果值是"true",则按钮在单击后保持按下状态,并在每次单击时返回弹起状态;如果值是"false",则按钮行为与一般按钮相同,默认值为"false"。

enabled:表示组件是否可用,默认值为"true"。

图 7.37　按钮组件属性

visible:表示按钮是不是显示。

2. 复选框组件 CheckBox

复选框是一个可以选中或取消选中的方框。复选框是表单或 Web 应用程序中的一个基础部分,利用复选框可以同时选取多个项目。

使用复选框 CheckBox 组件的具体操作步骤如下:

(1) 选择“窗口”/“组件”命令,打开“组件”面板,在面板中选择“User Interface”/“CheckBox”选项,将其拖曳到舞台中,如图 7.38 所示。

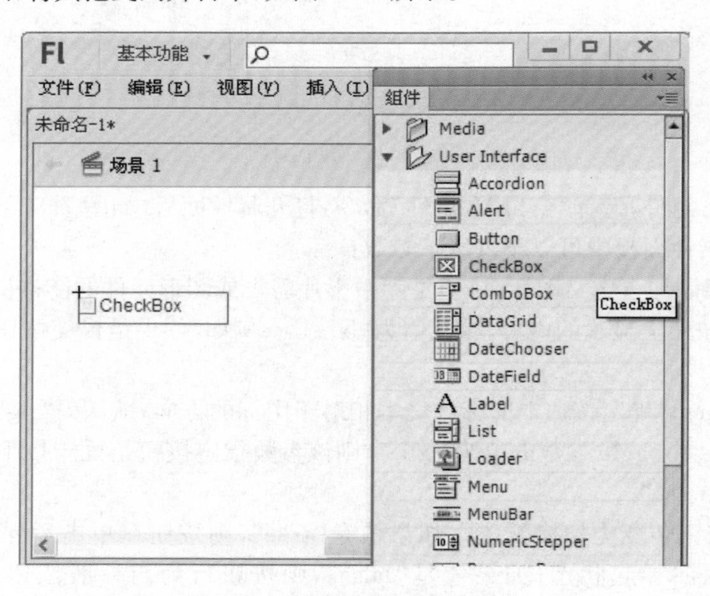

图 7.38　复选框 CheckBox 组件

(2) 选中 CheckBox 组件,选择“窗口”/“属性”命令,打开属性面板,如图 7.39 所示。

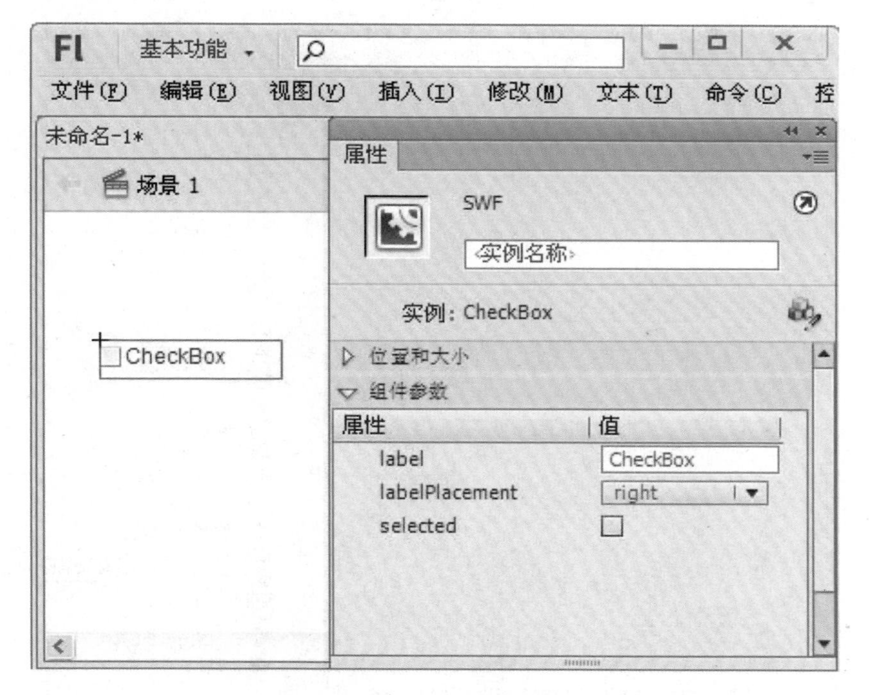

图 7.39 复选框组件属性

在 CheckBox 属性面板中可以设置以下参数:

label:设置复选框旁边的显示内容,默认值为“label”。

labelPlacement:设置复选框上标签文本的方向,默认值为“right”。

selected:表示复选框初始状态是否被选中,默认值为“false”。

3. 单选按钮组件 RadioButton

单选按钮组件 RadioButton 允许在相互排斥的选项之间进行选择,即只能选择一组选项中的一项。RadioButton 组件必须用于至少有两个 RadioButton 实例的组。

使用 RadioButton 组件的具体操作步骤如下:

(1) 选择“窗口”/“组件”命令,打开组件面板,在面板中选择“User Interface”/“RadioButton”选项,将其拖曳到舞台中,如图 7.40 所示。

(2) 选中 RadioButton 组件,选择“窗口”/“属性”命令,打开属性面板,如图 7.41 所示。

在 RadioButton 属性面板中可以设置以下参数:

data:可以为 RadioButton 附带一个数据。此参数不是必须的,可以为空。

groupName:设置单选按钮的组名称,默认值为“radioGroup”。

label:设置单选按钮的文本标签,默认值为“Radio Button”。

labelPlacement:设置文本标签相对于单选按钮的位置,默认值为“right”。

selected:设置单选按钮在初始状态时是否被选中,默认值为“flase”。一个组内只有一个单选项可以被选中。

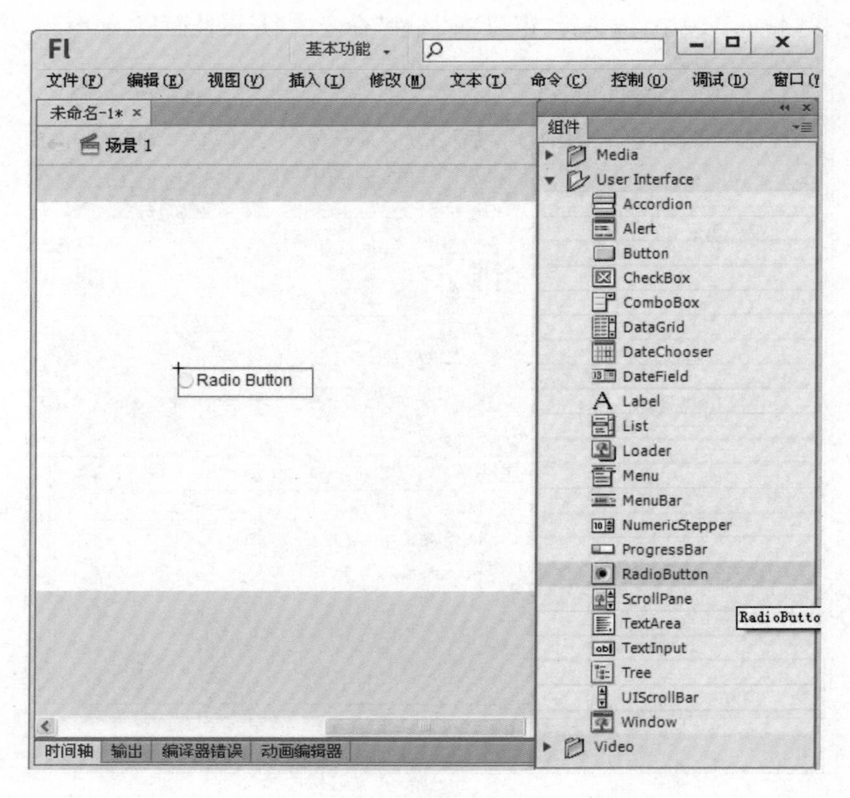

图 7.40　单选按钮组件

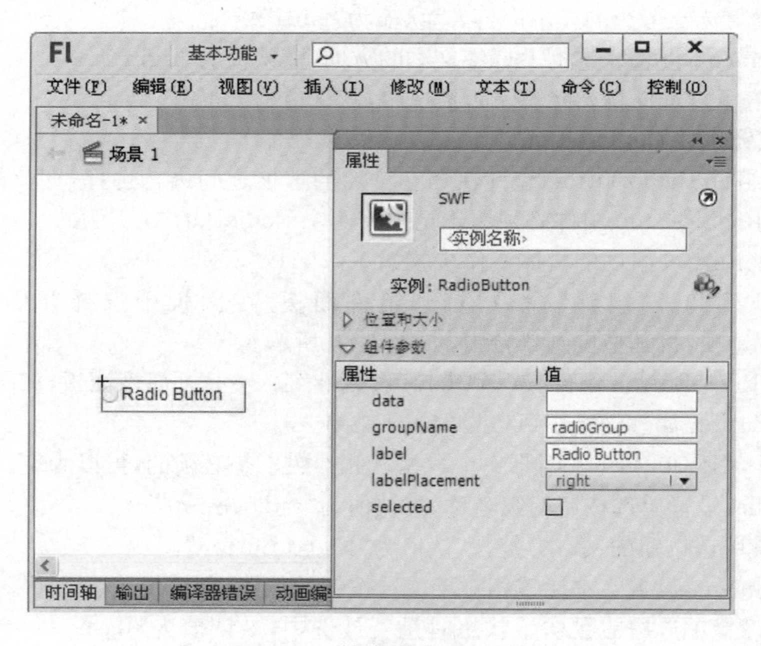

图 7.41　单选按钮组件属性

4. 下拉列表框组件 ComboBox

下拉列表框组件允许从上下滚动的选择列表中选择一个选项。单击右边的下拉按钮即可弹出相应的下拉列表，以供选择需要的选项。

使用 ComboBox 组件的具体操作步骤如下：

(1) 选择“窗口”/“组件”命令，打开组件面板，在面板中选择“User Interface”/“Combo Box”选项，将其拖曳到舞台中，如图 7.42 所示。

图 7.42 下拉列表框组件

(2) 选中 ComboBox 组件，选择“窗口”/“属性”命令，打开属性面板，如图 7.43 所示。

图 7.43 下拉列表框组件属性

在 ComboBox 属性面板中可以设置以下参数：

data:将一个数据值与 ComboBox 组件中的每一项相关联。

editable:确定 ComboBox 组件被使用时用户是否可以在下拉列表框中输入文本。如果选择“true”,那么表示允许用户输入数据;如果选择“false”,那么该组件只能被选择而不能允许用户输入数据。默认值为“false”。

labels:用一个文本值数组填充 ComboBox 组件。

rowCount:设置在不使用滚动条时最多可以显示的项目数,默认值为“5”。

restrict:可在组合框的文本字段中输入字符集。

enabled:是一个布尔值,它指示组件是否可以接受焦点和输入,默认值为“true”。

visible:它指示对象是否可见,默认值为“true”。

minHeight 和 minWidth 属性在内部的大小调整时使用。

5. 文本域组件 TextArea

使用文本域组件 TextArea 可以输入多行文字,并且能显示滚动条。使用 TextArea 的具体操作步骤如下:

(1) 选择“窗口”/“组件”命令,打开组件面板,在面板中选择“User Interface”/“Text Area”选项,将其拖曳到舞台中,如图 7.44 所示。

图 7.44 文本域组件

(2) 选中 TextArea 组件,选择“窗口”/“属性”命令,打开属性面板,如图 7.45 所示。

在 TextArea 属性面板中可以设置以下参数:

editable:设置 TextArea 组件是否可编辑。

html:设置文本是否采用 html 格式。

text:设置 TextArea 组件的初始内容,在属性面板中输入文本时不能使用回车。

wordWrap:设置在输入文本时是否可以自动换行。

maxChars:设置文本区域最多可以容纳的字符数。

restrict:设置用户可输入文本区域中的字符集。

图 7.45　文本域组件属性

enabled：是一个布尔值，它指示组件是否可以接受焦点和输入，默认值为“true”。

7.6.4　动画的测试

Flash 动画制作完成以后就可以进行发布导出了，但是在发布之前应该对动画进行测试，通过测试，可以将影片完整地播放一次，通过直观地观看影片的效果，来检测动画是否达到了设计的要求。

可以执行“控制”/“测试影片”/“测试”命令，如图 7.46 所示。或者按【Ctrl+Enter】键进行测试。

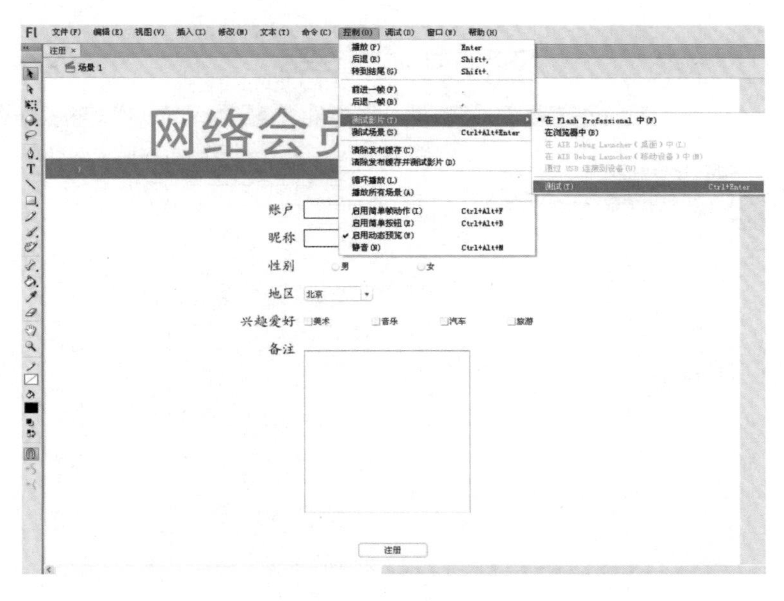

图 7.46　测试影片

7.6.5 优化动画

Flash 动画作品在网络上应用广泛，所以设计者往往希望尽量减少动画所占用的空间，以便在输出动画时缩短下载时间。因此应该对 Flash 动画作品做优化设计。

要优化 Flash 动画，可以从以下几个方面考虑：

(1) 如果某个对象在影片中被多次使用，则将此对象转换成元件，以使文档的体积减少。

(2) 制作连续动画时尽量使用“补间”，因为补间动画所使用的关键帧比逐帧动画少，其体积也会相应地变小。

(3) 可以通过执行“修改”/“形状”/“优化”命令，使对象在不失真的情况下，最大限度地减少用于描述图形轮廓的线条。

(4) 在绘图过程中尽量使用实线来绘制线条。

(5) “刷子工具”绘制的对象占用空间较多，因此最好使用“铅笔工具”绘制对象。

(6) 设计者可以将绘制对象组合在一起，以减少文档的空间。

(7) 音频文件的诸多格式中，MP3 文件格式压缩效果最好。

7.6.6 发布动画

1. 导出动画

通过对 Flash 动画的测试以及优化，便可以将其导出。

选择“文件”/“导出”/“导出影片”命令，如图 7.47 所示。

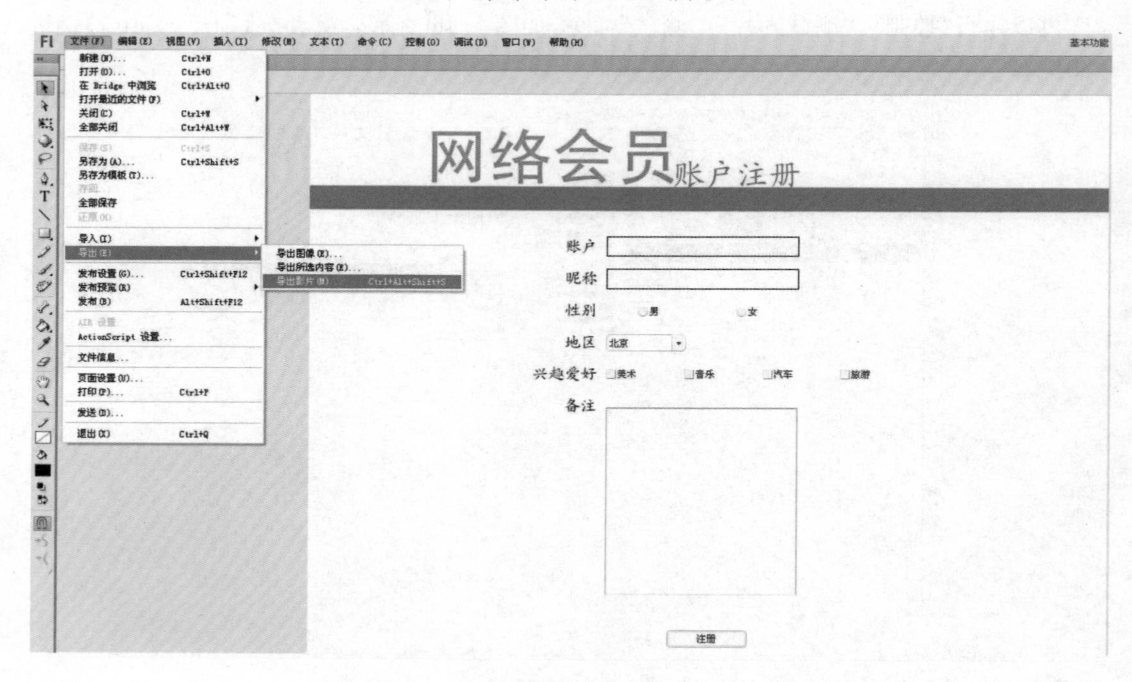

图 7.47 导出影片命令

弹出“导出影片”对话框，如图 7.48 所示。

图 7.48 “导出影片”对话框

在“文件名”文本框中输入动画的名称，在“保存类型”下拉列表中，选择保存类型为 SWF 影片(*.swf)，单击“保存”按钮，就可以导出动画文件了。

2. 发布动画

制作好的动画经过测试、优化后，可以利用发布命令进行发布，以便于动画的推广和传播。发布是 Flash 动画的一个独特功能。

Flash 动画作品在发布之前，首先要进行发布设置，选择“文件”/“发布设置”命令，在“发布设置”对话框中进行设置，如图 7.49 所示。点击“确定”按钮，就可以将其发布为扩展名为 SWF 的可播放文件了。

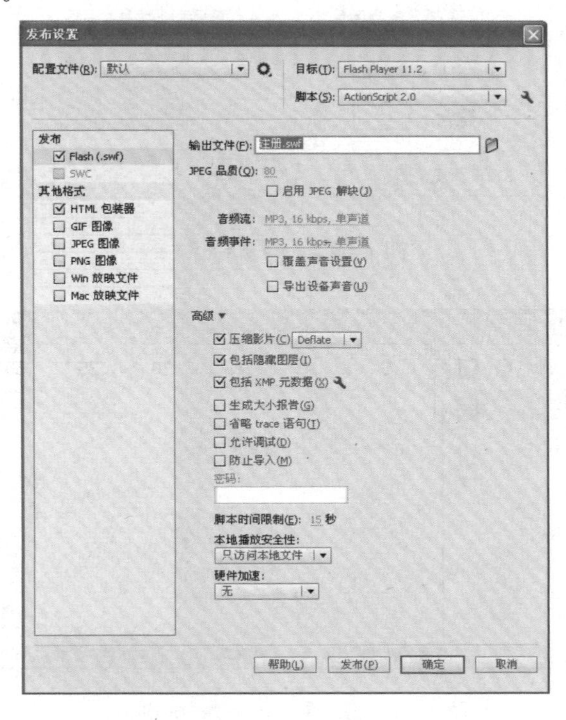

图 7.49 发布设置

在“发布设置”对话框里，还可以通过设置将 Flash 动画作品发布为其他文件格式，如 HTML、GIF、JPEG、PNG。

7.7 拓展案例

【案例】 利用组件制作多选题

主要制作步骤：

1. 添加背景。打开 Flash CS6，新建文件，打开“窗口”/“属性”面板，设置文档尺寸大小为 550×400 像素，将图层 1 命名为“beijing”，如图 7.50 和图 7.51 所示。然后保存文件，文件命名为“案例”。从文件夹中导入图片“beijing. tif，JZ”，作为背景。如图 7.52 所示。

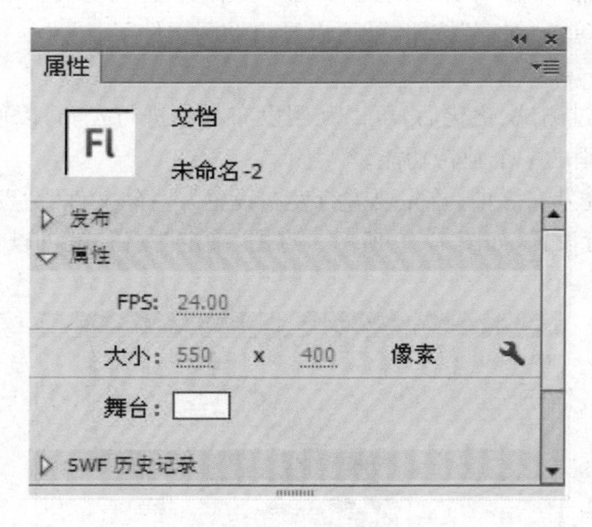

图 7.50 设置舞台尺寸

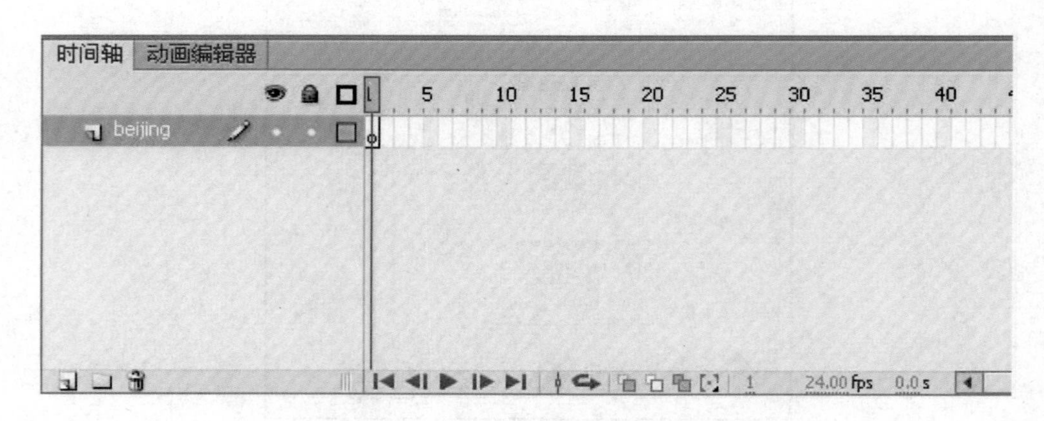

图 7.51 将图层 1 改名为“beijing”

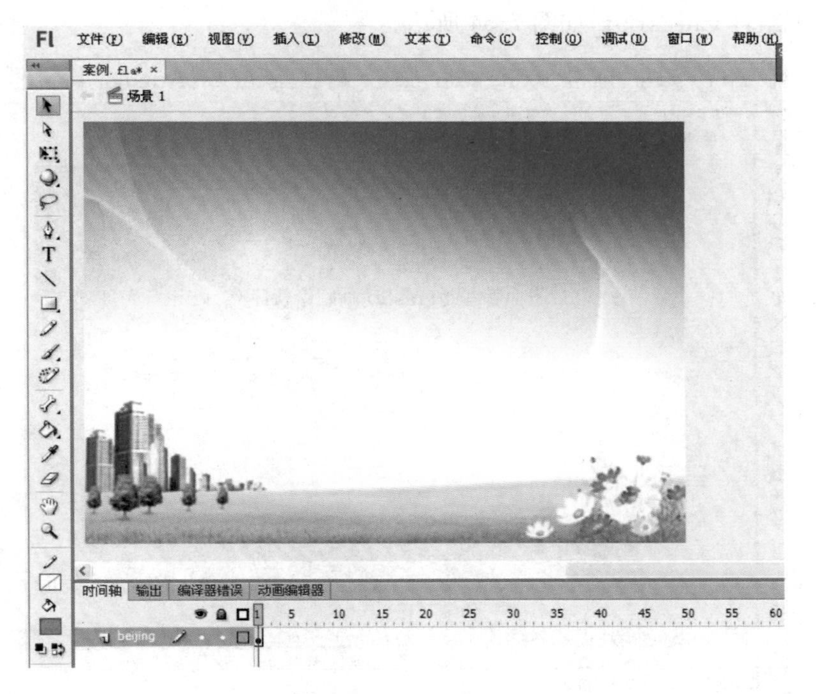

图 7.52　添加背景图片

2. 添加文本。新建一个图层，命名为“wenben”，利用“文字工具”添加静态文本：“多选题”“1. 下面哪些是 flash 动画制作软件?”，如图 7.53 所示。

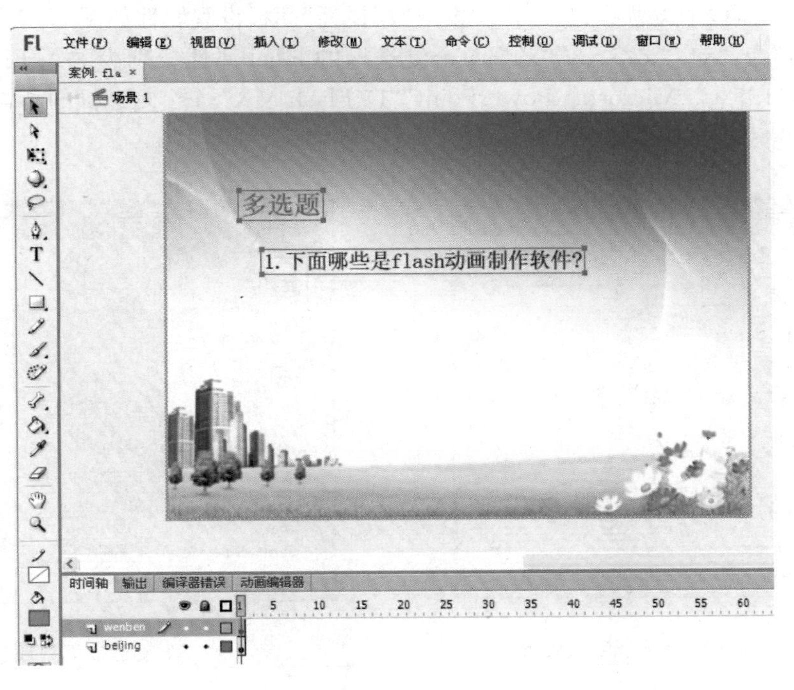

图 7.53　添加文字

3. 添加组件。新建一个图层，命名为“zujian”。打开“窗口”/“组件”面板，在合适的位置添加复选框组件 CheckBox，如图 7.54 所示。

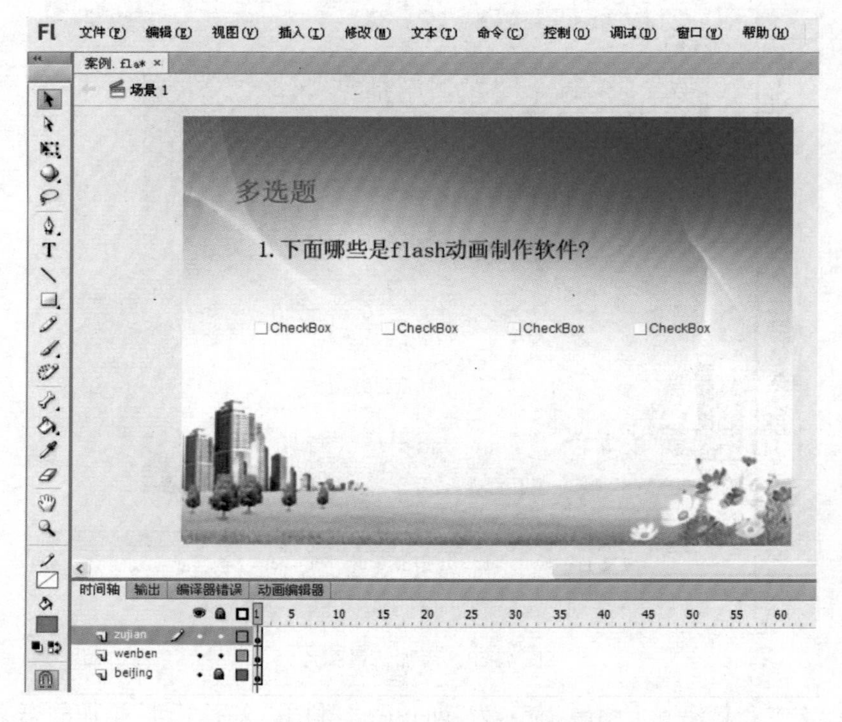

图 7.54　添加组件

4. 在属性面板中设置参数。打开“窗口”/“属性”面板设置属性如图 7.55 所示。4 个复选框名称分别为：“x1”“x2”“x3”“x4”；4 个复选框的 label 属性分别为：“A. Flash CS6”“B. Microsoft Word”“C. Microsoft PowerPoint”“D. Flash MX”；4 个复选框的高均为 22.00；宽分别为 100.00、120.00、150.00、100.00。

(a) 第 1 个复选框参数设置

(b) 第 2 个复选框参数设置

图 7.55　复选框参数设置

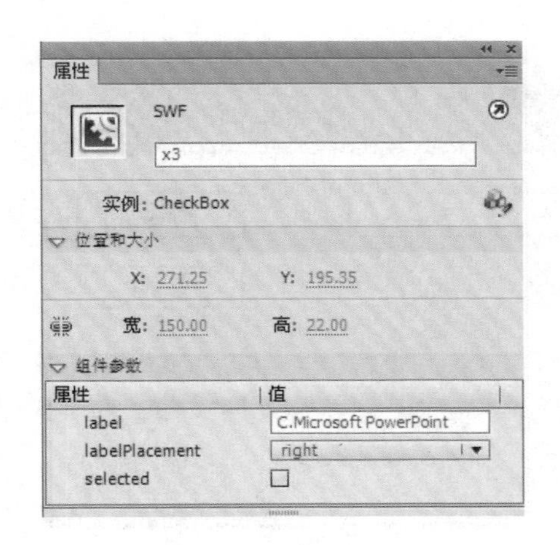

(c) 第 3 个复选框参数设置

(b) 第 4 个复选框参数设置

续图 7.55　复选框参数设置

属性设置好以后效果如图 7.56 所示。

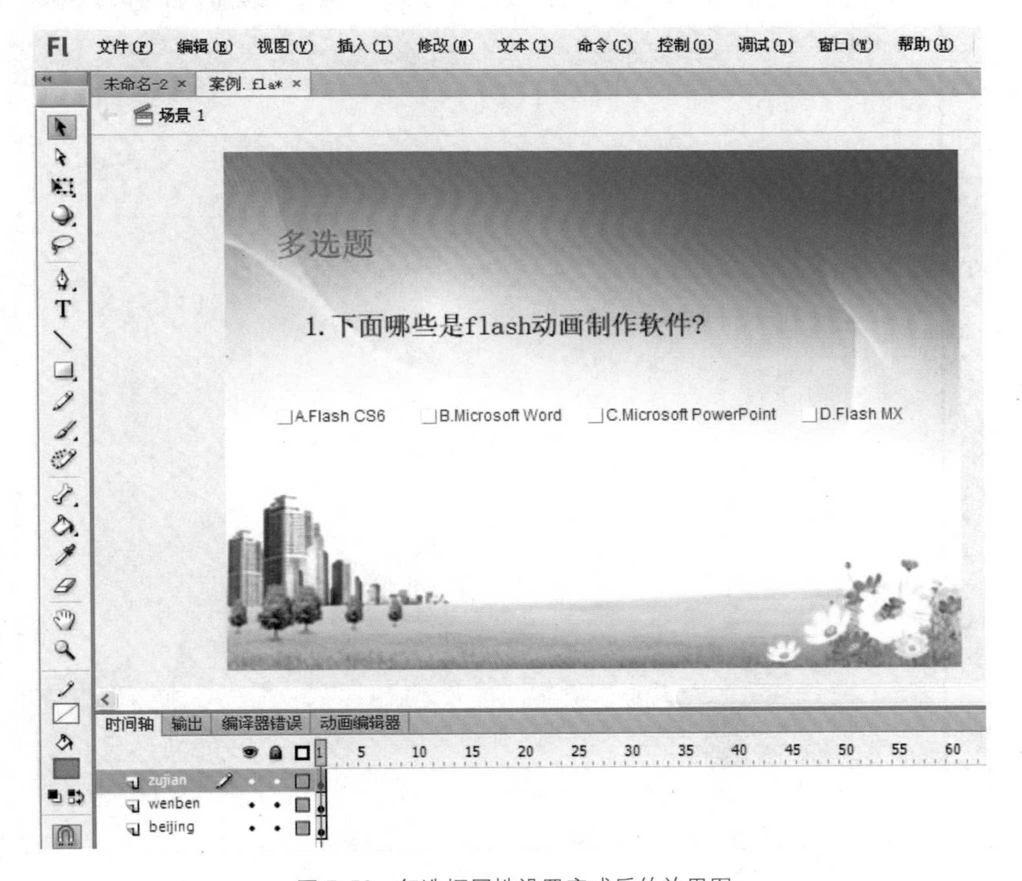

图 7.56　复选框属性设置完成后的效果图

5. 制作影片剪辑元件。为了能够显示出选择结果的对错,制作包含"√""×"的影片剪辑元件。执行"插入"/"新建元件"命令,打开"创建新元件"对话框,名称设为"jg",类型选择影片剪辑,如图 7.57 所示。

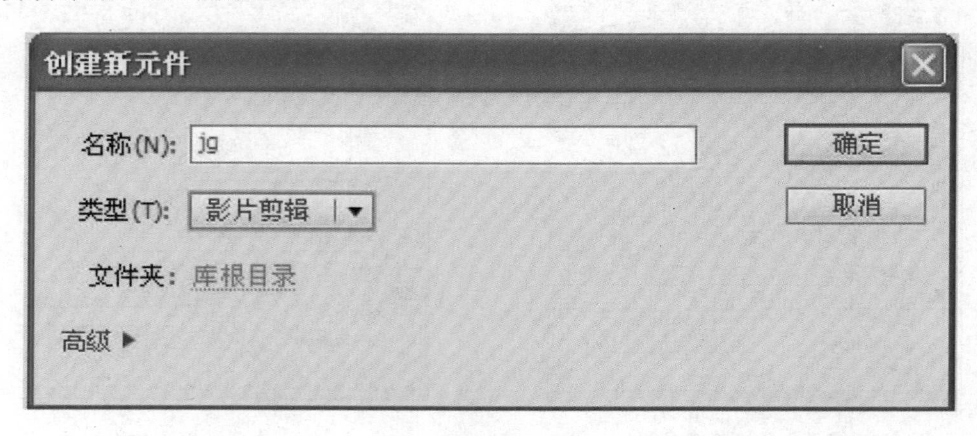

图 7.57 创建新元件

单击“确定”按钮后进入元件编辑界面,如图 7.58 所示。

图 7.58 “jg”影片剪辑元件编辑界面

在第 2 帧处右击鼠标,在弹出的快捷菜单中选择插入空白关键帧,利用“直线工具”绘制“√”图形,如图 7.59 所示。

在第 3 帧处右击鼠标,在弹出的快捷菜单中选择插入空白关键帧,利用直线工具绘制

“×”图形,如图 7.60 所示,这样就完成了“jg”影片剪辑元件的编辑工作。

图 7.59 绘制“√”图形

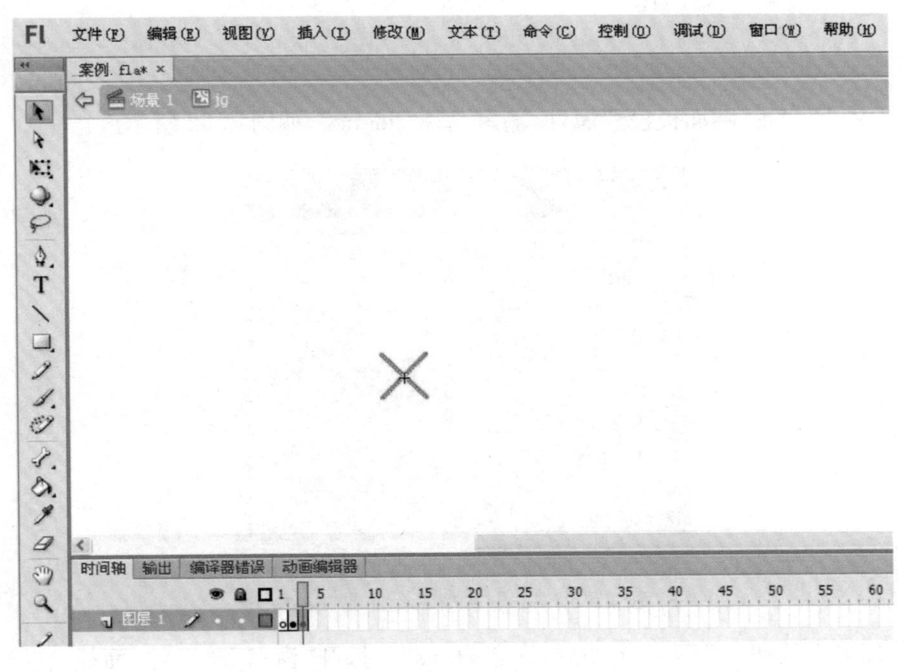

图 7.60 绘制“×”图形

单击“场景 1”，从库中将刚编辑好的“jg”影片剪辑元件拖曳到文字“1. 下面哪些是 flash 动画制作软件？”的后面，如图 7.61 所示。

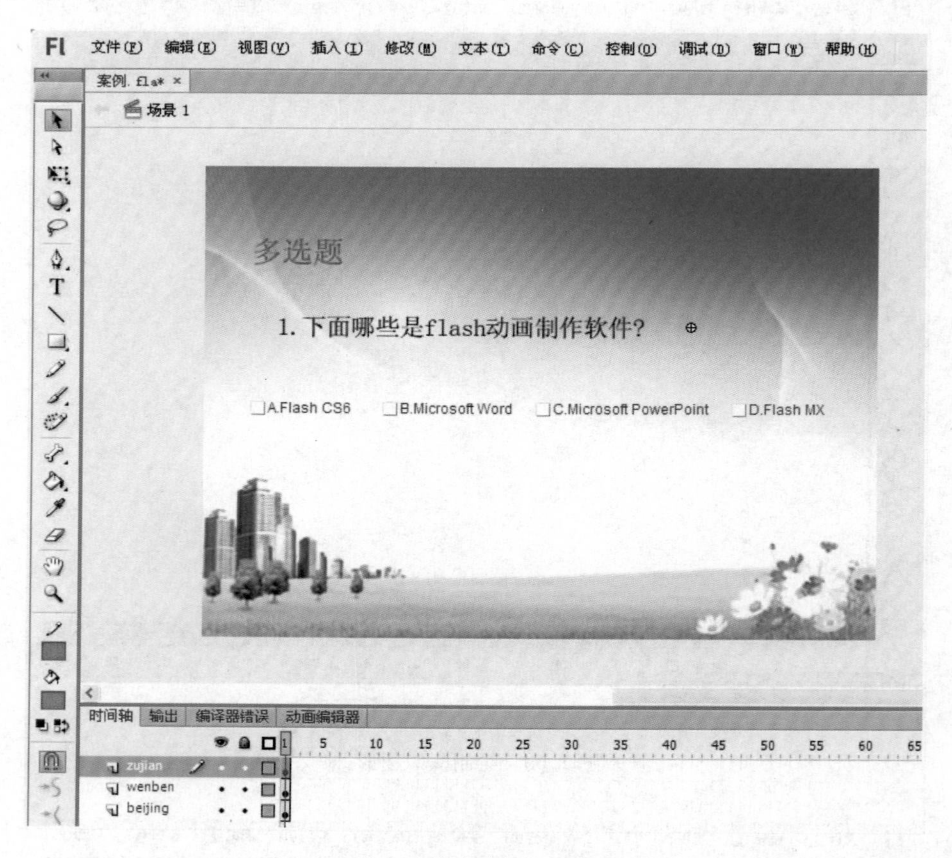

图 7.61 将“jg”影片剪辑元件拖曳到舞台

打开“窗口”/“属性”面板设置属性，输入名称“jieguo”，如图 7.62 所示。

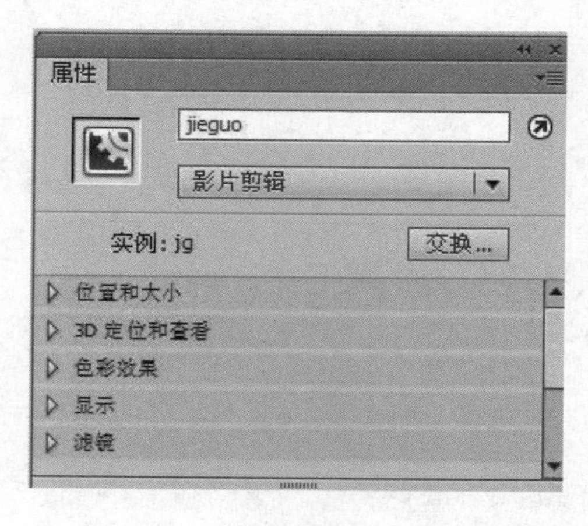

图 7.62 “jg”影片剪辑元件属性面板

6. 添加提交按钮。新建一个图层，命名为“as”。打开“窗口”/“组件”面板，在合适的位置添加 Button 组件，如图 7.63 所示。

图 7.63　添加 Button 组件

打开“窗口”/“属性”面板设置属性，输入名称“bt1”，属性 label 的值设置为“提交”。如图 7.64 所示。

属性
SWF
bt1
实例：Button
位置和大小
组件参数

属性	值
icon	
label	提交
labelPlacement	top
selected	☐
toggle	☐
enabled	☑
visible	☑
minHeight	0
minWidth	0

图 7.64　按钮属性面板

7. 添加动作。选择“as”图层,打开“窗口”/“动作”面板,添加动作,如图 7.65 所示。

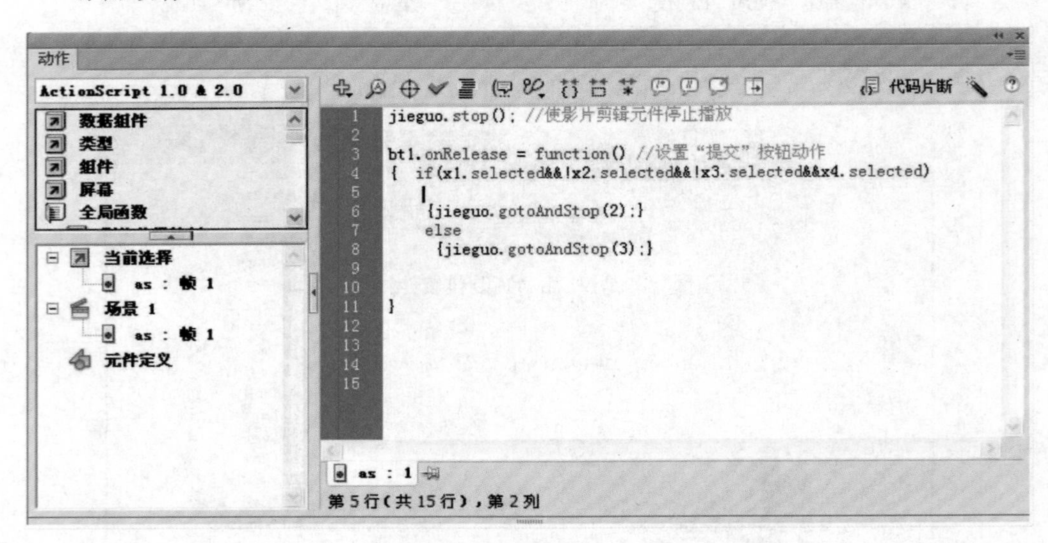

图 7.65 动作面板(8)

8. 保存文档,按【Ctrl+Enter】测试影片。

习 题

1. 填空题

(1) Flash CS6 内置了许多组件,共包括三类:______、______、______。

(2) 单选按钮组件 RadioButton 的属性“label”是指__________________。

(3) 可以通过执行“控制”/“测试影片”/“测试”命令来测试影片。或者按______键进行测试。

(4) 在 Flash 中调用组件面板的方法是________________。

(5) Flash 源文件的扩展名为______,播放文件的扩展名为______。

2. 单项选择题

(1) 向 Flash 文档添加组件的方法有(　　)。

A. 使用“组件检查器”面板将组件添加到 Flash 文档中

B. 使用“插入”/“组件”来完成

C. 使用“组件”面板将组件添加到 Flash 文档中

D. 使用工具按钮添加组件。

(2) Button(按钮)组件属于(　　)类型。

A. Media 组件

B. User Interface 组件

C. Video 组件

D. 以上都不是

(3) 下面关于组件的叙述,正确的是(　　)。

A. 图形元件不能转化为组件

B. 组件是电影剪辑元件的一种派生形式

C. 组件是定义了参数的电影剪辑

D. 以上都对

(4) 以下各种元件中可以转换成为组件的是(　　)。

A. 电影剪辑元件　　B. 图形元件

C. 按钮元件　　D. 字体元件

(5) 允许用户在相互排斥的选项之间进行选择的组件是(　　)。

A. RadioButton 组件　　B. ScrollPane 组件

C. TextArea 组件　　D. TextInput 组件

参考资料

[1] 孔静,李峰. Flash CS5 基础教程[M]. 武汉:华中科技大学出版社,2012.

[2] 张国权,刘金广,王珂,等. Flash CS6 中文版实训教程[M]. 北京:电子工业出版社,2012.

[3] 胡仁喜. Flash CS6 中文版入门提高实例教程[M]. 北京:机械工业出版社,2013.

[4] 工作过程导向新理念丛书委员会. 二维动画设计制作[M]. 北京:清华大学出版社,2012.

[5] 刘彦武,刘玉山. Flash 动画实用技术[M]. 北京:机械工业出版社,2009.

[6] 蔡朝晖. Flash CS3 商业应用实战[M]. 北京:清华大学出版社,2008.

[7] 刘宇. Flash 短片轻松学[M]. 北京:电子工业出版社,2008.

[8] 王亦工,涂英. Flash8 实例教程[M]. 北京:电子工业出版社,2007.

[9] 谢成开,王波. 网络广告设计与制作[M]. 北京:清华大学出版社,2005.

[10] 杨戈,武浩. Flash MX Professional 2004 中文版实用教程[M]. 北京:机械工业出版社,2004.

[11] 贺凯,邹婷. Flash MX 2004 完全征服手册[M]. 北京:中国青年出版社,2004.

[12] http://image. baidu. com.

[13] http://www. zcool. com. cn.

[14] http://www. flash8. net.